数控电加工技术

（第2版）

主　编　陈卫红　李利佳
副主编　付　琳　朱云富　马　伟　谭大庆　赵　勇
参　编　曹燕丽　刘小容　欧鸿彬

北京理工大学出版社
BEIJING INSTITUTE OF TECHNOLOGY PRESS

内 容 简 介

本书主要介绍电火花成型加工与电火花线切割加工原理，通过加工实例讲解电火花成型机床和电火花线切割机床的操作、电火花线切割编程、电极设计。本书的特点是将操作技能和理论知识有机结合，以实用、够用为宗旨，采用大量实例，图文并茂，形象直观，语言通俗易懂，力求使读者阅读后能很快地将所学的理论知识应用到实际工作当中，以最少的时间学到最实用的电加工技术。

本书的主要内容包括电火花成型加工基础知识、电火花成型加工工艺、电火花线切割加工基础知识、电火花线切割加工工艺、电火花成型机床操作、电极设计、电火花成型机床典型零件加工、电火花线切割机床操作、电火花线切割编程技术、电火花线切割机床典型零件加工。

本书可作为各类院校电加工课程的通用教材，也可作为在岗工程技术人员的培训教材。

图书在版编目(CIP)数据

数控电加工技术 / 陈卫红，李利佳主编. -- 2版. -- 北京：北京理工大学出版社，2023.8
ISBN 978-7-5763-2627-7

Ⅰ.①数… Ⅱ.①陈… ②李… Ⅲ.①数控机床-电火花加工-技术培训-教材 Ⅳ.①TG661

中国国家版本馆CIP数据核字(2023)第133939号

责任编辑：陆世立　　**文案编辑**：封　雪
责任校对：周瑞红　　**责任印制**：施胜娟

出版发行 / 北京理工大学出版社有限责任公司
社　　址 / 北京市丰台区四合庄路6号
邮　　编 / 100070
电　　话 / (010) 68914026（教材售后服务热线）
(010) 68944437（课件资源服务热线）
网　　址 / http://www.bitpress.com.cn

版 印 次 / 2023年8月第2版第1次印刷
印　　刷 / 定州市新华印刷有限公司
开　　本 / 889 mm×1194 mm　1/16
印　　张 / 14
字　　数 / 295千字
定　　价 / 89.00元

前言

电加工是一种利用电能进行金属加工的制造工艺，也被称为电火花加工或电蚀加工。电加工通过在金属工件表面放电，使工件表面局部熔化或腐蚀，来实现加工目的。电加工具有不受材料硬度和形状限制、加工精度高、表面质量好等优点，因此在制造领域得到了广泛应用。

电加工的主要应用领域包括模具制造、航空航天、汽车制造、电子制造等。在模具制造领域，电加工可以用于加工高精度、复杂形状的模具，如塑料模具、压铸模具等。在航空航天领域，电加工可以用于加工高温合金、刚玉等材料的机件。在汽车制造领域，电加工可以用于加工发动机气缸体、气门座、离合器片等零件。在电子制造领域，电加工可以用于加工芯片、印制电路板等。

随着科技的发展和电子信息技术的普及，电加工技术也在不断发展和完善。目前，电加工技术已经实现了高速加工、精密加工、微细加工等多种形式，同时也在不断探索与 CAD/CAM 技术、自动化技术、智能化制造等的结合，为制造业的发展注入新的动力。

编写本书的主要目的是介绍电加工的基本概念、原理、技术和应用，以及当前电加工的发展和趋势。通过对本书的阅读，学生将能够了解电加工的基础知识，掌握电加工技术的操作和应用，提高电加工的生产效率和质量。

本书主要适合作为电加工课程教学用书，也适合作为各种制造行业和领域，如汽车、航空、电子、机械等领域的专业人士和爱好者的参考书。

本书建议学时为 240 学时，其中，基础篇建议 90 学时，应用篇建议 150 学时。本课程的教学建议在实训基地进行，实训基地应具有教学区、实训区和资料区等，应满足学生自主学习及完成工作任务的需要。

本书的编写遵循“以应用为本，以够用为度”的原则，以国家相关标准为指导，以企业需求为导向，以职业能力培养为核心，注重应用型人才的专业技能培养与实用技术的培训。本书具有以下 3 个特点。

（1）以任务驱动为引领，贯彻项目教学。将理论知识与操作技能融合设计在教学任务中，充分体现“理实一体化”与“做中学”的教学理念。

（2）以实例操作为主，突出应用技术。所有实例充分挖掘公共实训中心高端实训设备的特性、功能，以及当前的新技术、新工艺与新方法，充分结合企业实际应用，并在教学实践中不断改进与完善。

（3）以技能训练为重，适合实训教学。根据教学需要，每门课程均设置丰富的实训项目，在介绍必备理论知识基础上，突出技能操作，强化实训程序，有利于学生技能的养成和固化。

由于编者水平有限，经验不足，加之时间仓促，书中的疏漏在所难免，恳请广大读者与专家提出宝贵意见和建议。

编　者

目录

基础篇

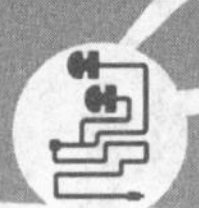

应用篇

基础篇

模块一

电火花成型加工基础知识

电火花成型加工的原理、特点与应用

一、电火花成型加工的原理

电火花成型加工的原理是基于工具电极和工件电极之间的脉冲性的火花放电来蚀除多余的金属，从而达到对零件的尺寸、形状和表面的加工要求。

电火花成型加工的工作原理示意如图 1-1 所示。电极 A 火花放电时，工件 B 表面的金属被电腐蚀掉，这一过程可大致分为以下 4 个阶段。

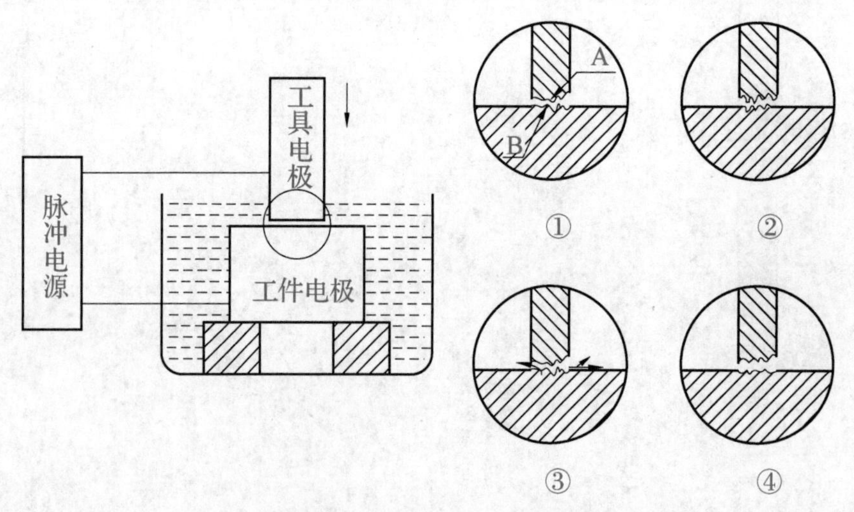

图 1-1　电火花成型加工的工作原理示意

1. 极间介质的电离、击穿，形成放电通道（图 1-1 中的①）

如果我们从微观上观察工具电极和工件电极的表面，会发现这两个电极的表面凹凸不平。放电加工的过程中，两个电极之间的放电间隙很小，在电场的作用下，距离最近的电极表面

质点的电场强度是最大的，所以放电概率也是最大的。

两个电极之间的液体介质（通常是煤油）中含有某种介质（金属粒子、碳粒子等），存在一些自由电子，使极间介质呈现出一定的电导率。在电场的作用下，电子被激发，由负极表面向正极表面发射。电子向正极运动的过程中，会撞击工作液中的分子或中性的原子，产生碰撞电离，形成带电粒子，导致带电粒子数量激增，使极间介质被击穿，形成放电通道。

2. 介质的热分解，电极材料熔化、汽化（图 1–1 中的②）

放电通道形成后，脉冲电源使通道中的电子向正极高速运动，同时正离子会向负极运动。在运动过程中，带电粒子对相互碰撞，产生大量的热，导致放电通道内的温度骤升。放电通道内的高温把工作液汽化，同时使金属材料熔化，乃至沸腾、汽化。这些汽化后的工作液和金属蒸气，体积会瞬间膨胀，如同一个个小的“炸药”。若观察电火花加工过程，可以看到放电间隙处冒出很多小的气泡，工作液变黑，并能听到轻微的爆炸声。

3. 蚀除产物的抛出（图 1–1 中的③）

放电通道和正、负极表面放电点瞬时高温使工作液汽化和金属材料熔化、汽化、热膨胀，这会产生很高的瞬时压力：通道中心部位的压力最高，汽化后的气体体积不断向外部膨胀，形成气泡。气泡向四处飞溅，将熔化和汽化了的金属抛出。抛出的金属遇到冷的工作液后凝聚成细小的颗粒。熔化的金属抛出后，电极表面将会形成一个放电痕，也称为放电坑。

4. 极间介质的消电离（图 1–1 中的④）

当脉冲电压和脉冲电流下降至 0，标志着一次脉冲放电过程的结束。放电通道内的带电粒子又恢复到中性粒子状态，恢复了放电通道处间隙介质的绝缘强度，同时新的工作液不断进入放电通道间隙中，使电极表面的温度得以不断降低，为下一周期的放电做准备。

上述电火花放电工作原理的 4 个阶段可以从脉冲电压和脉冲电流的波形上得到很好的解释，如图 1–2 所示。

在脉冲电压波形的 0 ~ 3 段和脉冲电流波形的 2 ~ 3 段，对应了放电通道的形成，而在脉冲电压波形的 3 ~ 4 段和脉冲电流波形的 3 ~ 4

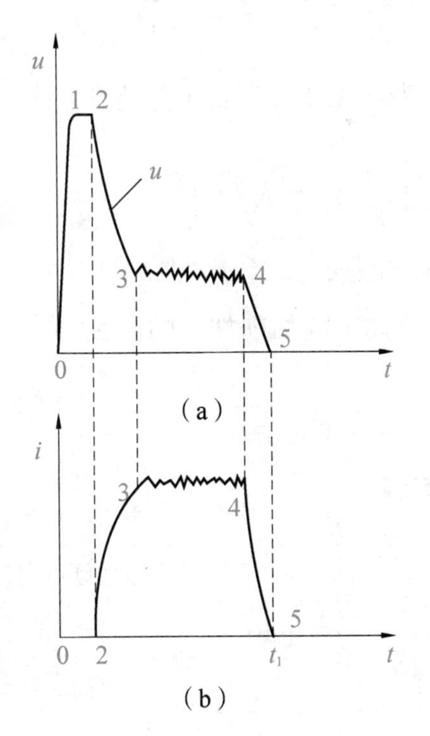

0 ~ 1—电压上升沿；1 ~ 2—击穿延时；2 ~ 3—电压下降、电流上升沿；3 ~ 4—火花维持电压和电流；4 ~ 5—电压、电流下降沿。

图 1–2　极间脉冲电压和脉冲电流的波形

（a）脉冲电压的波形；（b）脉冲电流的波形

段，对应了工作液的热分解，金属材料的熔化、汽化和抛出，在脉冲电压波形的4~5段和脉冲电流波形的4~5段，对应了极间介质的消电离。

二、电火花成型加工的特点

电火花成型加工是靠局部电热效应实现的，它和一般的切削加工相比具有以下特点：

（1）电火花成型加工时工具电极和工件不直接接触，可用较软的电极材料加工任何高硬度的导电材料，因此工具电极制造比较容易。例如，用石墨、紫铜电极可以加工淬火钢、硬质合金。

（2）在电火花成型加工过程中不施加明显的机械力，所以工件无机械变形，因此可以加工某些刚性较差的薄壁、窄缝和小孔、弯孔、深孔、曲线孔及各种复杂型腔等。

（3）电火花成型加工时不受热影响，加工时脉冲能量是间歇地以极短的时间作用在材料上，工作液是流动的，起散热作用，这可以保证加工不受热变形的影响。

（4）电火花成型加工不需要复杂的切削运动，直接利用电能就可以加工形状复杂的零件表面，易于实现加工过程的自动化。

（5）电火花成型加工时不用刀具，可减少昂贵的切削刀具的使用。

（6）电火花成型加工可减少机械加工工序，加工周期短，劳动强度低，使用维护方便。

（7）电火花成型加工需要制造精度高的电极，而电极在加工中有一定损耗，增加了成本，降低了精度。

（8）电火花成型加工只能对导电材料进行加工，这样也限制了它的应用。

三、电火花成型加工的应用

1. 电火花成型加工与切削加工的区别

电火花成型加工与切削加工的区别如表1-1所示。

表1-1　电火花成型加工与切削加工的区别

比较项目	加工方式	
	电火花成型加工	切削加工
材料要求	工具电极的硬度可以低于工件	工具（刀具）比工件硬
接触方式	工具电极与工件不接触	工具一定要与工件接触
加工能源	电能、热能	机械能

2. 电火花成型加工的优势

（1）适用于难切削材料的加工。

（2）可以加工特殊及复杂形状的零件。

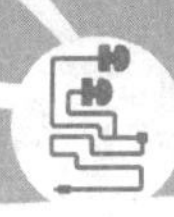

（3）便于实现加工过程的自动化。

（4）利用数控功能，可显著扩大应用范围。

（5）可以提高工件的加工质量。

3. 电火花成型加工的局限性

（1）只能加工金属等导电材料（在一定条件下也可以加工半导体和聚晶金刚石等非导体超硬度材料）。

（2）加工速度一般较慢，效率较低。

（3）存在电极损耗，如图 1-3 所示。

（4）加工表面有变质层，在某些使用场合要去除。

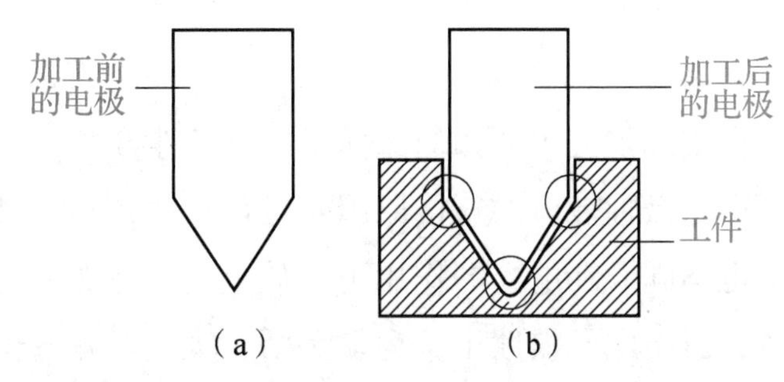

图 1-3　电极损耗示意（a）加工前；（b）加工后

电火花成型加工技术适应生产发展的需要，并在应用中显示出很多优异性能，因此得到了迅速发展和日益广泛的应用，已在模具制造、航空、电子、航天、仪器、轻工等部门用来解决各种难加工材料和复杂形状零件的加工问题。同时，加工范围大，如从几微米的孔、槽到几米的超大型模具和零件都可采用电火花成型加工。

4. 电火花成型加工的具体应用范围

（1）加工模具，如冲模、塑料模、压铸模、花纹模等。

（2）航空、航天等部门中高温合金等难加工材料的加工。

（3）微细精密加工，通常可用于 0.01~1 mm 范围内的形孔加工。

（4）加工各种成型刀具、样板、工具、量具、螺纹等成型零件。

单元二　电火花成型加工的基本概念

一、极性效应与覆盖效应

1. 极性效应

试验证明，在电火花成型加工过程中，无论是正极还是负极，都会受到不同程度的电蚀。这种由于正、负极性的不同，而产生彼此电蚀量不同的现象，称为极性效应。

在生产中，将工件接脉冲电源正极（工具电极接脉冲电源负极）的接法称为正极性接法，如图 1-4（a）所示；将工件接脉冲电源负极（工具电极接脉冲电源正极）的接法称为负极性

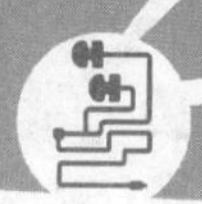

接法，如图1-4（b）所示。

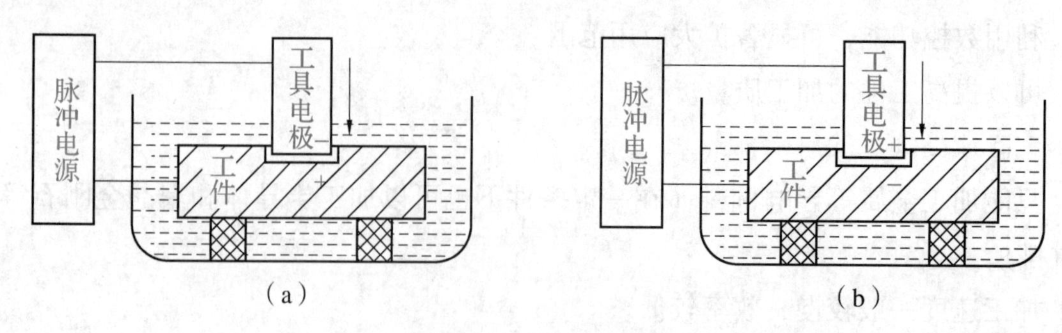

图1-4　极性接法示意

（a）正极性接法；（b）负极性接法

在实际加工中，如何选择正、负极性接法？

产生极性效应的直接原因是在放电过程中，由于两电极表面分配到的能量不同，因而电蚀量也不同。在电场的作用下，放电通道中的电子移向正极，正离子移向负极。在窄脉宽加工时，由于电子惯性小，运动灵活，大量的电子移向正极，并轰击正极表面，使正极表面迅速熔化和气化；正离子惯性大，运动缓慢，只有一小部分能够到达负极表面，而大量的正离子不能到达。因此，电子的轰击作用大于正离子的轰击作用，正极的电蚀量大于负极的电蚀量，这时应采用正极性接法。

在宽脉宽加工时，因为质量和惯性都大的正离子将有足够的时间到达负极表面，它对负极表面的轰击破坏作用要比电子大，同时到达负极的正离子又会牵制电子的运动，故负极的电蚀量将大于正极的电蚀量，这时应采用负极性接法。

2. 覆盖效应

在电火花成型加工过程中，一个电极的电蚀产物转移到另一个电极表面上，形成一定厚度的覆盖层，这种现象称为覆盖效应。

电极在加工后，其加工部位会产生一层黑色的覆盖层。在油类介质中加工时，覆盖层主要是石墨化的碳素层，其次是黏附在电极表面的金属微粒黏结层。

碳素层有以下5个生成条件：

（1）要有足够高的温度。电极上待覆盖部分的表面温度不低于碳素层的生成温度，但要低于熔点，以使碳离子烧结成石墨化的耐蚀层。

（2）要有足够多的电蚀产物，尤其是介质的热解产物——碳离子。

（3）要有足够的时间，以便在这一表面上形成一定厚度的碳素层。

（4）一般采用负极性接法，因为碳素层易在正极表面生成。

（5）必须在油类介质中加工。

二、电火花成型加工的常用术语

1. 放电间隙

放电间隙是指放电加工时工具和工件之间产生火花放电的距离间隙，在加工过程中称为加工间隙 s，它的大小一般为 0.01～0.50 mm。粗加工时放电间隙较大；精加工时放电间隙较小。

2. 脉冲电源

脉冲电源是电火花成型加工设备的主要组成部分之一，它给放电间隙提供一定能量的电脉冲，是电火花成型加工时的能量来源，常简称为电源。

3. 电蚀产物

电蚀产物是指电火花成型加工过程中被电火花蚀除下来的产物。狭义而言，电蚀产物指工具和工件表面被蚀除下来的金属微粒和煤油等工作液在高温下分解出来的炭黑，也称为加工屑。广义而言，电蚀产物还包括煤油在高温下分解出来的气体氢、甲烷等小气泡。

4. 电参数

电参数是指电火花成型加工时选用的电加工用量、电加工参数，主要有脉冲宽度 t_i、脉冲间隔 t_o、峰值电压 u_i、峰值电流 i_e 等，这些参数在每次加工时必须事先选定。

5. 加工电压

加工电压（间隙平均电压）是指电火花成型加工时电压表上指示的放电间隙两端的平均电压，它是多个开路电压、火花放电维持电压、短路和脉冲间隔等电压的平均值。

6. 加工电流

加工电流是指电火花成型加工时电流表上指示的流过放电间隙的平均电流。精加工时的加工电流小，粗加工时的加工电流大；间隙偏开路时的加工电流小，间隙合理或偏短路时的加工电流则大。

7. 脉冲宽度 t_i

脉冲宽度简称脉宽，它是加到工具和工件上放电间隙两端的电压脉冲持续时间，单位为微秒（μs）。为了防止电弧烧伤，电火花成型加工只能用断续的脉冲电压波。粗加工时，用较大的脉宽，此时 $t_i>100$ μs；精加工时，只能用较小的脉宽，此时 $t_i<50$ μs。

8. 脉冲间隔 t_o

脉冲间隔简称脉间，也称为脉冲停歇时间。它是两个电压脉冲之间的间隔时间，单位为μs。脉冲间隔太短，放电间隙来不及消电离和恢复绝缘，容易产生电弧放电，烧伤工具和电极；脉冲间隔太长，将降低加工生产率。脉宽和脉间之间的关系如图 1-5 所示。

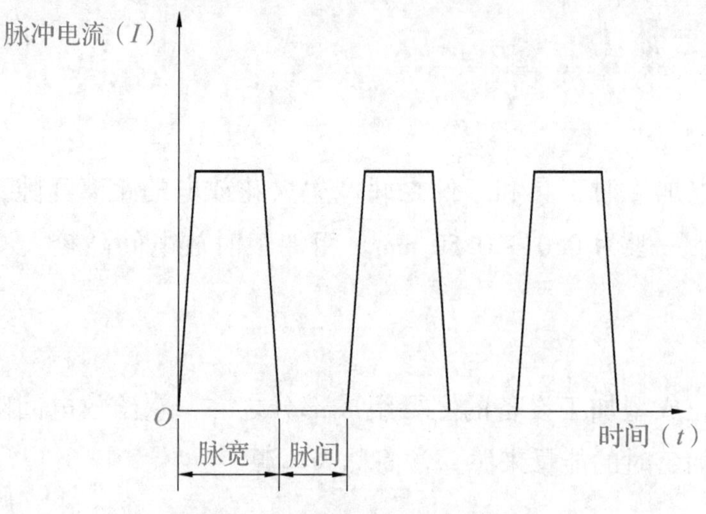

图 1-5　脉宽与脉间之间的关系

拓展提升

电火花加工机床自 20 世纪 50 年代在中国诞生以来，走过了漫长而快速的发展道路，技术日益先进，应用越来越广，目前已在中国模具工业中占有十分重要的地位，每年都有 1 万多台新的电火花加工机床进入模具制造领域。在模具型面加工中，电火花加工机床虽然受到高速雕铣机的严峻挑战，但由于其独特的性能和技术的不断进步，今后仍将在模具工业中发挥其独特的作用，并获得进一步的发展。中国第一台电火花加工机床诞生于 1954 年。

1958 年研制成功的 DM5540 型电脉冲机床具有效率高、电极损耗小的优点，从而开始了电加工机床进入以模具加工为主的时期。“钢打钢”电加工工艺的研究成功解决了电极与冲头的配合问题，这使电加工机床在模具（特别是冲压模具）加工中得到进一步推广应用。1965 年出现的晶体管脉冲电源 D6140 电火花成型机床拓宽了电加工在型腔模具加工中的应用。可控硅电源和晶体管电源的电加工机床，在 20 世纪 70 年代得到较大的发展，它们与不断完善的平动头相结合，使型腔模电火花平动工艺日趋成熟，促进了型腔模电火花加工的新发展。

电火花线切割机床从 20 世纪 60 年代起得到迅速发展：1964 年中国开发了光电跟踪电火花线切割机床和快速走丝电火花线切割机床。1969 年出现快速走丝数控电火花线切割机床。

随着数控技术的发展，20 世纪 80 年代电火花机床有了新的突破，陆续出现了一些高性能的数控电火花加工机床。

练习题

模块二

电火花成型加工工艺

单元一 电火花成型加工工艺概述

一、电火花成型加工工艺分类

电火花成型加工是用工具电极对工件进行复制加工，分为电火花穿孔加工、电火花型腔加工和电火花切断加工，如图 2-1 所示。

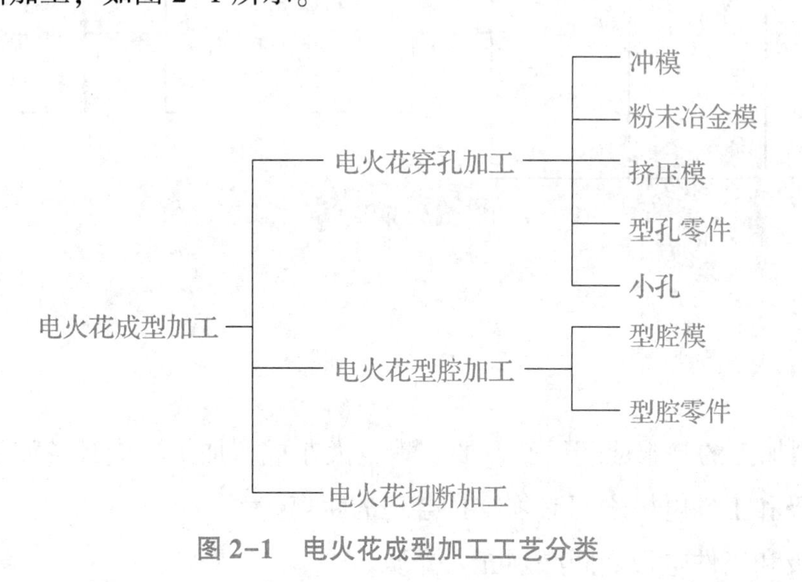

图 2-1　电火花成型加工工艺分类

二、电火花成型加工的基本工艺路线

电火花成型加工的基本工艺包括：电极的制作、工件的准备、电极与工件的装夹定位、冲（抽）油方式的选择、加工规准的选择转换、电极缩放量的确定及平动（摇动）量的分

配等。

电火花成型加工的基本工艺路线如图 2-2 所示。

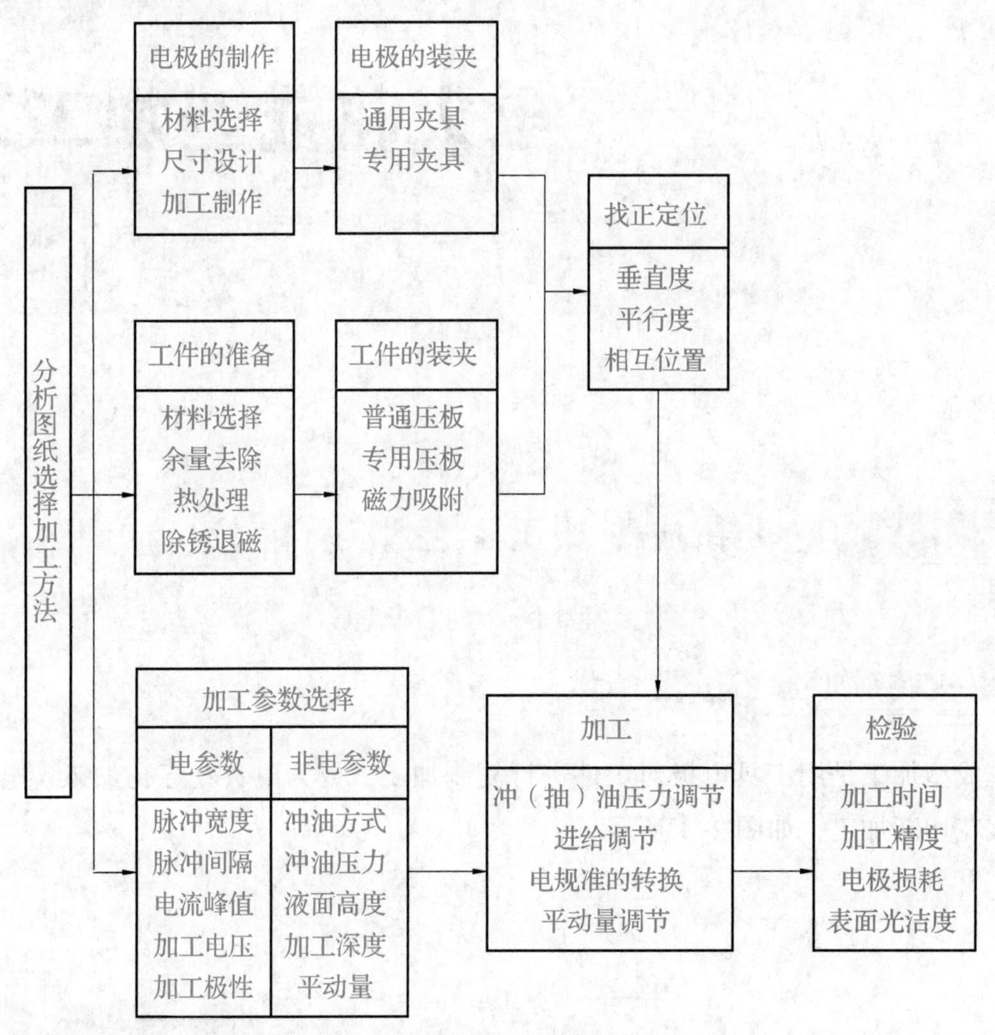

图 2-2　电火花成型加工的基本工艺路线

三、电火花成型加工的加工条件

由电火花成型加工的基本原理可知，要实现电火花成型加工，应具备如下条件：

（1）工具电极和工件电极之间必须维持合理的距离。

（2）工具电极和工件电极之间必须充入介质。

（3）输送到工具电极和工件电极之间的脉冲能量密度应足够大。

（4）放电必须是短时间的脉冲放电。

（5）脉冲放电需重复多次进行。

（6）脉冲放电后的电蚀产物能及时排放至放电间隙之外。

四、非电参数、电参数对工艺指标的影响

1. 非电参数对加工速度的影响

电火花成型加工的加工速度，是指在一定电规准下，单位时间 t 内工件被蚀除的体积 V 或质量 M，一般用体积加工速度 $v_w = V/t$（mm^3/min）表示，有时为了测量方便，也用质量加工速度 v_m（g/mm）表示。

（1）加工面积对加工速度的影响。

由图 2-3 可知，加工面积 A 较大时，它对加工速度没有多大影响；但若加工面积减小到某一临界面积，则加工速度会显著降低，这种现象称为“面积效应”。因为加工面积小，在单位面积上脉冲放电过分集中，致使放电间隙的电蚀产物排除不畅，同时会产生气体排除液体的现象，造成放电加工在气体介质中进行，所以大大降低了加工速度。

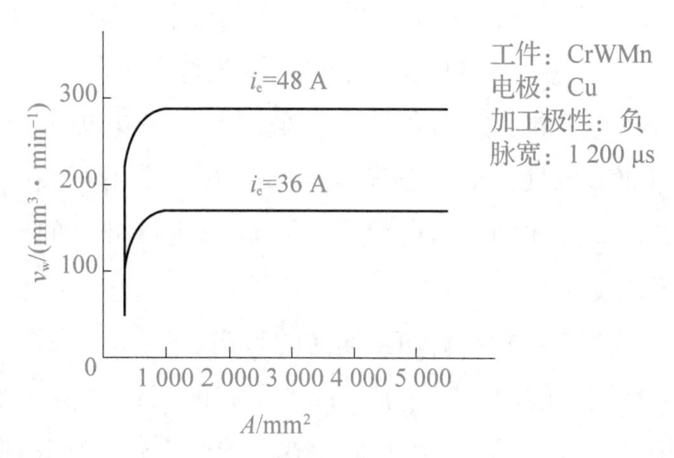

图 2-3　加工面积与加工速度关系曲线

峰值电流不同，最小临界加工面积也不同。因此，确定一个具体加工对象的电参数时，首先必须根据加工面积确定工作电流，并估算所需的峰值电流。

（2）冲（抽）油压力对加工速度的影响。

如图 2-4 所示，对于较难排屑的加工，不冲（抽）或冲（抽）油压力 p 过小，则排屑不良产生的二次放电的机会明显增多，从而导致加工速度下降；但若冲（抽）油压力过大，加工速度同样会降低，这是因为冲（抽）油压力过大，产生干扰，使加工稳定性变差。

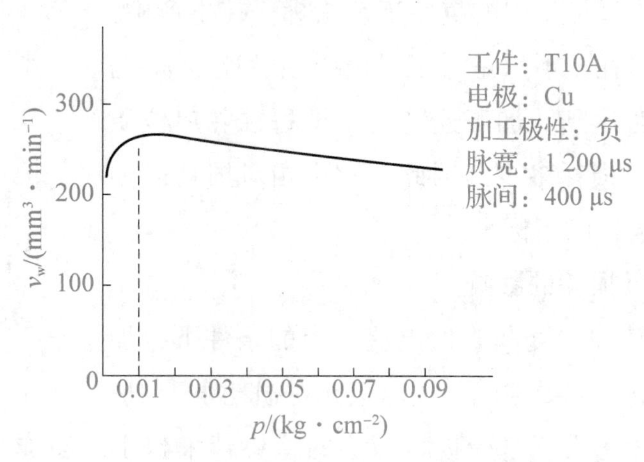

图 2-4　冲（抽）油压力和加工速度关系曲线

（3）“抬刀”对加工速度的影响。

如图 2-5 所示，目前较先进的电火花机床都采用了自适应“抬刀”功能。自适应“抬刀”是根据放电间隙的状态，决定是否“抬刀”。放电间隙状态不好，电蚀产物堆积多，“抬刀”频率自动加快；放电间隙状态好，电极就少抬或不抬。这使电蚀产物的产生与排除基本保持平衡，避免了不必要的电极抬起运动，提高加工速度。

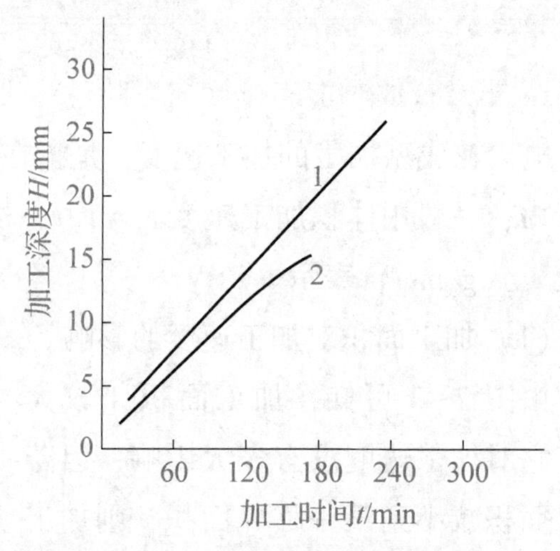

1—自适应“抬刀”；2—定时“抬刀”。

图 2-5　抬刀方式与加工速度关系曲线

（4）电极材料和加工极性对加工速度的影响。

在电参数选定的条件下，采用不同的电极材料与加工极性，加工速度也大不相同。采用石墨电极，在同样的加工电流下，正极性比负极性的加工速度高。

（5）工件材料对加工速度的影响。

在同样的加工条件下，选用不同的工件材料，加工速度也不同。这主要取决于工件材料的物理性能（熔点、沸点、比热、导热系数、熔化热、汽化热等）。

（6）工作液对加工速度的影响。

在电火花成型加工中，工作液的种类、黏度、清洁度对加工速度都有影响。就工作液的种类来说，其对加工速度的影响大小依次是高压水>煤油+机油>煤油>酒精水溶液。在电火花成型加工中，应用最多的工作液是煤油。

2. 非电参数对电极损耗的影响

如图 2-6 所示，在电火花成型加工中，同一电极的角损耗>边损耗>端面损耗，它们的损耗长度分别用 h_i、h_c 和 h_d 表示。

电极损耗是电火花成型加工中的重要工艺指标。在生产中，衡量某种工具电极是否损耗，不只是看工具电极损耗速度 v_E 的绝对值大小，还要看同时达到的加工速度 v_w，即每蚀除单位质量金属工件时，工具相对损耗多少。因此，常用相对损耗或损耗比作为衡量工具电极损耗的指标。

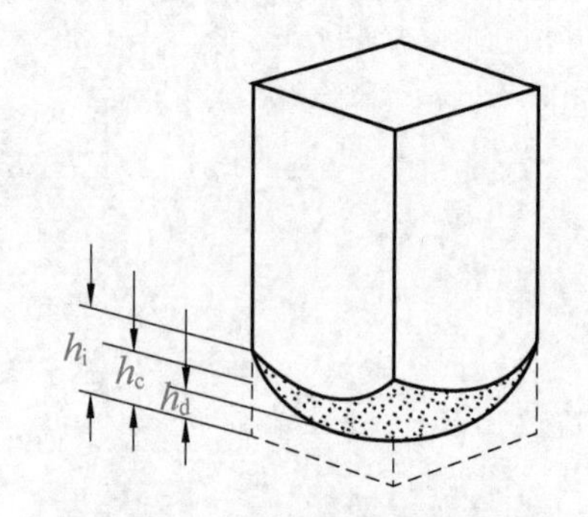

图 2-6　电极损耗长度示意

（1）加工面积对电极损耗的影响。

如图 2-7 所示，在脉冲宽度和峰值电流一定的条件下，加工面积对电极损耗的影响是非线性的。当电极相对损耗小于 1% 时，随着加工面积的继续增大，电极损耗减小的趋势越来越小。当加工面积过小时，随着加工面积的继续减小电极损耗急剧增加。

（2）冲（抽）油压力对电极损耗的影响。

对形状复杂、深度较大的型孔或型腔进行加工时，若采用适当的冲（抽）油的方法进行排屑，则有助于提高加工速度。但如果冲（抽）油压力过大反而会加大电极的损耗。如图 2-8 所示，用石墨电极加工时，电极损耗 θ 受冲油压力的影响较小；而用紫铜电极加工时，电极损耗受冲油压力的影响较大。

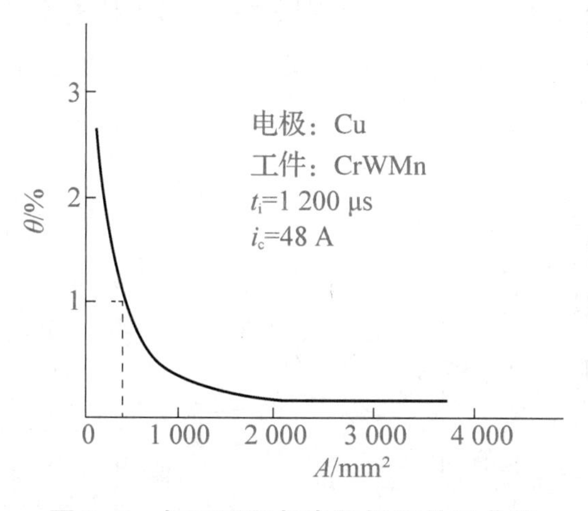

图 2-7　加工面积与电极损耗关系曲线

图 2-8　冲油压力与电极损耗关系曲线

（3）电极的形状和尺寸对电极损耗的影响。

在电极材料、电参数和其他工艺条件完全相同的情况下，电极的形状和尺寸对电极损耗的影响也很大（如电极的尖角、棱边、薄片等）。如图 2-9（a）所示的型腔，用整体电极加工较困难。在实际中首先加工主型腔，如图 2-9（b）所示；再用小电极加工副型腔，如图 2-9（c）所示。

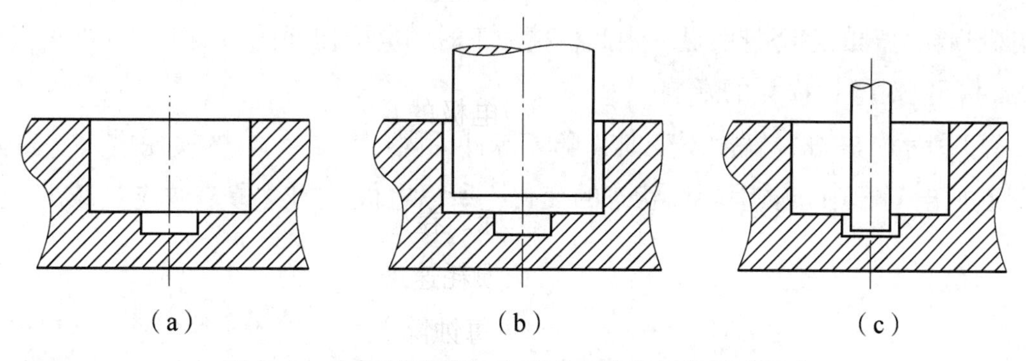

图 2-9　电极的形状和尺寸对电极损耗的影响示意

（a）型腔；（b）加工主型腔；（c）加工副型腔

（4）工具电极材料对电极损耗的影响。

工具电极的电极损耗与其材料有关，电极损耗的大致顺序为银钨合金<铜钨合金<石墨（粗规准）<紫铜<钢<铸铁<黄铜<铝。

3. 电参数对加工速度的影响

（1）脉冲宽度对加工速度的影响。

如图 2-10 所示，单个脉冲能量的大小是影响加工速度的重要因素。对于矩形波脉冲电

源，当峰值电流一定时，脉冲能量与脉冲宽度成正比。同时，在其他加工条件相同时，随着脉冲能量的急速增大，蚀除产物增多，排气排屑条件恶化，间隙消电离时间不足导致拉弧，加工稳定性变差等，反而使加工速度降低。

（2）脉冲间隔对加工速度的影响。

如图 2-11 所示，在脉冲宽度一定的条件下，若脉冲间隔减小，则加工速度提高。这是因为减小脉冲间隔将导致单位时间内的工作脉冲数目增多、加工电流增大，故加工速度提高；但若脉冲间隔过小，则会因放电间隙来不及消电离引起加工稳定性变差，导致加工速度降低。

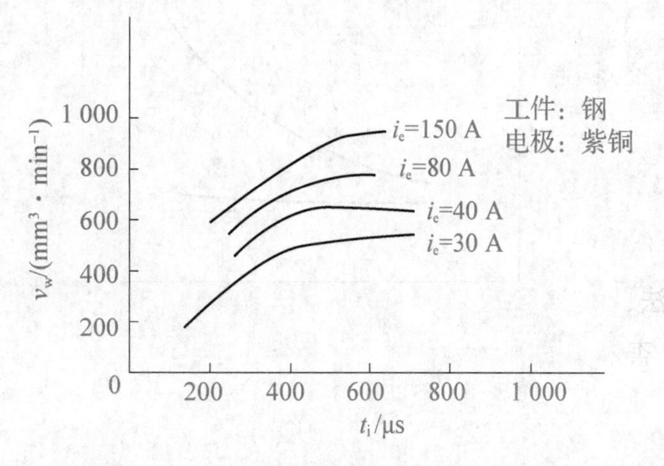

图 2-10 脉冲宽度与加工速度关系曲线

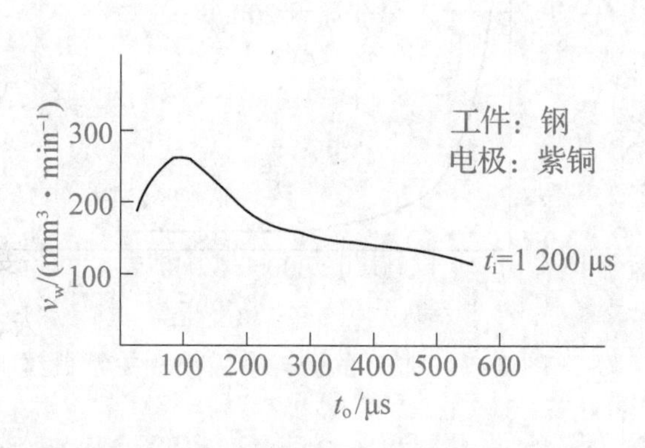

图 2-11 脉冲间隔与加工速度关系曲线

4. 电参数对电极损耗的影响

（1）脉冲宽度对电极损耗的影响。

如图 2-12 所示，在峰值电流一定的情况下，随着脉冲宽度的减小，电极损耗增大，脉冲宽度越窄，电极损耗上升的趋势越明显。因此，精加工时的电极损耗比粗加工时的电极损耗大。

（2）脉冲间隔对电极损耗的影响。

如图 2-13 所示，在脉冲宽度不变时，随着脉冲间隔的增加，电极损耗增大。因为脉冲间隔加大，引起放电间隙中介质消电离状态的变化，所以电极上的“覆盖效应”减少。

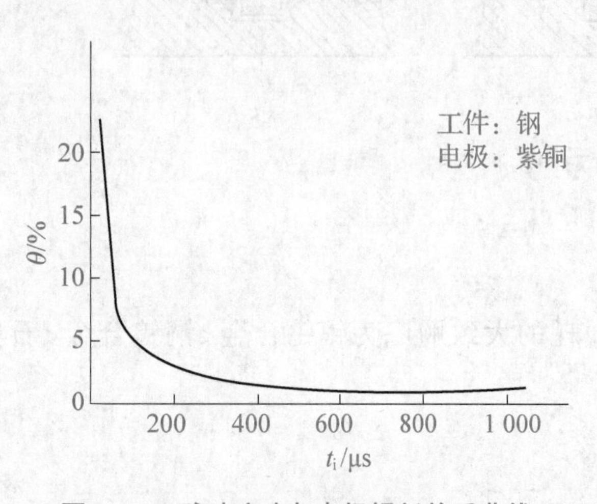

图 2-12 脉冲宽度与电极损耗关系曲线

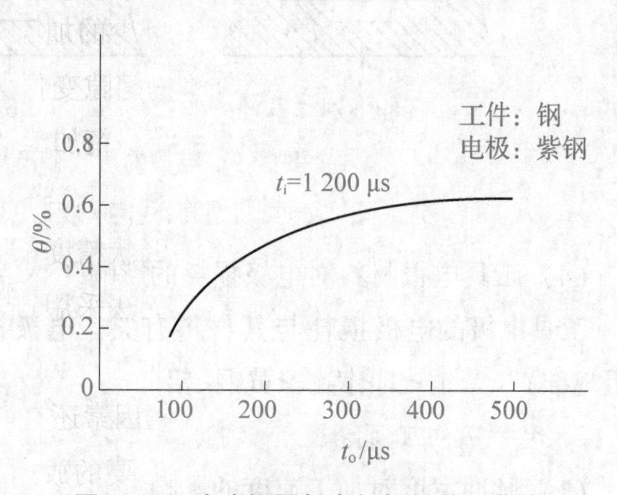

图 2-13 脉冲间隔与电极损耗关系曲线

（3）峰值电流对电极损耗的影响。

如图 2-14 所示，对于一定的脉冲宽度，加工时的峰值电流不同，电极损耗也不同。脉冲宽度和峰值电流对电极损耗的影响效果是综合性的。只有脉冲宽度和峰值电流保持一定关系，才能实现低损耗加工。

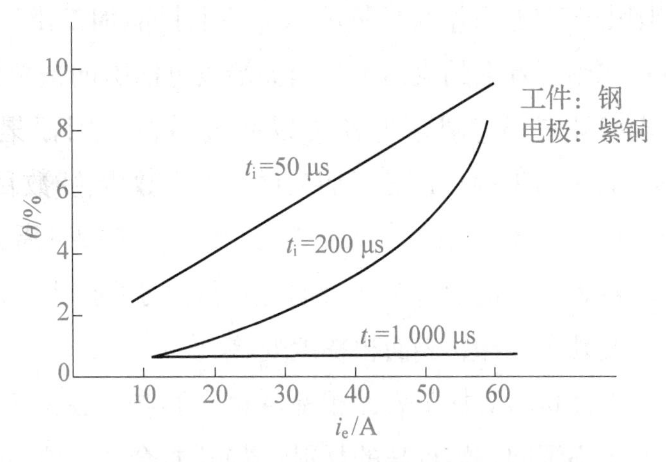

图 2-14　峰值电流与电极损耗关系曲线

（4）加工极性对电极损耗的影响。

在其他加工条件相同的情况下，加工极性不同对电极损耗的影响也很大。当脉冲宽度 t_i 小于某一数值时，正极性损耗小于负极性损耗；反之，当脉冲宽度 t_i 大于某一数值时，负极性损耗小于正极性损耗。一般情况下，采用石墨电极和铜电极加工钢时，粗加工用负极性接法，精加工用正极性接法。但用钢电极加工钢时，无论粗加工还是精加工都要用负极性接法，否则电极损耗大大增加。

五、影响加工精度及表面粗糙度的主要因素

1. 影响电火花成型加工精度的因素

影响电火花成型加工精度的主要因素：放电间隙的一致性、工具电极的损耗及其稳定性。

电火花成型加工时，工具电极与工件之间存在着一定的放电间隙，如果加工过程中放电间隙保持不变，则可以通过修正工具电极的尺寸开展补偿，以获得较高的加工精度。然而放电间隙的大小实际上是变化的，在电火花成型加工过程中影响着加工精度。

除了放电间隙能否保持一致性，放电间隙的大小对加工精度也有影响，尤其是对复杂形状的加工表面，棱角部位的电场强度分布不均，放电间隙越大，对加工精度的影响越严重。因此，为了降低加工误差，应采用较少的加工规准，缩小放电间隙，这样不但能提高仿形精度，而且放电间隙愈小，可能产生的间隙变化量也愈小；另外，必须尽可能使加工过程稳定。电参数对放电间隙的影响也非常显著，精加工的放电间隙一般只有 0. 01 mm，而粗加工的放电间隙为 0. 5 mm 左右。

工具电极的损耗对尺寸精度和形状精度都有影响。电火花穿孔加工时，电极可以贯穿型孔而补偿电极损耗，型腔加工时则无法采用这一方法，精细型腔加工时可以采用更换电极的方法。

影响电火花成型加工形状精度的因素还有“二次放电”，二次放电是指已加工表面上由于电蚀产物等的介入而再次开展的非必要的放电，它使加工深度方向产生斜度和加工棱角、棱边变顿。

电火花成型加工时，工具的尖角或凹角很难准确复制在工件上，这是因为当工具为凹角时，工件上对应的尖角处放电蚀除的概率大，容易遭受腐蚀而成为圆角。当工具为尖角时，一则由于放电间隙的等距性，工件上只能加工出以尖角顶点为圆心、放电间隙 s 为半径的圆弧；二则工具上的尖角本身因尖端放电蚀除的概率大而损耗成圆角。采用高频窄脉宽精加工，放电间隙减小，圆角半径可以明显减少，因而提高了仿形精度，可以获得圆角半径小于 0. 01 mm 的尖棱，这对于加工精细小模数齿轮等冲模是很重要的。

2. 影响电火花成型加工表面粗糙度的因素

对表面粗糙度影响最大的是单脉冲能量，因为脉冲能量大，每次脉冲放电蚀除量大，放电凹坑既大又深，表面粗糙度变差。

工件材料对加工表面粗糙度也有影响，在一定的脉冲能量下，不同的电极材料表面粗糙度值大小不同，熔点高的材料（如硬质合金）在相同能量下加工的表面粗糙度要比熔点低的材料（如钢）好。当然，加工速度会相应下降。

工具电极表面的粗糙度值也影响工件的加工表面粗糙度值。例如，石墨电极表面比较粗糙，因此它加工出的工件表面粗糙度值较大。由于电极的相对运动，工件侧边的表面粗糙度值比端面的表面粗糙度值小。

干净的工作液有利于得到理想的表面粗糙度，因为工作液中含蚀除产物等杂质越多，越容易发生积碳等不利状况，从而影响表面粗糙度。

加工速度与表面粗糙度是一对矛盾统一体，通过平动或摇动加工及混粉加工等工艺可大为改善。一般电火花加工到 Ra2. 5~0. 63 μm 后采用其他研磨方法改善表面粗糙度比较经济。

工件材料对表面粗糙度也有影响，在相同能量下，熔点高的材料比熔点低的材料要好。

精加工时，工具电极表面粗糙度也影响加工表面粗糙度。由于石墨电极表面粗糙度差，其加工的表面粗糙度较差。

六、电火花穿孔加工的工艺流程

1. 分析图纸

分析图纸是否满足电火花穿孔加工要求。

2. 选择加工方法

根据加工对象、精度及表面粗糙度等要求和机床功能选择加工方法。例如，冲模加工可采用直接法、间接法、混合法、二次放电法等 4 种工艺方法。选择工艺方法，应根据凸、凹模配合间隙的要求及加工条件等因素而定。

（1）直接法是将凸模长度适当增加，先作为电极加工凹模，然后将端部损耗的部分切除，直接形成凸模。

（2）间接法是指在模具电火花加工中，将凸模与加工凹模用的电极分开制造。先根据凹

模尺寸设计电极，然后制造电极并进行凹模加工，再根据间隙要求来配制凸模。

（3）混合法就是指把电极和凸模连接在一起，然后分开凸模与电极，电极用来加工凹模。

（4）二次放电法是利用一次电极加工二次电极，并加工出凸模与凹模的工艺方法。

3. 电极的准备

（1）常用电极材料的性能、特点及其适用范围如表 2-1 所示。

表 2-1　常用电极材料的性能、特点及其适用范围

电极材料	相对密度	性能	特点	适用范围
紫铜（Cu）	8.9	加工性能优异，适用于晶体管电源加工，电极损耗较小	常用电极材料，机械加工性能虽好，但磨削加工困难，因其材质软，易产生瑕疵	电火花穿孔加工 电火花型腔加工
石墨（Gr）	1.7	加工性能优异，但不适用于精加工，也不适用于硬质合金加工，电极损耗较小	常用电极材料，机械加工性能好，但机械强度差，制造电极时粉尘较大，还容易崩刃	大型型腔模
黄铜（Ba）	8.5	加工稳定性好，比铜的加工速度低 20%~30%，电极损耗较大	机械加工性能一般，较少采用，难以磨削	简易形状 穿透加工
银钨合金（AgW）	15.0	加工精度和稳定性好，适用于高光洁度和硬质合金的加工，电极损耗小	较好的电极材料，但价格昂贵，切削或磨削时工具磨损较大，但有一定弯曲变形	精密冲模 精密型腔
铜钨合金（CuW）	14.0	同上，适用于深长直壁孔、硬质合金穿孔加工等	价格昂贵，切削或磨削时工具磨损较大，但有一定弯曲变形	精密冲模 精密型腔
钢（St）	7.8	加工稳定性较差，电极损耗一般	机械加工性能好	冲模加工
铝（Al）	2.7	加工稳定性较好，加工速度快，适用于大电流、高效率加工，电极损耗大	机械加工性能好，易产生瑕疵	穿透加工 大型型腔
锌合金（Zn）	6.7	加工性能较好，电极损耗大	机械加工性能好，易产生变形	穿透加工

（2）工具电极的设计。工具电极的尺寸精度应高于凹模，表面粗糙度值也应小于凹模。另外，工具电极的轮廓尺寸除考虑配合间隙外，还应考虑单边放电间隙。

（3）工具电极的制造。工具电极的制造一般先经过普通的机加工，然后进行成型磨削；也可采用线切割切割出凸模。

4. 电火花成型加工前的工件准备

在电火花成型加工前，应对工件进行切削加工，然后进行磨削加工，并应预留适当的电火花加工余量。一般情况下，单边的加工余量以0.3~1.5 mm为宜，这样有利于电极平动。

5. 电规准的选择与转换

电规准是指电火花成型加工过程中选择的一组电参数，如电压、电流、脉（冲）宽（度）、脉（冲）间（隔）等。电规准选择得正确与否，将直接影响工件加工工艺的效果。因此，应根据工件的设计要求、工具电极和工件的材料、加工工艺指标和经济效益等因素加以综合考虑，并在加工过程中进行必要的转换。

一般来说，电规准分为粗、中和精规准。粗规准主要用于粗加工阶段，采用长脉宽、大电流、负极性加工，用以快速蚀除金属，此时电极的损耗比较小，生产效率较高。中规准是过渡性加工，用于减少精加工的加工余量，提高加工速度。精规准用来最终保证冲模的配合间隙、表面粗糙度等质量指标，应选择小电流、窄脉宽，适当增加脉间和抬刀次数，并选用正极性加工。表2-2所示为不同冲模加工的电规准选择要点。

表2-2　不同冲模加工的电规准选择要点

冲模的表现形式和要求	电规准选择要点
间隙大	加工刃口可选择较强规准，或者采用电极平动法和电极镀铜法实现大间隙
间隙小	加工刃口只能选择较弱规准
斜度大	不采用阶梯电极，增加电规准转换级差，并采用冲油
斜度小	采用阶梯电极和抽油。粗规准可较强。精规准看刃口表面粗糙度而定
半刃口	粗、中、精规准过渡，根据刃口要求间隙、斜度来选择电规准的强弱
全刃口	采用阶梯电极，电规准选择同斜度小的冲模加工
小型孔槽	采用较弱规准，以保证精度和表面粗糙度
形状复杂	电规准选择相应弱些
余量大	电规准选择尽量强些
钢打钢	选择脉宽不大、峰值电流大、脉间较大的电规准加工

七、电火花型腔加工的工艺流程

电火花型腔加工主要用来加工锻模、压铸模、塑料模、胶木模或型腔零件。电火花型腔加工属于盲孔加工，工作液循环和电蚀物排除条件差，金属蚀除量比较大；另外，加工面积变化大，电规准的变化范围也较大。

1. 工艺分析

对零件图进行分析，了解工件的结构特点、材料，明确加工要求。

2. 选择加工方法

根据加工对象、工件精度及表面粗糙度等要求和机床功能，选择采用单电极平动法、多电极更换法和分解电极法等。

（1）单电极平动法。单电极平动法在电火花型腔加工中的应用最为广泛。它是采用一个电极完成型腔的粗、中和精加工的全过程。加工过程中，首先采用低耗高效的粗规准进行加工，然后利用平动做精修，实现型腔侧面修光，完成整个型腔的加工。由于采用一个电极来完成加工全过程，电极损耗比较大，因此型腔精度相对会差些。

（2）多电极更换法。多电极更换法是指依次更换多个电极来加工同一个型腔的方法。每个电极在加工时，必须把上一级电规准的放电痕迹去掉。一般来说，更换电极时，需要考虑电极的定位装夹精度。

（3）分解电极法。分解电极法主要用在一些模具型腔面积大，深度深，形状复杂，底部有凹槽、窄槽、尖角、图案等情况下。根据模具型腔的复杂程度的不同，可将其几何形状分解成若干个部分，并针对这些小的部分来制作不同的工具电极。

3. 工具电极

（1）电极材料的选择。电极一般选用耐腐蚀性较好的材料，如纯铜和石墨等。纯铜和石墨的特点是在粗加工时能实现低损耗，机加工时成型容易，放电加工时稳定性好。

（2）工具电极的设计。工具电极的尺寸设计一方面与模具的大小、形状和复杂程度有关；另一方面也与电极材料、加工电流、加工余量及单边的放电间隙等有关。若采用电极平动法加工，则还应考虑平动量的大小。

电极结构通常有整体式、镶拼式和组合式 3 种类型。

整体式电极是常用的一种电极结构形式，一般用于冲模或型腔尺寸比较小的情况下。对于尺寸较大的冲模或型腔，电极材料比较昂贵，成本太大。

镶拼式电极一般在机械加工有困难时采用。例如，某些冲模电极要用其做清棱、清角，就需要采用镶拼式结构形式。另外，在整体电极不能保证制造精度时也采用镶拼式电极。

组合式电极是将多个电极组合在一起，成为一个电极，多用于一次加工多孔落料模、级进模和在同一凹模上加工若干个型孔的情况。

（3）电极的制造。电极的制造一般先经过普通的机加工，然后进行成型磨削。

4. 电规准的选择、转换及平动量的分配

一般电规准分为粗、中和精规准。粗规准主要用于粗加工阶段，可采用长脉宽及大的脉冲电流。中规准是过渡性加工，用以减少精加工的加工余量，提高加工速度。精规准应选择小电流和窄脉宽，且适当增加脉间和抬刀次数。

平动量的分配是单电极平动法的一个关键问题，主要取决于被加工表面由粗变细的修光量，此外还和电极损耗、平动头原始偏心量、主轴进给运动的精度有关。一般地，粗、中规准加工的平动量为总平动量的75%~80%。中规准加工后，型腔基本成型，只留下少量的加工余量用于精规准修光。

单元二　电火花成型加工中的工作液与电极

电火花成型加工中的工作液与电极

一、电火花成型机床加工中的工作液

电火花成型加工一般在液体介质中进行，液体介质通常称为工作液，电火花工作液是参与放电加工过程的重要因素，它的各种性能均会影响加工的工艺指标，应正确选择和使用电火花工作液。

1. 电火花工作液的种类

（1）油类有机化合物：以煤油最为常见，在大的功率加工时常用机械油或在煤油中加入一定比例的机械油。

（2）乳化液：成本低，配置简便，同时有补偿工具电极损耗的作用，且不腐蚀机车和零件。

（3）水：常用蒸馏水和去离子水。

2. 电火花工作液的作用

（1）消电离：电火花工作液可以在脉冲间隔火花放电结束后尽快恢复放电间隙的绝缘状态，以便下一个脉冲电压再次形成火花放电。

（2）排除电蚀产物：电火花工作液可以使电蚀产物较易从放电间隙中悬浮、排泄出去，避免放电间隙严重污染，导致火花放电点不分散从而形成有害的电弧放电。黏度、密度、表面张力愈小的工作液，此项作用愈强。

（3）增加蚀除量：电火花工作液还可压缩火花放电通道，增加通道中被压缩气体、等离子体的膨胀及爆炸力，从而抛出更多熔化和汽化了的金属。

（4）冷却：电火花工作液可以降低工具电极和工件表面瞬时放电产生的局部高温，否则表面会因局部过热而产生积碳、烧伤并形成电弧放电。

二、电极材料的选用

目前市场上最常采用的电极材料是紫铜和石墨，如图2-15所示。

（a）　　　　　　　　　　（b）

图 2-15　常用电极材料示意

（a）紫铜；（b）石墨

1. 电极材料的选用原则

（1）电极是否容易加工成型。

（2）电极的放电加工性能优劣。

（3）加工精度及表面质量好坏。

（4）电极材料的成本是否合理。

（5）电极的质量大小。

电火花成型加工中，选择不同的电极材料各有优劣之处，这就要求抓住加工的关键要素。如果进行高精度加工，那么就要抛弃对电极材料成本的考虑；如果进行高速加工，那么就要降低加工精度。

2. 电极材料的选择

任何导电材料都可以作为电极，但电极材料对于电火花成型加工的稳定性、加工速度和工件加工质量等都有很大的影响，所以应选择导电性能良好、损耗小、造型容易、加工过程稳定、加工速度高、机械加工性能好和价格便宜的材料作为电极材料。凸模一般选择优质高碳钢、滚子轴承钢或不锈钢、硬质合金等，但应注意，凹、凸模的材料最好选择不同钢号，否则会造成加工时的不稳定。电火花成型加工常用的电极材料有紫铜、黄铜、铸铁、钢、石墨、铜钨合金和银钨合金等。

拓展提升

电火花加工机床是利用电火花加工原理加工导电材料的特种加工机床，又称电蚀加工机床、数控电火花机床、火花机。电火花加工机床主要用于加工各种高硬度材料（如硬质合金和淬火钢等）和复杂形状的模具、零件，以及切割、开槽和去除折断在工件孔内的工具（如钻头和丝锥）等，如电视机喇叭网型腔、手机型腔、扬声器格栅等。采用 CIP（Cold Isostatic Pressing，冷等静压）工艺生产的冷等静压石墨具有强度高、消耗低、结构细密、理化特性均匀和各向同性等特性。相比普通模压石墨，其具有优异的机械物理性能，颗粒没有择优取向，强度和导电能力等在各方向上都一致，组织均匀、颗粒细小、强度高。石墨电极在CAM编程、CNC加工、电极抛光、放电粗加工和放电精加工等工序的时间均比铜电极短，平均节约时间在2倍以上。石墨电极已经取代铜电极成为电火花加工用电极材料，广泛用于电加工修整大体积模具、微细筋槽、微细电极等特殊结构要求的精密电极，具有复杂曲面的汽车轮胎模电极，形成模具中窄槽的薄壁电极，成为主流电极。影响石墨电极电火花加工性能（加工速度、加工表面粗糙度和电极损耗）的因素主要有机械系统性能、脉冲电源、控制系统、加工面积、放电参数、工件材料、工作液、电极形状、冲液方式等。

练习题

模块三

电火花线切割加工基础知识

单元一 电火花线切割加工的原理、特点与应用

一、电火花线切割加工的原理

电火花线切割的英文全称为 Wire Electrical Discharge Machining，简称 WEDM，其加工的基本原理如图 3-1 所示。被切割的工件作为工件电极，电极丝作为工具电极。电极丝接脉冲电源的负极，工件接脉冲电源的正极。当来一个电脉冲时，在电极丝和工件之间就可能产生一次火花放电，在放电通道中瞬时可达 5 000 ℃以上高温，使工件局部金属熔化，甚至有少量金属气化，从而使电极和工件之间的工作液部分产生汽化，这些汽化后的工作液和金属蒸气瞬间迅速膨胀，并具有爆炸特性。依靠这种热膨胀和局部微爆炸，抛出熔化和气化了的金属材料实现对工件材料的电蚀切割加工。

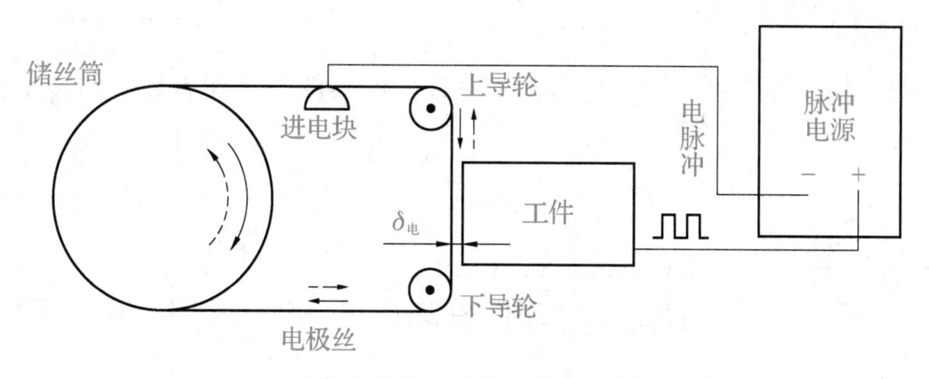

图 3-1 电火花线切割加工的工作原理示意

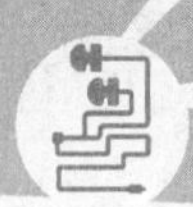

二、电火花线切割加工的特点

与电火花成型加工相比，电火花线切割加工具有如下特点：

1. 不需要单独制造电极

电火花成型加工必须精确制造出电极，而电火花线切割加工用的电极是成品的金属丝（如钨丝、钼丝、黄铜丝，其中钼丝最常用），不需要重新制造。这对模具制造来说，节约了生产成本，缩短了制造周期。

2. 不需要考虑电极损耗

电火花成型加工中的电极损耗是不可避免的，并且因电极损耗还会影响加工精度；而在电火花线切割加工中，电极丝始终按一定速度移动，不但和循环流动的工作液一起带走电蚀产物，而且自身的损耗很小，其损耗量在实际工作中可以忽略不计。因此，电火花线切割加工不会因电极损耗造成对工件精度的影响。

3. 能加工精密细小、形状复杂的通孔零件

电火花线切割加工用的电极丝极细（一般为 $\phi 0.04 \sim 0.2$ mm），很适合加工微细模具、电极、窄缝和锐角，以及进行贵重金属的下料等。

4. 不能加工盲孔

根据加工原理，电火花线切割加工时，电极丝的运行状态是"循环走丝"，而加工盲孔却无法形成电极丝的循环。因此，电火花线切割只能对零件的通孔进行加工。

三、电火花线切割加工的应用

电火花线切割加工的应用如下：

（1）电火花线切割加工应用最广泛的是加工各类模具，如冲模、铝型材挤压模、塑料模具及粉末冶金模具等。

（2）电火花线切割加工可应用于加工二维直纹曲面零件（需配有数控回转工作台），如图 3-2 所示。

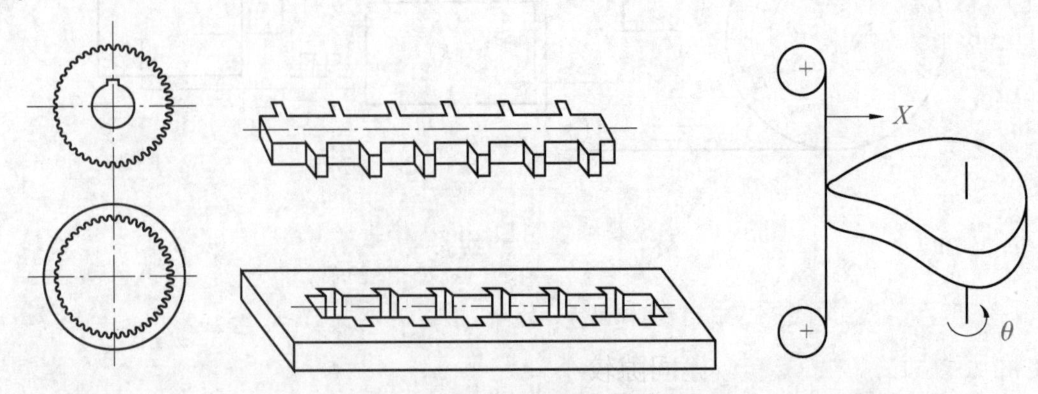

图 3-2　二维直纹曲面零件加工

（3）电火花线切割加工可应用于加工三维直纹曲面零件（需配有数控回转工作台），如图 3-3 所示。

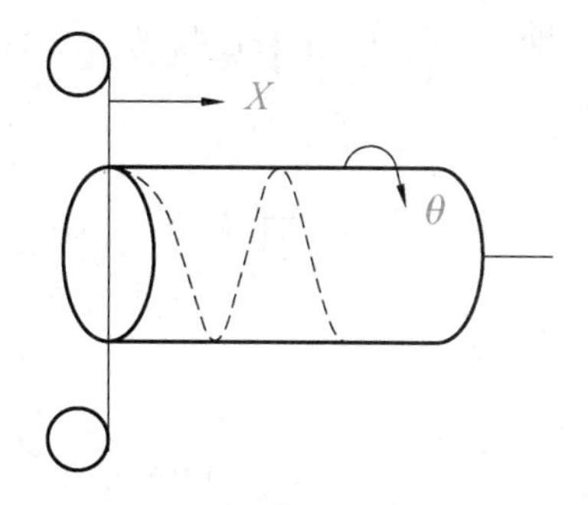

图 3-3　三维直纹曲面零件加工

（4）电火花线切割加工可应用于各种导电材料和半导体材料，以及稀有、贵重金属的切断。

单元二　电火花线切割加工的基本概念

一、电火花线切割加工的常用术语

1. 工具电极

电火花线切割加工用的工具是电火花放电时的电极之一，故称为工具电极（见图 3-4），有时简称电极。由于电极的材料常常是铜，因此又称铜公。

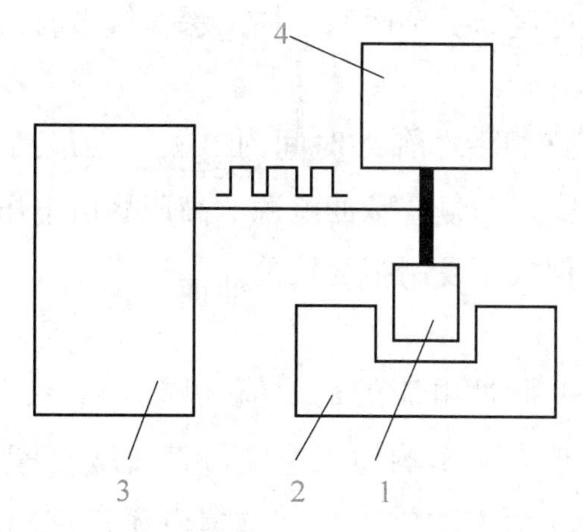

1—工具电极；2—工件；3—脉冲电源；4—伺服进给。

图 3-4　工具电极

2. 放电间隙

放电间隙是电火花放电时工具电极和工件之间的距离，其大小一般为 0.01~0.5 mm，粗加工时放电间隙较大，精加工时放电间隙较小。

3. 脉冲宽度 t_i（μs）

脉冲宽度简称脉宽（也常用 ON、TON 等符号表示），是加到电极和工件上放电间隙两端的电压脉冲的持续时间，如图 3-5 所示。为了防止电弧被烧伤，电火花加工只能用断断续续的脉冲电压波。

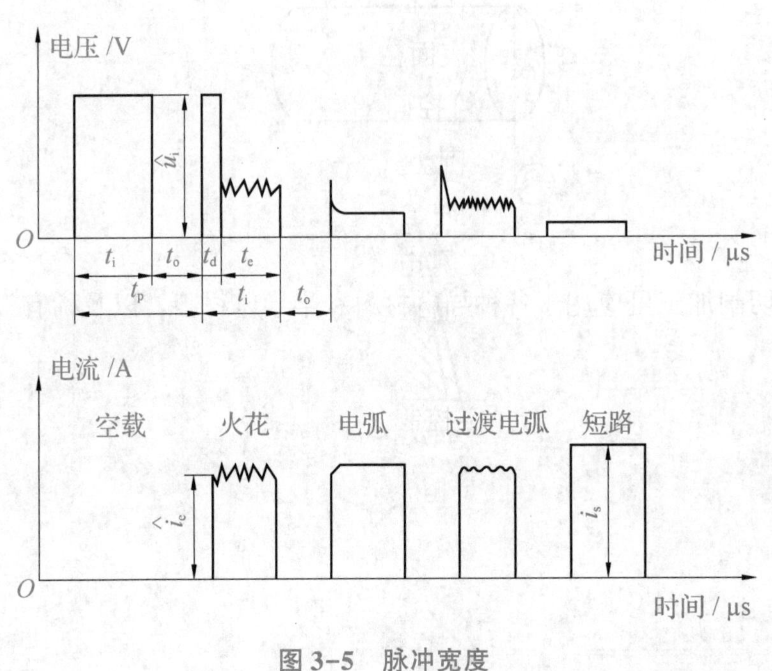

图 3-5　脉冲宽度

4. 脉冲间隔 t_o（μs）

脉冲间隔简称脉间或间隔（也常用 OFF、TOFF 等符号表示），它是两个电压脉冲之间的间隔时间。脉间过短，放电间隙来不及消电离和恢复绝缘，容易产生电弧放电，烧伤电极和工件；脉间过长，将降低加工速度。加工面积、加工深度较大时，脉间也应稍大。

5. 开路电压或峰值电压（V）

开路电压是间隙开路和间隙击穿之前 t_d 时间内电极间的最高电压。一般晶体管方波脉冲电源的峰值电压为 60~80 V，高低压复合脉冲电源的高压峰值电压为 175~300 V。峰值电压高时，放电间隙大，生产率高，但成型复制精度较差。

6. 峰值电流（A）

峰值电流是间隙火花放电时脉冲电流的最大值（瞬时），在日本、英国、美国常用 I_p 表示。虽然峰值电流不易测量，但它是影响加工速度、表面质量等的重要参数。在设计制造脉冲电源时，每一只功率放大管（简称功放管）的峰值电流是预先计算好的，选择峰值电流实际是选择几只功放管进行加工。

二、电火花线切割加工技术的发展

电火花线切割加工技术早在 20 世纪初就被人们发现，如在插头或电器开关触点开、闭时，往往产生火花而把接触面烧毛，腐蚀成粗糙不平的凹坑而逐渐损坏。长期以来，电腐蚀一直被认

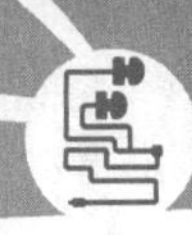

为是一种有害的现象，人们不断地研究电腐蚀产生的原因并设法减轻和避免电腐蚀的发生。

1943 年，苏联学者拉扎连柯夫妇研究发明了电火花成型加工，之后其随着脉冲电源和控制系统的改进，而迅速发展起来。最初使用的脉冲电源是简单的电阻—电容回路。

20 世纪 50 年代初，脉冲电源改进为电阻—电感—电容等回路。同时，采用脉冲发电机之类的所谓长脉冲电源，使蚀除效率得到提高，工具电极相对损耗降低。随后又出现了大功率电子管、闸流管等高频脉冲电源，使在同样表面粗糙度条件下的生产率得以提高。

20 世纪 60 年代中期，出现了晶体管和可控硅脉冲电源，提高了能源利用效率，降低了工具电极损耗，并扩大了粗、精加工的可调范围。

20 世纪 70 年代，出现了高低压复合脉冲、多回路脉冲、等幅脉冲和可调波形脉冲等电源，在加工表面粗糙度、加工精度和降低工具电极损耗等方面又有了新的进展。在控制系统方面，从最初简单地保持放电间隙、控制工具电极的进退，逐步发展到利用微型计算机，对电参数和非电参数等各种因素进行适时控制。

如今，国内外的线切割机床都采用数字控制，数控线切割机床数量已占电加工机床数量的 60%以上。

移动式放电加工机工作效果演示

高速深孔放电加工机 AD5L 的结构

拓展提升

20 世纪中期，苏联拉扎连柯夫妇研究开关触点受火花放电腐蚀损坏的现象和原因时，发现电火花的瞬时高温可以使局部的金属熔化、氧化而被腐蚀掉，从而开创和发明了电火花加工方法，线切割放电机也于 1960 年发明于苏联。当时以投影器观看轮廓面前后左右手动进给工作台面加工，认为其加工速度虽慢，却可加工传统机械不易加工的微细形状。代表的实用例子是化织喷嘴的异形孔加工。当时使用矿物质性油（灯油）作为加工液，其绝缘性高，极间距离小。

将之数控化，在脱离子水（接近蒸馏水）中加工的机种首先由瑞士放电加工机械制造厂在 1969 年的巴黎工作母机展览会中展出，改进了加工速度，确立了无人运转状况的安全性。但数控纸带的制成却很费事，若不用大型计算机自动程序设计，对使用者将是很大的负担。在廉价的自动程序设计装置（Automatic Programed Tools，APT）出现前，普及甚缓。日本制造厂开发用小型计算机自动程序设计的线切割放电加工机廉价，普及加速。线切割放电加工的加工形状为二次元轮廓，为线切割放电机发展的重要因素。

练习题

模块四

电火花线切割加工工艺

电火花线切割加工工艺概述

电火花线切割的工作原理

一、电火花线切割加工的切割速度及主要影响因素

电火花线切割加工时的切割速度是反映加工效率的重要指标。切割速度一般用电极丝的中心线在单位时间内在工件上扫过的面积来表示，即 v_{WA}（mm^2/min）；也有用电极丝沿图形加工轨迹的进给速度作为电火花线切割加工的切割速度的，但工件厚度不同，这个进给速度是不一样的。其主要影响因素如下。

1. 电极丝对切割速度的影响

（1）电极丝材料对切割速度的影响。

电火花线切割加工使用的电极丝材料有钨丝、钼丝、钨钼丝、黄铜丝等，其中以钼丝和黄铜丝用得较多。不同材料的电极丝，其切割速度也有很大差别。采用钨丝加工时，可获得较高的切割速度，但放电后丝质变脆，容易断丝，故应用较少，只在慢走丝、弱规准加工中使用。钼丝比钨丝熔点低，抗拉强度低，但韧性好，在频繁的急热急冷变化中，丝质不易变脆，不易断丝。因此，尽管钼丝的切割速度比钨丝慢，却仍被广泛采用。钨钼丝（钨钼各50%合金）的加工效果比前两种都好，它具有钨、钼丝两者的特性，因此，使用寿命和切割速度都比钼丝高。采用黄铜丝加工时，加工速度较高，加工稳定性好，但抗拉强度差，损耗大。目前在快走丝线切割机床中普遍采用钼丝；在慢走丝线切割机床中普遍采用铜丝。

（2）电极丝直径对切割速度的影响。

电极丝的直径越大，切割速度就越快，但是随着直径的增大，切割速度要受到工艺要求的约束，而且增大加工电流，加工表面的表面粗糙度会变差，一般电极丝直径的大小，要根据工件厚度、工件材料和工件的加工要求而定。

（3）电极丝振动对切割速度的影响。

在电火花线切割加工过程中，电极丝的振动会对切割速度产生影响，如果电极丝的振动幅度比较小，则可以提高切割速度。如果电极丝的振动幅度太大或振动振幅无规则，则容易引起电极丝和工件之间的短路或不稳定放电，从而降低切割速度或出现断丝。

（4）电极丝张力和走丝速度对切割速度的影响。

在电火花线切割加工过程中，如果电极丝的张力越大，则其切割速度越高，主要原因是由于电极丝的拉紧，其振动幅度变小，不容易产生短路。但是电极丝的张力过大，容易引起断丝。

2. 工件对切割速度的影响

不同工件材料对切割速度的影响有很大差别，工件材料的熔点、沸点、导热系数越高，放电时蚀除量越小。一般切割铝合金的速度比较高，切割石墨、聚晶及硬质合金等材料的速度比较低。

工件厚度的大小对切割速度的影响也不一样，工件越厚，在进给方向的加工面积越大，切割速度也就越高，因为面积效应会提高切割速度。但随着工件厚度的增加，当其增加到一定程度后，由于排屑条件变差，容易引起短路，切割速度反而降低。

（1）工作液对切割速度的影响。

电火花线切割加工一般采用线切割专用的乳化液，不同的乳化液有着不同的切割速度。为了提高切割速度，在电火花线切割加工过程中，有时可以加入有利于提高切割速度的导电液，因为工作液的导电率低，放电间隙增大，加工稳定。

在电火花线切割加工过程中，提供适当压力的工作液，可以有效排除加工屑，还可以增强对电极丝的冷却效果，从而有利于提高切割速度。

（2）脉冲电源对切割速度的影响。

单个脉冲电源的放电能量愈大、放电脉冲数愈多，峰值电流愈大，蚀除的材料也就愈多。一般来说，脉冲宽度和脉冲频率与切割速度成正比。但是，如果单个脉冲电源的能量过大，会使电极丝的振动加大，从而降低切割速度，并且容易断丝；脉冲频率过高，脉冲间隔太小，无法充分消电离，也会引起电弧烧伤及烧断电极丝，使加工无法进行，导致切割速度下降。

在放电加工时，其正、负极的蚀除量是不同的，在窄脉冲加工时，正极（阳极）的蚀除量高于负极（阴极）的蚀除量，这种现象称为“极性效应”。电火花线切割加工大多是窄脉冲加工，为了提高切割速度，一律采用工件接脉冲电源正极的方法，即采用正极性加工。

二、影响电火花线切割加工的加工精度的主要因素

电火花线切割加工的加工精度指加工尺寸精度、形状及位置精度等。影响电火花切割加工加工精度的因素主要有以下几个：

（1）机床的机械精度对加工精度的直接影响。

例如，丝架与工作台的垂直度、工作台拖板移动的直线度及其相互垂直度、夹具的制造

精度与定位精度等，对电火花线切割加工的加工精度都有直接影响。导轮组件的几何精度与运动精度，以及电极丝张力的大小与稳定性对加工区域电极丝的振动幅度和频率有影响，所以对加工精度的影响也很大。为了提高电火花线切割加工的加工精度，应尽量提高机床的机械精度和结构刚度，确保工作台平稳、准确、标准、轻快地移动。电极丝的张力尽量恒定且偏大一点。同时，对于固定工件的夹具也应予以重视，除了夹具自身的制作精度，装夹时一定要牢固、可靠。

（2）电参数如脉冲波形、脉冲宽度、间隙电压等对工件的蚀除量、放电间隙及电极损耗有较大的影响。

因此，在电火花线切割加工过程中，应尽量保持脉冲宽度、间隙电压的稳定，使放电间隙保持均匀一致，从而有利于加工精度的提高。放电波形前后沿调整得陡一些，可以降低电极损耗，从而有利于加工精度的提高。

（3）机床控制系统的控制精度对电火花线切割加工的加工精度也有直接的影响。控制精度越高、越稳定，加工精度越高。

三、电火花线切割加工的表面粗糙度及其主要影响因素

电火花线切割加工的表面粗糙度质量主要看工件表面粗糙度值的高低及表面变质层的厚薄，电极丝在放电过程中不断移动，会产生振动，对加工表面产生不利的影响，放电产生的瞬间高温使工件表层材料熔化、汽化，在爆炸力作用下收缩。

四、工作液对工艺指标的影响

在电火花线切割加工过程中，工作液是脉冲放电的介质，对工艺指标的影响很大。它对切割速度、表面粗糙度、加工精度也有影响。

电火花线切割机使用的加工液分为两种：水和油。加工液是影响加工速度及加工精度的主要因素。影响加工效率的因素有加工液处理方法、液体压力、液体电导率、液温和喷流压力。

（1）工作液处理方法与液体压力。

工作液可以起到如下4种作用：极间绝缘、极间冷却、排出加工屑、保持工件的温度。在喷水加工中，喷嘴的液量、液体压力、工件与喷嘴的高度及工件的厚度等因素的不同，会对加工速度、加工精度产生一定影响。

当从工件的端面开始加工时，如图4-1所示，操作者经常会遇到断丝的问题。这通常是因为加工液脱离了工件的端面，产生独特流动方式。在这种情况下，需要降低一些加工条件，并设法将加工液引流到工件的端面上。一般而言，液体压力越大，加工屑的排出性能就越好，加工速度就越高，这种情况比较适用于粗加工。但是，在精加工时，液量和液体压力的增大可能会引起线电极的振动，可以采用低压（0.1~0.2 MPa）进行加工。

（2）液体电导率。

电导率表示电流的导电状况，液体电导率对加工特性的影响很大，如图 4-2 所示，主要影响内容包括：改变放电间隙、使线电极断丝、恶化表面精度和表面性状、生成变质层。

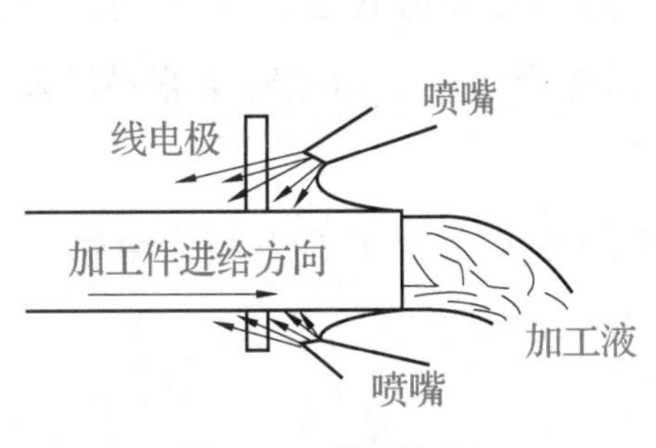

图 4-1　端面加工

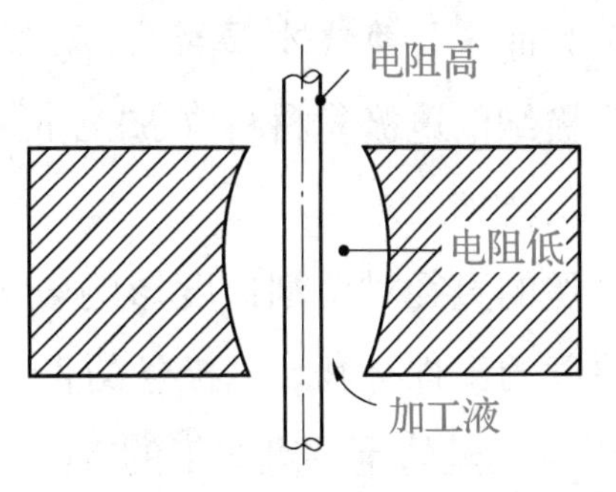

图 4-2　电导率对加工特性的影响

当电导率降低时，加工间隙会变大。当电导率升高时，由于受间隙中液体导电的影响，产生了过多的电流，所以降低了放电加工的效率。

选择适当的电导率，可使加工间隙的均匀性变好，加工液的流入状况变好，从而避免因冷却不良使线电极过热而断丝。

（3）液温。

液温管理的目的是减少机床主体、加工液及环境温度的相对温差，从而稳定加工精度。一般采用加工液冷却装置来实施液温管理。但加工液过冷也会产生问题，因此，希望加工液能与室温保持相同，最好以比室温低 1~2 ℃作为温度的设定目标。

（4）喷流压力。

进行高速加工时，喷流压力必须加强。对于平常加工，可使喷流压力降低，同时降低加工条件。进行高精度加工时，请参照手册加工条件表。

五、电火花线切割加工的电极丝对加工的影响

随着线切割机朝自动化、精密化方向不断发展，其对电极丝的质量要求也越来越严格。电极丝一般要求加工速度快、容易达到加工精度、价格低廉。

电火花线切割加工时，并非只是追求提高加工速度，更重要的是能有效提高加工精度。提高加工精度，不仅需要线电极的细丝化，还要求电极丝张力高、材质均匀、表面平滑及无挠曲。

（1）电极丝的种类对加工的影响。

电极丝的种类有以下 3 种。

①黄铜电极丝。黄铜电极丝是使用最普及的一种电极丝，其生产效率高，切割加工过程比较稳定，但抗拉强度较低，易断丝，常用于慢速走丝加工。

②添加元素的黄铜电极丝。把作为第 3 种元素的铬等元素加到黄铜中，可改善电极丝在高温条件下的抗拉强度。由于这种电极丝提高了放电加工时的张力，所以被加工工件的表面精

度也得到了提高。

③复合电极丝。使用最普及的复合电极丝是在黄铜上镀覆锌层的电极丝，它与黄铜电极丝相比，能提高加工速度及加工精度，但是价格较高，因此需要从加工速度所产生的效率与价格两个方面来计算成本是否合算。钨、钼因具有较高的抗拉强度及优异的耐热性能，所以可以作为极细的电极丝材料（ϕ0.1 mm 以下）。钨、钼电极丝由于切割时不容易断丝，所以多用于快速走丝加工。

电极丝的直径对切割速度影响较大，直径越大切割速度越快，所以增大电极丝的直径对切割大厚度的工件有利。电极丝的直径一般为 ϕ0.1~0.25 mm。

（2）电极丝的质量对加工的影响。

电火花线切割加工是一种非接触的加工方法。但是，放电通道压力的反作用力将导致线电极产生振动并造成进给方向的反向挠曲。这种挠曲现象给加工精度和加工速度带来一定的影响。电极丝的抗拉强度取决于电极丝拉制时拉丝模拉丝时的加工率（断面减小率）。加工率越大，抗拉强度就越大。

在进行锥度加工时，电极丝的性质越坚挺就越会产生挠曲现象，从而难于达到加工精度。因此，应尽量采取软质材料的电极丝。

通常采用铸造→挤压→轧制→回火→拉丝→回火→精拉→卷绕→包装→出厂的流程生产电极丝，如果在精拉阶段产生误差，主要是材料回火不匀和拉丝模出入角的设计误差，以及电极丝的振动和拉丝模的磨损等原因造成的，特别是精拉模的出入角对直线性影响最大。为进一步去除电极丝材料内部的残余应力，应该实施低温回火，这样有利于提供高质量的稳定产品。

（3）电极丝的选择对加工的影响。

①加工工件厚度与线径。电火花线切割加工时，线电极的切缝宽度为其直径加上2倍的加工放电间隙。在加工内角时，根部的 R（R 为要加工工件内角的直径值）为切缝宽的1/2，为使 R 减小，应采用细的线电极。但是，直径细的线电极因通电电流客观存在受到一定限制，对提高加工速度不利。因此，应按不同加工工件厚度选择适当的线径。选择线径的顺序如下：加工板厚→所需要的拐角 R 大小→加工速度。

在可以满足内拐角 R 的精加工的情况下，应尽量优先考虑加工速度，因为这样有利于实现高效加工。

②电极丝材料与加工速度。电极丝的材料会对加工速度产生较大影响。最能提高加工速度的是导电性好的铜丝或在黄铜丝上涂覆能提高放电性能的锌复合丝，这种材料的电极丝能使加工速度提高30%。但是为取得这一效果，不仅要使用大电流加工，还必须使用高压冲液改善加工间隙条件。与硬质材料的电极丝相比，这种电极丝材料相对抗拉强度较低，在加工厚度大的工件或中空工件时，较容易断丝。因此，为了兼顾加工精度或不同加工形状的工件，以分别采用硬质黄铜材料的电极丝或钢芯材料的复合电极丝为宜。

③电极丝直径与加工速度。不同线径的线电极的加工电流的承受力有很大差异。电极丝的直径越大，越有利于提高加工速度。拐角 *R* 和加工表面粗糙度的关系，使得使用的电极丝的直径受到一定限制。一般情况下，对于板厚的工件，在进行一次切割（粗切）时，最好使用直径大的电极丝。

④加工精度。电火花线切割加工时，因受线径的影响，加工的最小拐角 *R* 受到一定限制。*R* 较小时必须采用细丝。一般要求采用与拐角 *R* 相应直径的线电极。电火花线切割加工时电极半径接近 *R* 时放电间隙很小，放电的稳定性就会降低，这不仅对加工速度不利，还难以获得良好的加工精度和表面粗糙度。众所周知，电火花线切割加工的加工精度受到加工稳定性的影响，尤其对鼓状变形的影响最大，所以应选取兼顾拐角 *R* 和稳定性好的电极丝。

单元二　电火花线切割加工中的夹具和工艺流程

一、电火花线切割加工中的常用夹具及工件的正确装夹方法

1. 电火花线切割加工中常用的夹具

工件装夹的形式对加工精度有直接影响。电火花线切割加工机床的夹具比较简单，一般是在通用夹具上采用压板、螺栓固定（双丝压板）工件，如图 4-3 所示。

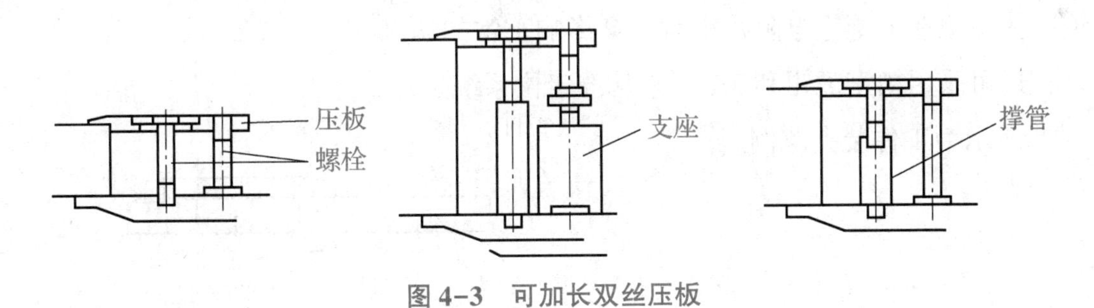

图 4-3　可加长双丝压板

由于电火花线切割加工机床主要用于切割冲压模具的型孔，因此机床出厂时，通常在附件中已提供一对夹持板形工件的夹具（压板、紧固螺栓等）。压板夹具主要用于固定平板状的工件，对于稍大的工件要成对使用。夹具上如有定位基准面，则在加工前应预先用百分表将夹具的定位基准面与工作台对应的导轨找正平行，这样在加工批量工件时较方便。夹具的基准面与夹具底面的距离是有要求的，夹具成对使用时，两个基准面的高度一定要相等，否则切割出的型腔与工件端面不垂直，会造成废品。

为了适应各种形状工件加工的需要，还可使用磁性夹具、分度夹具或专用夹具等，如图 4-4 所示。

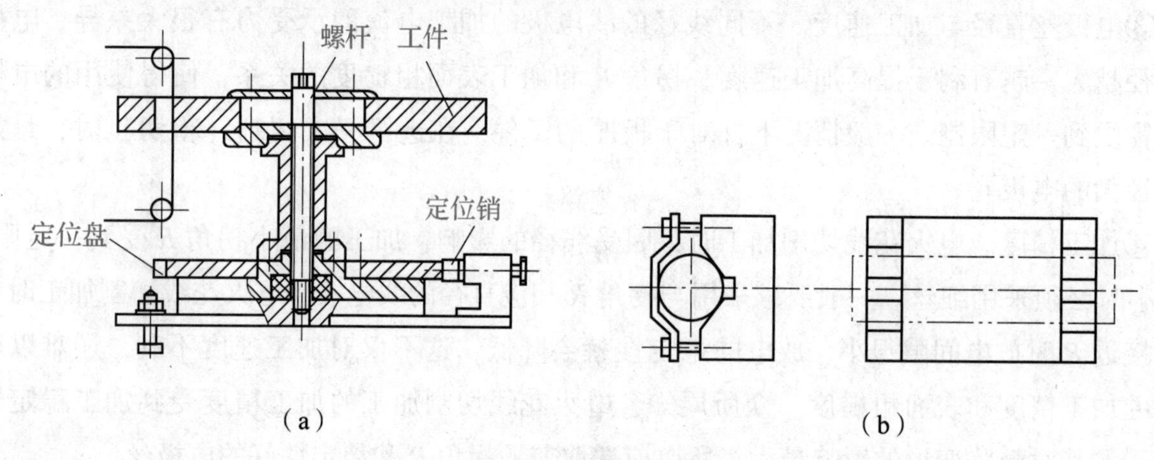

图 4-4　线切割夹具

（a）分度夹具；（b）V 形夹具

图 4-4（a）所示为切割等分槽工件用的分度夹具。此夹具固定在工作台面上，工件以圆心定位并固定在夹具上。定位盘的齿数为 60 齿，能加工由 60 除尽的等分槽，当第 1 个等分槽加工完毕后，旋松螺杆，并拔出定位销，将定位盘旋过一齿后，再以定位销定位，拧紧螺杆后进行第 2 个等分槽的加工。此夹具除可加工等分槽外，还可用于与 6 有整倍数关系的不等分的分度加工。

图 4-4（b）所示的 V 形夹具适用于装夹轴类零件的线切割加工。若采用磁性工作台或磁性表座夹持工件，则不需要压板和螺栓，操作快速方便，定位后不会因压紧而变动。

压板夹具应定期修磨基准面，保持两件夹具的等高性。夹具的绝缘性也应经常检查和测试，当绝缘体受损造成绝缘电阻减小时，会影响正常的切割。

另外，还可采用精密虎钳和 3R 工艺基准定位系统。

图 4-5 所示为工件装夹范例。

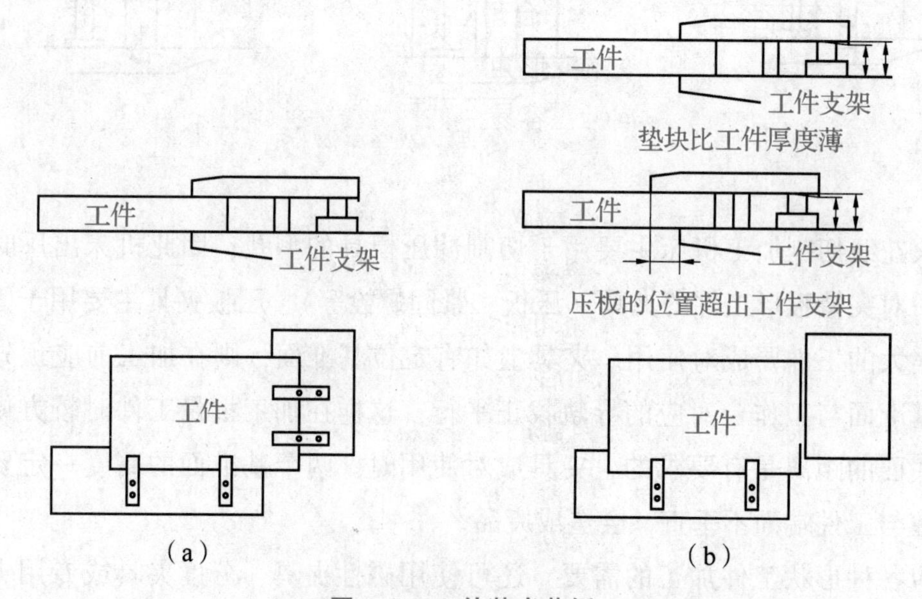

图 4-5　工件装夹范例

（a）正确的例子；（b）错误的例子

二、电火花线切割加工的工艺流程及要求

1. 电火花线切割加工的工艺流程

在一定设备条件下，合理地制订加工工艺路线是保证工件加工质量的重要条件。

电火花线切割加工模具或零件的过程一般可分以下几个步骤：

（1）对图样进行分析和审核。

分析图样是保证工件加工质量和工件的综合技术指标的第一步。在消化图样时首先要排除不能或不宜用电火花线切割加工的工件图样，例如：

①表面粗糙度和尺寸精度超出机床加工精度的工件，合理的加工精度为IT6，表面粗糙度为 *Ra*0.4 μm，若超过此范围，既不经济，又难以达到技术要求；

②窄缝小于电极丝直径加放电间隙的工件、图形内拐角处半径小于电极丝半径加放电间隙所形成的圆角的工件；

③非导电材料；

④长度、宽度和厚度超出机床加工范围的零件。

在符合电火花线切割加工工艺的条件下，应着重在表面粗糙度、尺寸精度、工件厚度、工件材料、尺寸大小、配合间隙等方面仔细进行考虑和分析。

（2）编程。

①合理选择穿丝孔位置和切割点位置。

②根据工件表面粗糙度和尺寸精度选择切割次数。

③选用合理的加工电参数。

④计算和编写正确的加工用程序。

⑤校对程序并试加工。

编程时，要根据坯料的情况选择一个合理的装夹位置，同时确定一个合理的起割点和切割路线，切割路线主要以防止或减少模具变形为原则，一般应考虑靠近装夹一边的图形最后切割为宜。起割点应取在图形的直线处，或者在容易将凸尖修去的部位，以便于磨削或修正。

（3）加工前的调整。

①调整电极丝垂直度。在装夹工件前必须以工作台为基准，先将电极丝垂直度调整好。

②根据技术要求装夹加工坯料。装夹并调整好工件的垂直度，如果发现工件不垂直，则说明工件装夹时可能有翘起或低头，也可能有毛刺，需立即修正，因为模具加工面垂直与否直接影响模具质量。找正好工件基准面后，找出工件基准位置，在穿丝孔位置穿丝。

③调整脉冲电源的电参数。脉冲电源的电参数选择是否恰当，对加工模具的表面粗糙度、加工精度及切割速度起着决定性的作用。

脉冲电源的电参数与电火花线切割加工的工艺指标的关系：脉冲宽度增加、脉冲间隔减小、脉冲电压幅值增大（电源电压升高）、峰值电流增大（功放管增多）都会使切割速度提高，但加工工件的表面粗糙度会变差，加工精度会下降；反之则可改善表面粗糙度，提高加工精度。表面粗糙度、加工精度要求低的工件可用大电流、大参数一次加工；反之则要多次加工，要求越高，切割次数就越多。

（4）检验。检验内容包括以下3个方面：

①模具的尺寸精度和配合间隙。检验工具：根据不同精度的模具及零件，可选用千分尺、游标卡尺、塞规、投影仪、三坐标测量仪等。

②零件表面粗糙度。检验工具：在现场可采用电火花成型加工表面粗糙度等级比较样板目测或手感检测。在实验室中采用轮廓仪检测零件表面粗糙度。

③工件的垂直度。检验工具：可采用平板、90°角尺、三坐标测量仪等。

2. 电火花线切割加工的要求

在电火花线切割加工的过程中，最重要的是要正确选取引入、引出线的位置和切割方向。

（1）起始切割点（引入线的终点）的确定。

由于电火花线切割加工的零件大部分是封闭的图形，所以起始切割点也是完成切割的终点。在电火花线切割加工过程中，电极丝返回到起始切割点时很容易形成加工痕迹，使工件精度受到影响，所以为了避免产生这种现象，起始切割点的选择原则如下：

①当切割工件各表面的表面粗糙度要求不一致时，应在较粗糙的工件表面上选择起始切割点。

②当切割工件各表面的表面粗糙度要求相同时，首选图样上直线与直线的交点，其次选择直线与圆弧的交点和圆弧与圆弧的交点。

③当切割工件各表面的表面粗糙度相同，又没有相交面时，起始切割点应选择在钳工容易修复的凸出部位。

避免将起始切割点选择在应力集中的夹角处，以防止造成断丝、短路等故障。

（2）引入、引出线位置和切割方向的确定。

凸模引入线长度一般取3~5 mm，其切割方向的选择与工件的装夹位置有关，通常将工件与其夹持部位分离的切割段安排在总的切割程序末端，以尽量减少或防止工件变形。例如，切割如图4-6所示的凸模零件，图4-6（b）所示的引入、引出线位置合理。引出线一般与引入线重合。

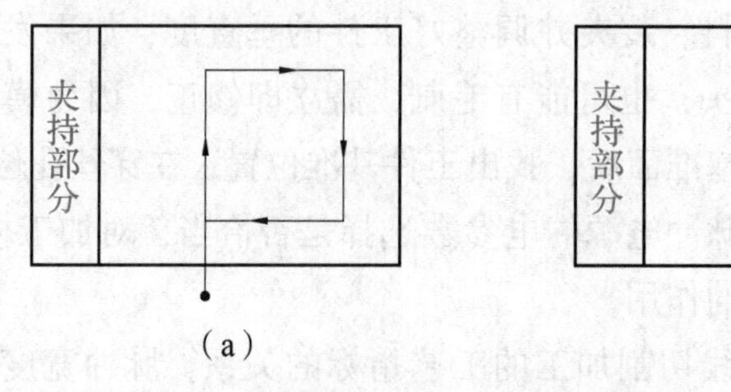

图4-6　引入、引出线位置

（a）不合理；（b）合理

凹模穿丝点多取在凹模的对称中心或轮廓线的延长线上，起始切割点（引入线的终点）的选取除考虑上述原则外，还应考虑选取最短路径切入且钳工容易修复的位置。

拓展提升

我国是第一个将线切割机用于工业生产的国家。其基本物理原理是自由正离子和电子在场中积累，很快形成一个被电离的导电通道。在这个阶段，两板间形成电流，导致粒子间发生无数次碰撞，形成一个等离子区，并很快升高到 8 000～12 000 ℃的高温，在两导体表面瞬间熔化材料。同时，由于电极和工作液的汽化，形成一个气泡，并且它的压力规则上升，直到非常高。然后电流中断，温度突然降低，引起气泡爆炸，产生的动力把熔化的物质抛出弹坑，然后被腐蚀的材料在电解液中重新凝结成小的球体，并被工作液排走。然后通过数控机构的监测和管控，伺服机构执行，使这种放电现象均匀一致，从而达到加工物被加工目的，使之成为合乎要求尺寸及形状精度的产品。

电火花线切割机按走丝速度可分为高速往复走丝电火花线切割机（俗称快走丝）、低速单向走丝电火花线切割机（俗称慢走丝）和立式自旋转电火花线切割机 3 类。又可按工作台形式，分成单立柱十字工作台型和双立柱型（俗称龙门型）。

练习题

应用篇

项目一

电火花成型机床操作

学习目标

知识目标

1. 认识电火花成型机床的结构与型号。
2. 了解工件与电极的装夹方式。

技能目标

1. 掌握电火花成型机床的操作方法。
2. 掌握电极与工件的找正方式。

素养目标

有创新精神，养成查阅资料的习惯，提升与人沟通交流的技巧，贯彻环保理念。

情景描述

当今，电火花成型机床已经成为高精度、高效率的加工设备，广泛应用于工业领域，如制造汽车零部件的模具。模具的制造具有精度高、形状复杂、工艺复杂等特点，而电火花成型机床可以准确地加工出各种复杂形状的模具，提高了模具的加工精度和质量。同时，电火花成型机床可以用于对模具进行修复和加工调整，极大地延长了模具的使用寿命。

任务一 电火花成型机床的认识与操作

任务导入

本任务要求学生能够认识电火花成型机床的结构组成，并且可以熟练操作 D7140 型电火花成型机床。

电火花成型加工机床结构——以三菱电机 5G 系列放电加工机为例

知识要点

一、电火花成型机床的结构及其作用

在电火花成型机床中，最为常用的是电火花穿孔、成型加工机床。它由主机（机床的主体）、工作液循环系统、脉冲电源及机床附件等组成，如图 1-1-1 所示。

1. 主机

主机由床身和立柱、工作台、主轴及润滑系统组成。

（1）床身和立柱。床身和立柱是电火花成型机床的主体部分，它确保了工作台与工具电极、工件电极的相对位置，其精度高低将直接影响加工质量。床身一般为刚性较好的箱体结构，立柱则牢牢固定在床身的结合面上，在立柱的前端面安装主轴箱，整个机床呈 C 形结构。

图 1-1-1 电火花穿孔、成型加工机床

（2）工作台。工作台主要用来支承和装夹工件电极。工作台的下部装有 X 轴和 Y 轴的拖板，使工作台沿 X 轴方向和 Y 轴方向移动。工作台的上部有工作液槽，其常采用两种结构形式：一种为固定式结构，四周用钢板围成，两面钢板做成活动门，可打开，便于工件的装夹，门上均用密封条加以密封，国内的大部分电火花穿孔成型机床均采用此结构；另一种为升降式结构，它在工作台的四周围有工作液槽，装夹工件时，其自动下落，隐藏于工作台和床身之间，当需要加工时，可自动升起，构成工作液槽，日本沙迪克公司生产的电火花成型机床采用的就是此结构。

（3）主轴。主轴是电火花成型机床的一个关键部件，它的好坏将直接影响加工的工艺指标，如生产效率、几何精度及表面粗糙度等。主轴的结构由伺服进给机构、导向机构、辅助机构组成。主轴一般可采用步进电动机、直流电动机或交流伺服电动机作为进给驱动，通过圆弧同步齿形带减速及滚动丝杠副传动，驱动主轴做上、下的进给运动。主轴移动位置的测量可由安装在主轴上的百分表指示，或者用数字式显示仪表显示。

（4）润滑系统。润滑系统主要用于润滑机床的导轨、滚动丝杠副等移动部件。对于这些部件的润滑可采用手动或自动方式。手动方式是利用手动注油器，拉动注油器的拉杆，对机床进行注油润滑。自动方式是选用自动注油器，每间隔一定时间注油一次。

2. 工作液循环系统

工作液循环系统由工作液泵、工作液箱、过滤器和管道等组成。它的主要功能是使工作液循环，排除电火花成型加工过程中的电蚀物，对工件电极和工具电极降温。工作液的循环方式可分为冲油式（上冲油或下冲油）和抽油式（上抽油或下抽油）两种。

工作液普遍采用煤油或电火花专用油，加工过程中所产生的电蚀物颗粒非常小，但这些小颗粒悬浮于工作液中，并存在于放电间隙中，将会导致加工状态的不稳定，直接影响生产效率和工件的表面粗糙度。因此，还应注意对工作液进行过滤。图1-1-2所示为工作液循环系统油路图。

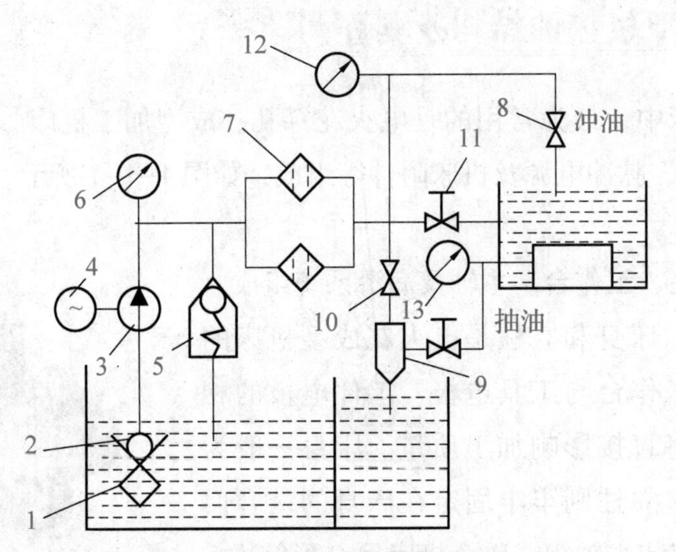

1—粗过滤器；2—单向阀；3—涡旋泵；4—电动机；5—安全阀；6，12，13—压力表；7—精过滤器；8—压力调节器；9—射流抽吸管；10—冲油选择阀；11—快速进油控制阀（补油）

图1-1-2　工作液循环系统油路图

3. 脉冲电源

脉冲电源的作用是把直流电或交流电转换成高频率的脉冲电源，也就是把普通220 V或380 V、50 Hz的交流电转变成频率较高的脉冲电源，用以供给电火花放电间隙所需要的能量来蚀除金属。电火花脉冲电源有*RC*线路脉冲电源、晶体管脉冲电源、高低压复合脉冲电源、多回路脉冲电源、等脉冲电源、高频分组脉冲电源和自适应控制电源等几种类型。*RC*线路脉冲电源利用电容器充、放电从而形成火花放电来蚀除金属。该电源的充电时间很长，但放电却是瞬间完成的，所以电能的利用率较低，生产效率同样较低。晶体管脉冲电源是利用功率管作为开关元件而获得单向脉冲的。但目前功率管的功率较小，无法实现大电流。为了进一步提高有效脉冲利用率，可采用晶闸管脉冲电源。高低压复合脉冲电源是采用两个供电回路的脉冲电源，高压回路用来形成放电通道，低压回路用来维持电压。多回路脉冲电源将加工电源的功率级并联分割成相互隔离绝缘的多个输出端，可以同时供给多个回路，做放电加工用。等脉冲电源确保每个脉冲在介质被击穿后所释放的单个脉冲能量相等。高频分组脉冲电源是将数个小脉冲组合成大脉冲，这样既发挥了小脉冲能量小、工件的表面粗糙度低的特点，又发挥了大脉冲加工速度快、生产效率高的优势。自适应控制电源是将计算机和集成电路技术运用于脉冲电源中，它将不同材料、不同的工件加工要求、不同的电规准存储在计算机的内存芯片中，操作者只需要根据加工要求，选择较为合理的电规准，自适应控制电源就会输出工况极佳的电规准。

4. 机床附件

机床附件主要由主轴头夹具和平动头组成。

主轴头夹具如图 1-1-3 所示。加工前，需要将工具电极调节到与工件基准面垂直的位置，调节过程是依靠装在主轴头上的球形铰链来实现的，用紧固螺钉紧固。加工型腔时，还可使主轴头转动一定的角度，确保工具电极的截面形状与工件型腔一致。

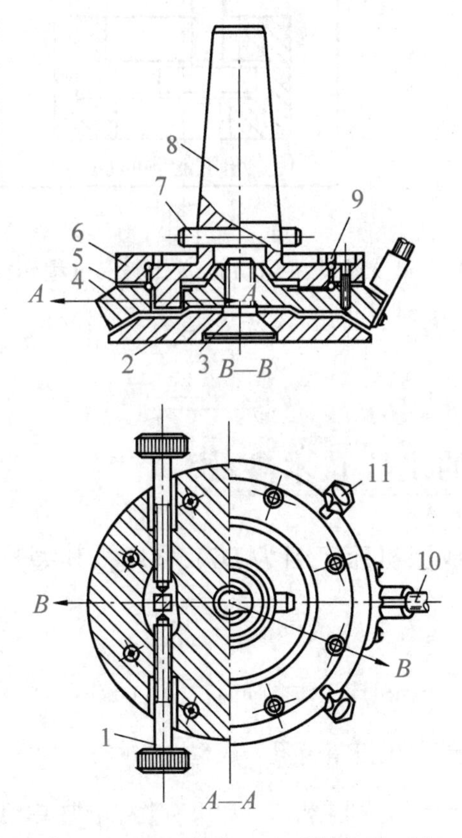

1—调节螺钉；2—摆动法兰盘；3—球面螺钉；4—调角找正架；5—调整垫；6—上压板；7—销钉；8—锥柄座；9—滚珠；10—电源线；11—垂直度调节螺钉

图 1-1-3　主轴头夹具

平动头是装在主轴上的一个工艺附件。在单电极型腔加工时，它用来补偿上一个加工规准和下一个加工规准之间的放电间隙之差和表面粗糙度值之差。另外，它也用作工件侧壁修光和提高尺寸精度的附件。平动头大都由电动机和偏心机构组成，由电动机驱动偏心机构使工具电极上的每个几何质点均围绕其原始位置在水平面上做平面小圆周运动，平面上小圆的外包络线形成加工表面，小圆的半径就是平动量。平动头运动轨迹及加工过程示意如图1-1-4所示。

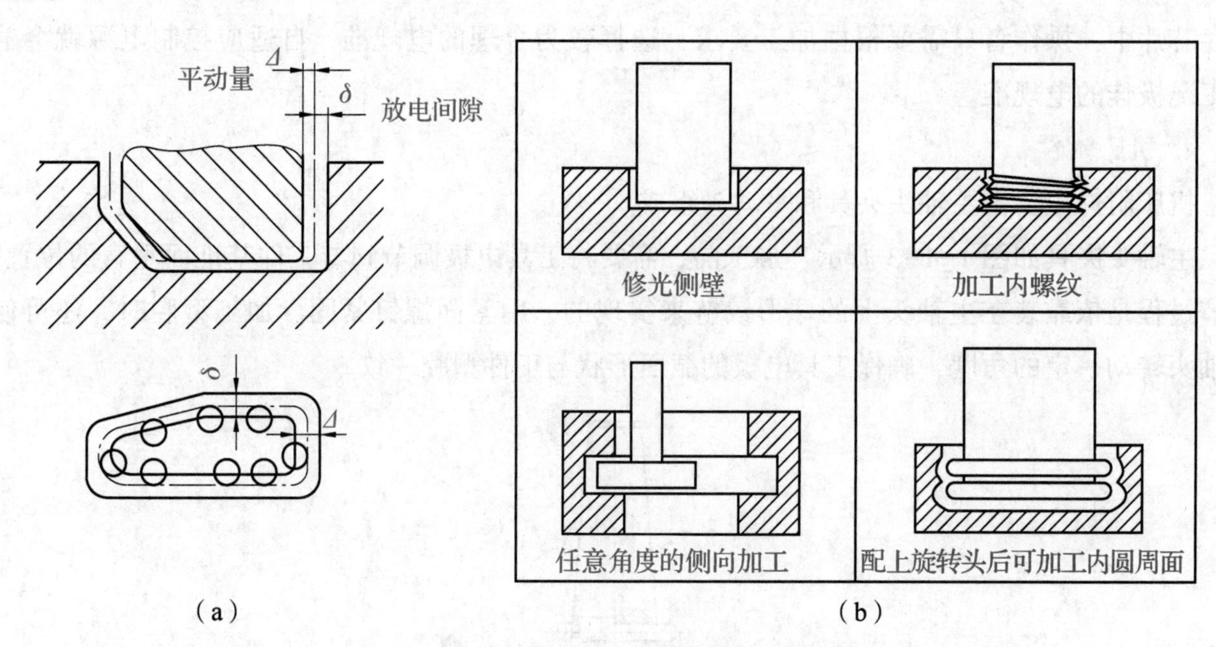

图1-1-4　平动头运动轨迹及加工过程示意

（a）平动加工时工具电极上的几何质点的运动轨迹；（b）平动加工过程示意

二、电火花成型机床的主要技术参数

1985年后，我国将电火花成型机床定名为D71系列，其型号表示方法如下：

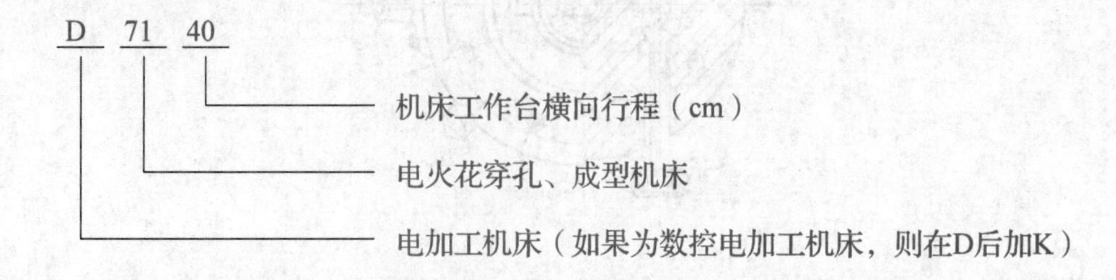

表1-1-1中列出了电火花成型机床的主要技术参数标准。

表 1-1-1　电火花成型机床的主要技术参数标准（GB/T 5290—2003）　　单位：mm

工作台	台面	宽度 B	200	250	320	400	500	630	800	1 000
		长度 A	320	400	500	630	800	1 000	1 250	1 600
	行程	纵向 X	160		250		400		630	
		横向 Y	200		320		500		800	
	最大承载质量/kg		50	100	200	400	800	1 500	3 000	6 000
	T 形槽	槽数	3		5				7	
		槽宽	10		12		14		18	
		槽间距离	63			80	100	125		
主轴连接板至工作台面的最大距离 H			300	400	500	600	700	800	900	1 000
主轴头	伺服行程 Z		80	100	125	150	180	200	250	300
	滑座行程 W		150	200	250	300	350	400	450	500
工具电极	最大质量/kg	Ⅰ型	20		50		100		250	
		Ⅱ型	25		100		200		500	
	连接尺寸									
工作液槽内壁		长度 d	400	500	630	800	1 000	1 250	1 600	2 000
		宽度 c	300	400	500	630	800	1 000	1 250	1 600
		高度 h	200	250	320	400	500	630	800	1 000

电火花穿孔、成型机床按其大小可分为小型（D7125 以下）、中型（D7125～D7163）和大型（D7163 以上）机床；也可按数控程度分为非数控、单轴数控和三轴数控机床；可按工具电极的伺服进给系统的类型分为液压进给（基本淘汰）、步进电动机进给、直流或交流伺服电动机进给机床。

任务实施

电火花成型机床的结构分为三大部分，分别是主机、工作液循环系统和电气控制柜。主机由床身、工作台、主轴及工具电极的夹具组成；工作液循环系统包括了工作液箱、控制泵、工作液液位控制阀和流量控制阀等；电气控制柜则由手操器、控制按键和显示仪表等组成，如图 1-1-5 所示。

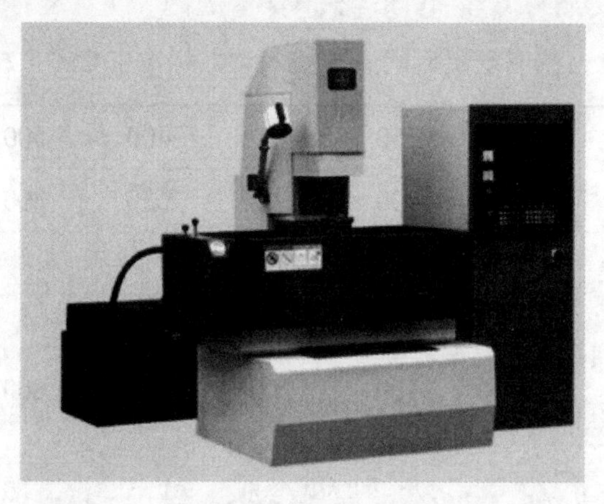

图 1-1-5　D7140 型电火花成型机床

一、按键功能简介

D7140 型电火花成型机床的按键集中在手操器和电气控制柜上。

1. 手操器按键功能

D7140 型电火花成型机床手操器按键功能如图 1-1-6 所示。

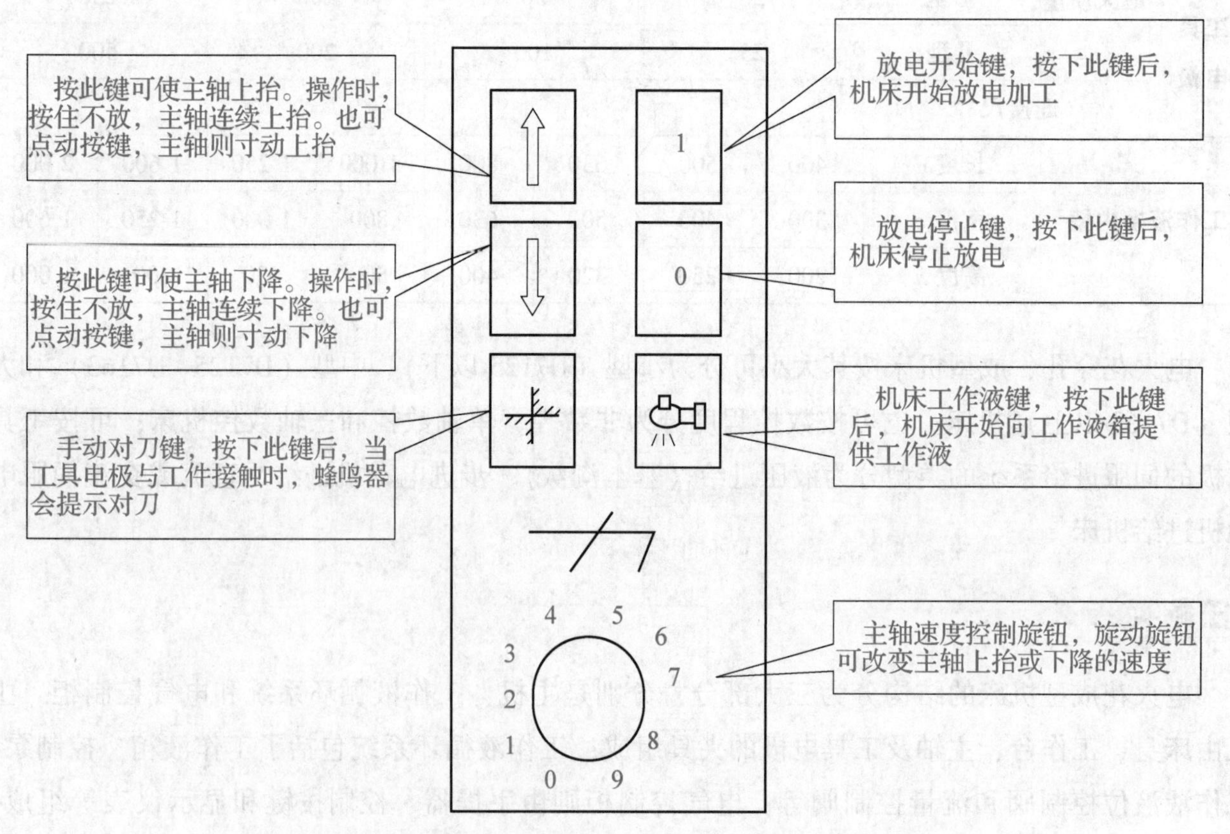

图 1-1-6　D7140 型电火花成型机床手操器按键功能

2. 电气控制柜面板按键功能

电气控制柜面板如图 1-1-7 所示。

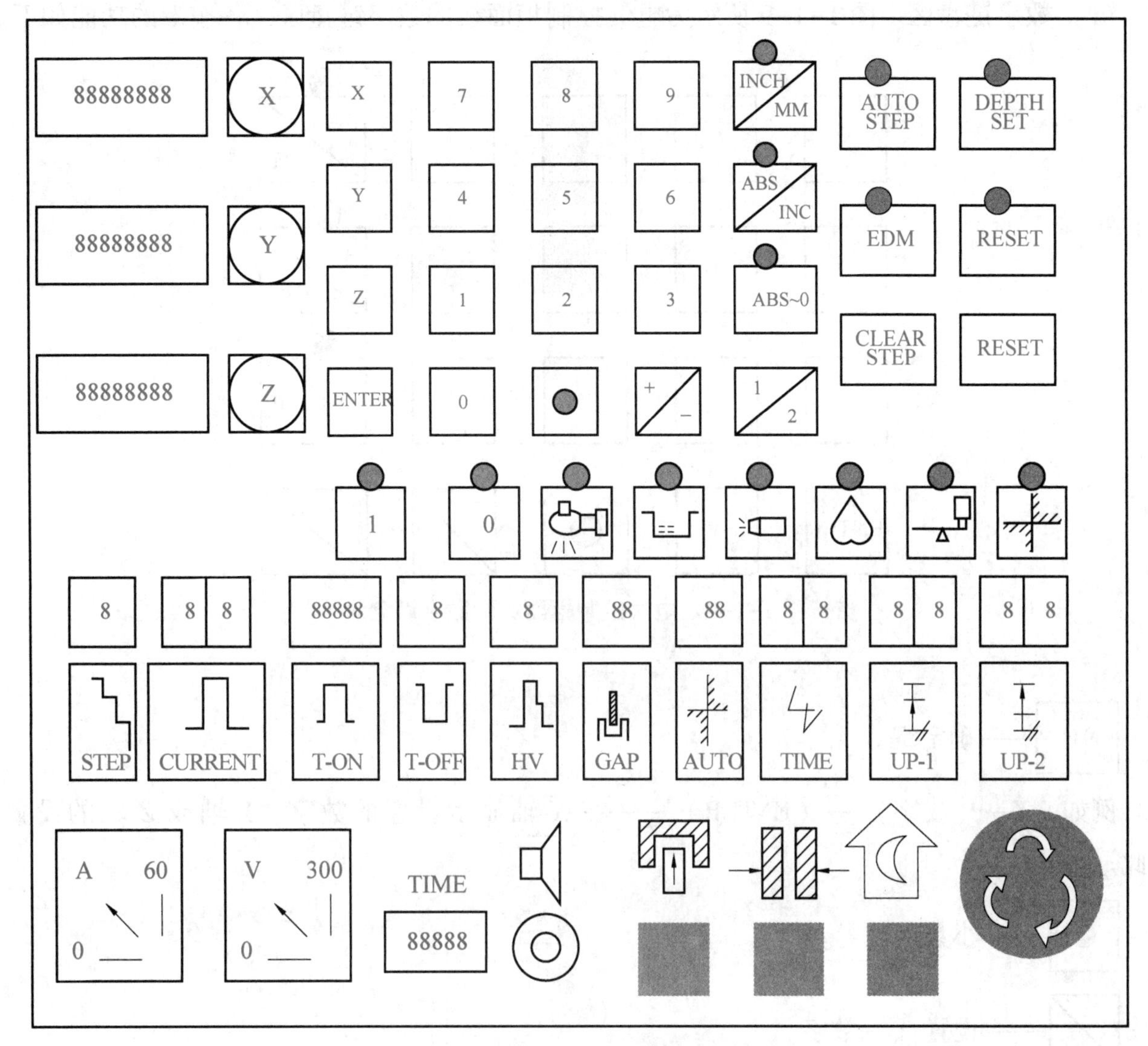

图 1-1-7　电气控制柜面板

（1）显示功能区。图 1-1-8 所示为电气控制柜面板的显示功能区及其各按键功能。显示功能区有两种显示情况：一种是在 DISP 状态下，显示 *X*、*Y* 和 *Z* 轴的坐标位置；另一种是在 EDM 状态下，显示目标加工深度、当前加工深度和瞬时加工深度。

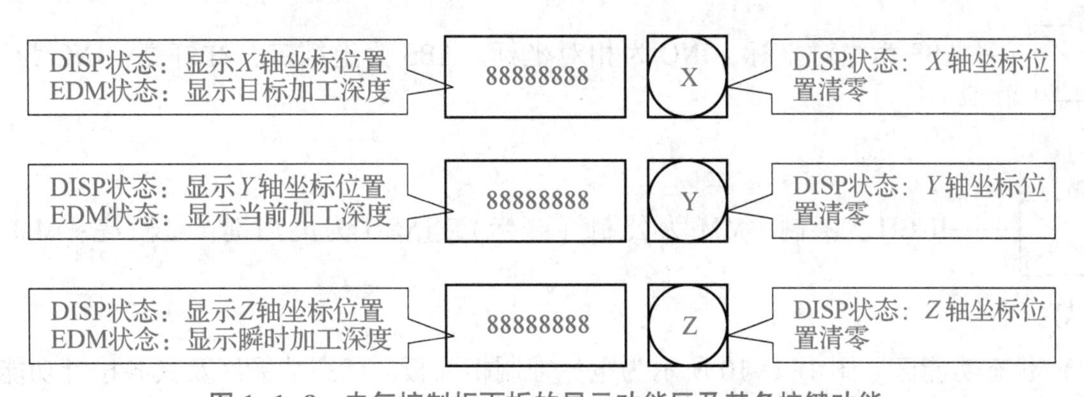

图 1-1-8　电气控制柜面板的显示功能区及其各按键功能

（2）数字键盘区。图 1-1-9 所示为电气控制柜面板的数字键盘区，各按键的功能如下。

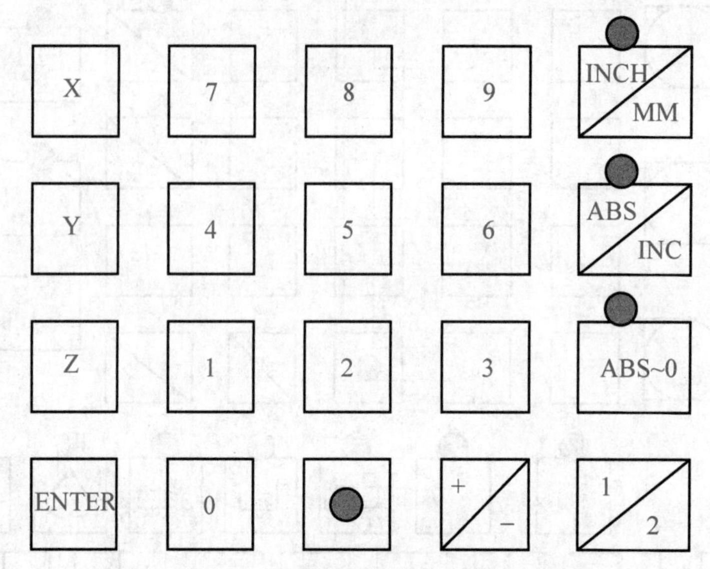

图 1-1-9　电气控制柜面板的数字键盘区

ENTER——确定键。

例如：*X*→（数字）→（ENTER）——在 *X* 轴显示设置的数字。*Y* 轴或 *Z* 轴的设置也如此。

●——小数点设置。

+/–——设置+、-数字。

1/2——显示数字为原先数字的 1/2。

ABS~0——绝对坐标清零。

ABS/INC——ABS 为绝对坐标，INC 为相对坐标。ABS 为上挡键，红灯亮；INC 为下挡键，红灯灭。

INCH/MM——INCH 为英制，MM 为公制（毫米）。INCH 为上挡键，红灯亮；MM 为下挡键，红灯灭。

（3）状态功能区。图 1-1-10 所示为电气控制柜面板的状态功能区及其各按键功能。

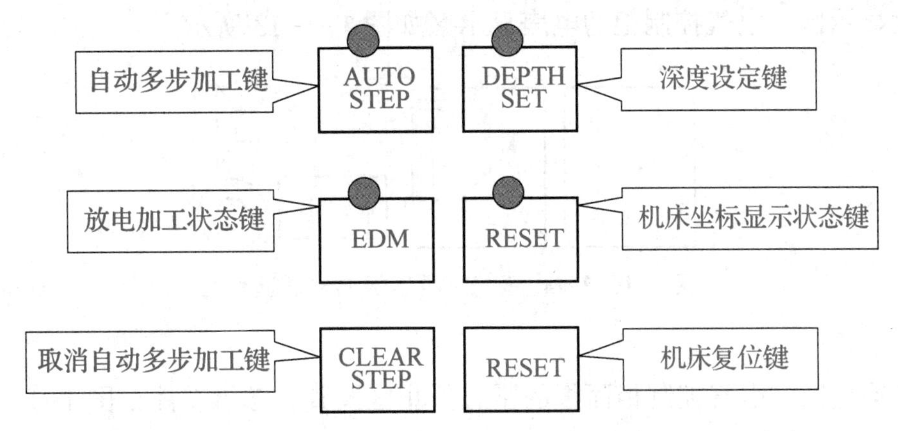

图 1-1-10　电气控制柜面板的状态功能区及其各按键功能

（4）加工功能区。电气控制柜面板的加工功能区及其各按键功能如图 1-1-11 所示。

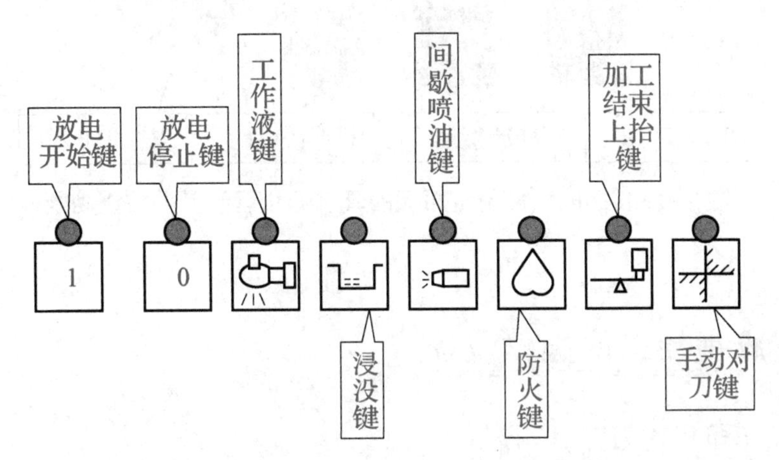

图 1-1-11　电气控制柜面板的加工功能区及其各按键功能

（5）电规准设置区。电气控制柜面板的电规准设置区及其各按键功能如图 1-1-12 所示。

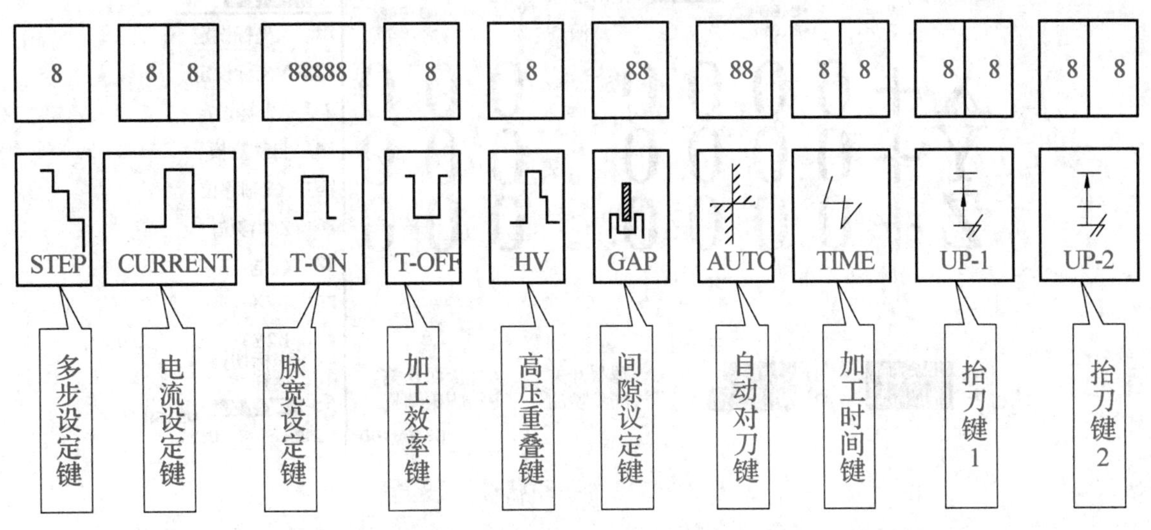

图 1-1-12　电气控制柜面板的电规准设置区及其各按键功能

（6）电表显示区。电气控制柜的电表显示区如图 1-1-13 所示。

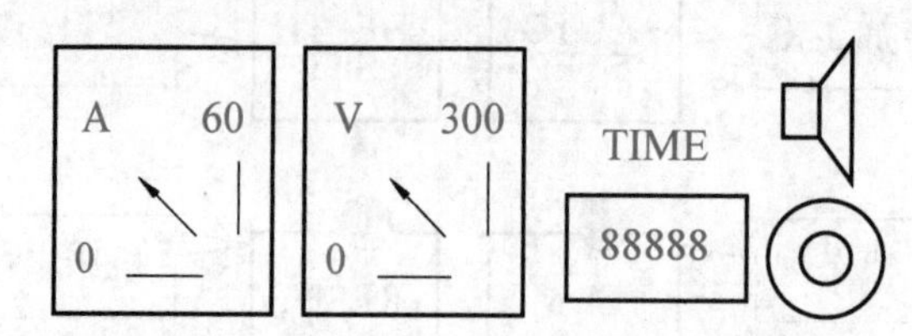

图 1-1-13　电气控制柜面板的电表显示区

（7）紧急停止区。电气控制柜面板的紧急停止区及其各按键功能如图 1-1-14 所示。

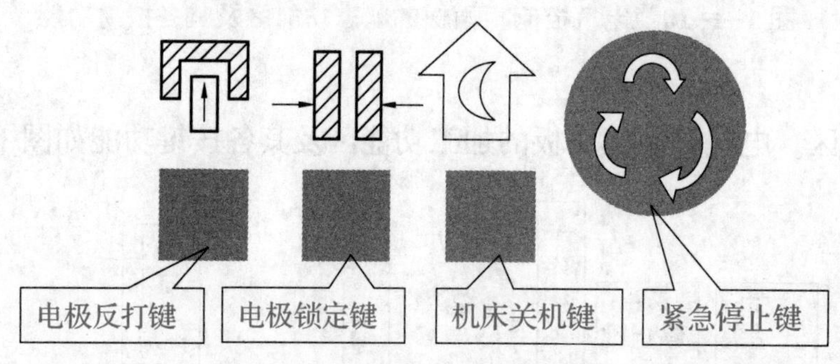

图 1-1-14　电气控制柜面板的紧急停止区及其各按键功能

二、电火花成型加工的操作流程

1. 设定坐标点（即“对刀”）

（1）在主界面中，选择“F2:手动移位”菜单，进入“手动移位”界面，如图 1-1-15 所示。随之选择“F4:自动靠模”菜单，进入“自动靠模”界面，如图 1-1-16 所示。

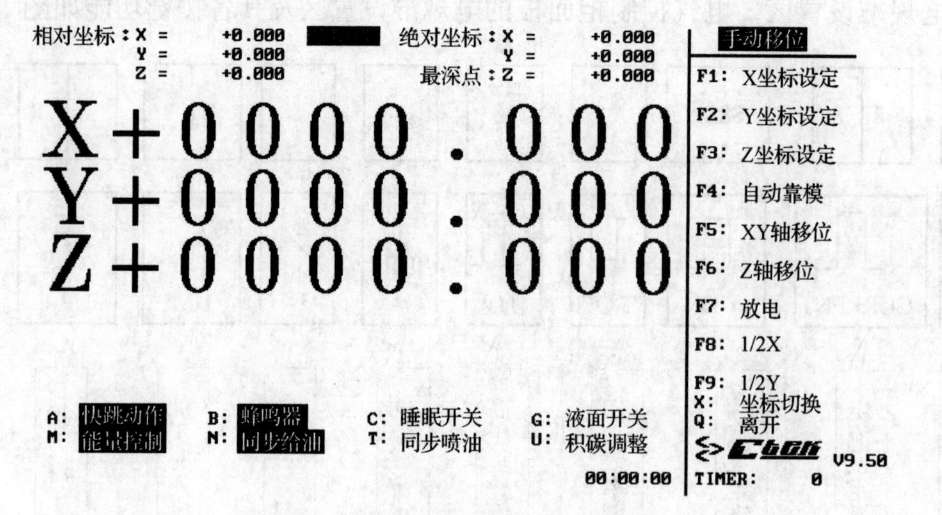

图 1-1-15　“手动移位”界面

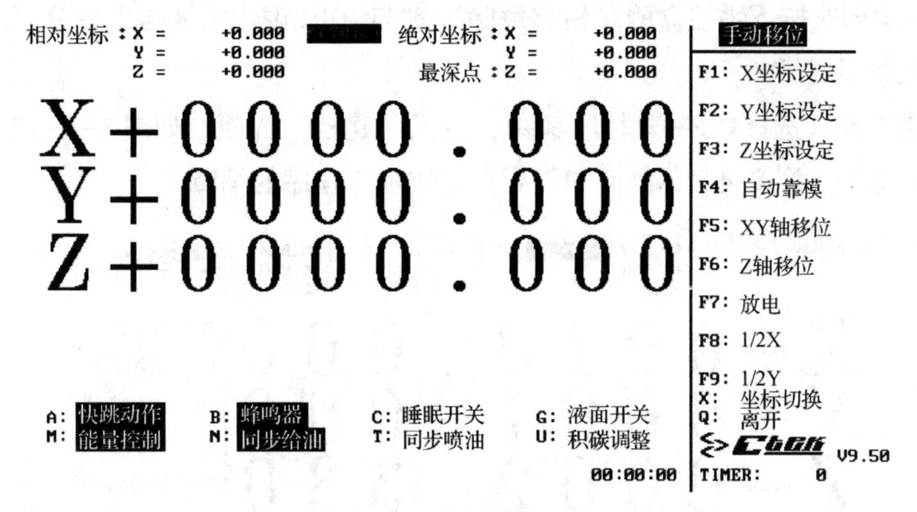

图 1-1-16　“自动靠模”界面

(2) 利用手控盒把电极移到工件左方且尽量靠近工件，并让电极下降到适当位置。选择“自动靠模”界面中的“F1:X 坐标设定”菜单，此时电极会往右边方向移动。当电极碰到工件时会马上停止，此时须同时按下手控盒的〈短路解除〉键与〈X-〉键让电极与工件分开，并按〈UP〉键让电极升至工件上方。

(3) 利用手控盒把电极移到工件右方且尽量靠近工件，并让电极下降到适当位置。选择“自动靠模”界面中的“F2:Y 坐标设定”菜单，此时电极会往左边方向移动。当电极碰到工件时会马上停止，此时须同时按下手控盒的〈短路解除〉键与〈X+〉键让电极与工件分开，并按下〈UP〉键让电极升至工件上方。

(4) 选择“自动靠模”界面中的“F5:XY 轴移位”菜单，*X* 轴会自动移到工件 *X* 轴的中心点并归零。

(5) 利用手控盒，把电极移到工件前方且尽量靠近工件，并让电极下降到适当位置。选择“自动靠模”界面中的“F3:Z 坐标设定”菜单，此时电极会往 *Y*+方向移动。当电极碰到工件时会马上停止，此时须同时按下手控盒的〈短路解除〉键与〈Y-〉键让电极与工件分开，并按下〈UP〉键让电极升至工件上方。

(6) 利用手持控制盒，把电极移到工件后方且尽量靠近工件，并让电极下降到适当位置。选择“自动靠模”界面中的“F4:自动靠模”菜单，此时电极会往 *Y*–方向移动。当电极碰到工件时会马上停止，此时须同时按下手控盒的〈短路解除〉键与〈Y+〉键让电极与工件分开，并按下〈UP〉键让电极升至工件上方。

(7) 选择“自动靠模”界面中的“F6:Z 轴移位”菜单，*Y* 轴会自动移到工件 *Y* 轴的中心点并归零。

(8) 利用手持控制盒把电极移到工件上方且尽量靠近工件。选择“自动靠模”界面中的“F7:放电”菜单，此时 *Z* 轴会向下移动。当电极碰到工件时会马上停止，同时 *Z* 轴数值会马上归零，此时须同时按下手控盒的〈短路解除〉键与〈UP〉键让电极与工件分开。

2. 加工程序的建立

（1）在主界面，选择“F3:建档”菜单，进入“建档”界面，如图1-1-17所示。此时可根据工件加工要求，并按照菜单画面的引导，完成加工程序的编辑。

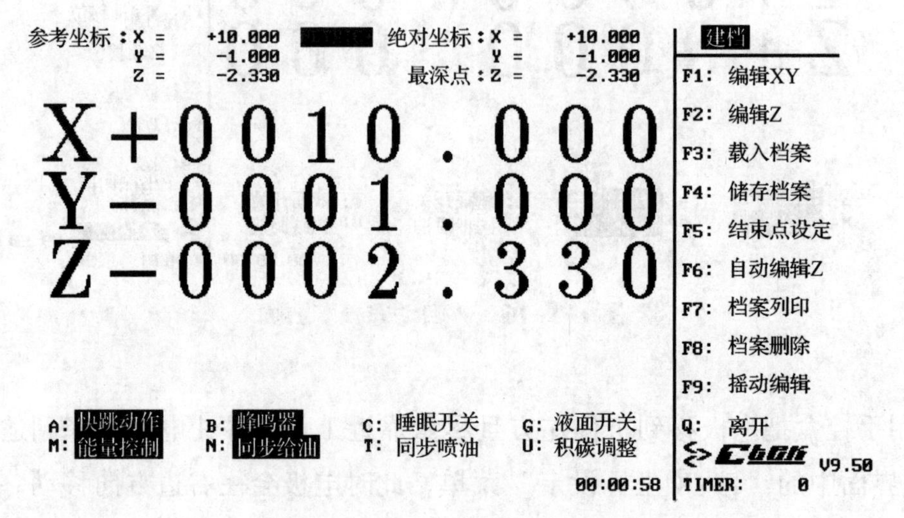

图1-1-17 “建档”界面

（2）选择“建档”界面中的“F1:编辑XY”菜单，进入“编辑XY”界面，如图1-1-18所示。在界面中输入相应值。

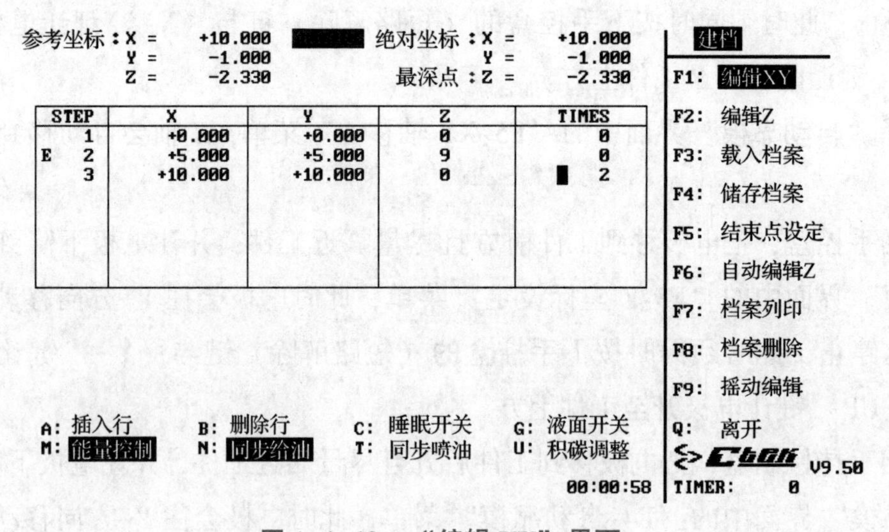

图1-1-18 “编辑XY”界面

（3）选择编辑程序界面中的“F6:自动编辑Z”菜单，进入“自动编辑Z”界面，如图1-1-19所示。在界面中输入相应值。

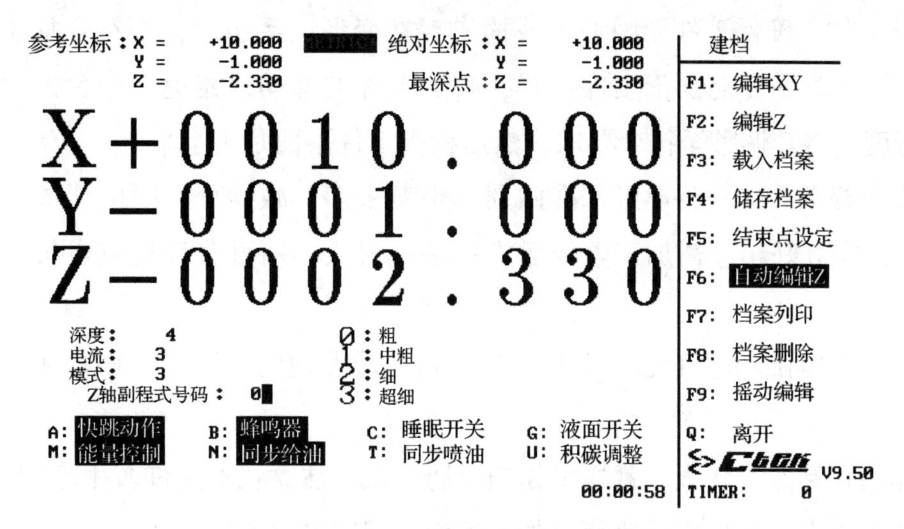

图 1-1-19　“自动编辑 Z”界面

（4）选择编辑程序界面中的“F4:储存档案”菜单，输入程序名（只能是数字）确定，将编辑好的程序储存在计算机上。选择“Q:离开”菜单返回到主界面。

（5）选择主界面中的“F4:执行”菜单，随后选择“F3:连续加工”菜单，进入“连续加工”界面，如图 1-1-20 所示。机床会根据编辑好的程序自行加工。

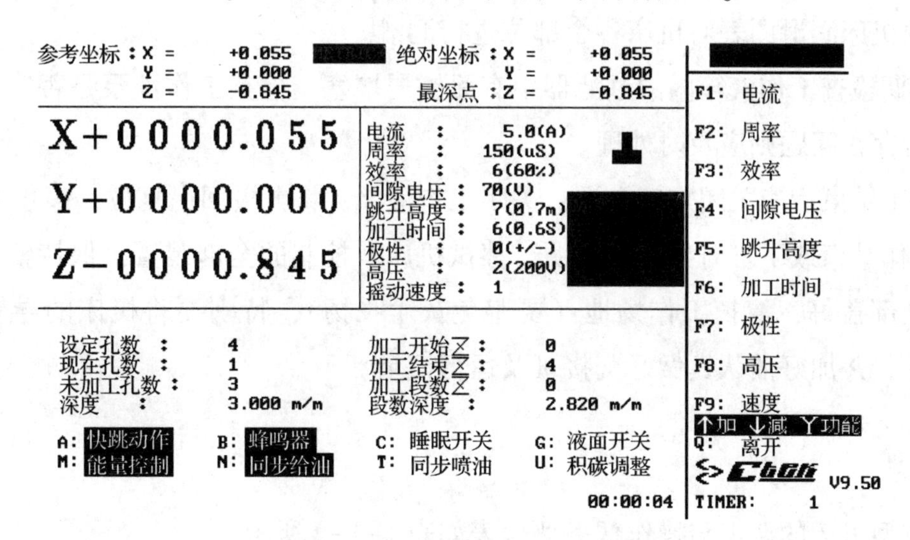

图 1-1-20　“连续加工”界面

3. 安全操作规程

（1）机床在开机前检查机械、液压和电气各部分是否正常；检查面板上的按钮、指示是否正常；检查磁性吸盘是否完好、磁吸力是否正常。

（2）查看灭火装置是否可靠。

（3）熟悉所操作机床的结构、原理、性能及用途等方面的知识，按照工艺流程做好加工前的一切准备工作，严格检查工具电极与工件电极是否都已找正和固定好。

（4）检查工件，确保工件无因加工或撞击存在变形或毛边后，将符合加工要求的工件置于工作台上；放置时尽可能摆正工件位置，减少工件的移动，避免工作台的磨损。用百分表检查工件平行度，将其调整至符合要求，然后检查工件平面是否水平。

（5）装夹电极前，应先将电极基准四周的毛刺去净，减少分中时的误差；将电极基准按加工图纸所示，在分好粗、精加工电极后方可装上机头。用百分表检查电极平行度，将其调整至符合要求。

（6）操作者不得乱动电气元件及控制台装置，若发现问题则应立即停机，通知维修人员检修。

（7）工作时请穿好工作服、戴好工作帽及防护镜。注意：不允许戴手套操作机床。

（8）注意不要在机床周围放置障碍物，工作空间应足够大。

（9）禁止用手触摸电极，操作者应站在绝缘橡皮或木踏板上。

（10）工作液面应保持高于工件表面 50~60 mm，避免液面因过低而着火。

（11）在加工过程中，工作液的循环方法根据加工方式可采用冲油或浸油，以免造成失火。

（12）每天要对机床的主轴、电极夹装置、工作台、操作面板、显示器等各个表面进行擦拭清理。按照机床润滑图表对机床各个部位进行润滑。

（13）定期检查工作液箱内的过滤器中有无铁屑堵塞，检查工作液泵是否完好无损、声音是否清晰。若存在问题则应及时处理。

（14）加工结束后应关闭加工电源；关闭工作液泵；将电极回退复位，停止主轴转动。

（15）工作结束或下班时要切断电源，擦拭机床及控制的全部装置，保持整洁，最好用罩子将计算机全部盖好，清扫工作场地（要避免灰尘飞扬），特别要将机床的导轨滑动面擦干净，涂油保养，并加好油认真做好交接班及运行记录。

任务评价

电火花成型机床的认识与操作任务评价表如表 1-1-2 所示。

表 1-1-2　电火花成型机床的认识与操作任务评价表

任务名称		电火花成型机床的认识与操作	课时				
任务评价成绩			任课教师				
类别	序号	评价项目	结果	A	B	C	D
基础知识	1	机床结构					
	2	机床各部分的作用					
	3	机床参数的含义					

续表

类别	序号	评价项目	结果	A	B	C	D
操作	4	按键认识正确					
	5	可以正确开关机					
	6	各个轴移动正确					
	7	能够正确设定坐标点					
自我总结							

知识拓展

电火花成型机床的日常维护与保养

1. 保养的时间间隔

按照正规的方法对机床进行保养，能够防止机器零部件的过快磨损和系统损坏，保证系统的可靠性，延长机器的使用寿命。设备保养工作图如图 1-1-21 所示。

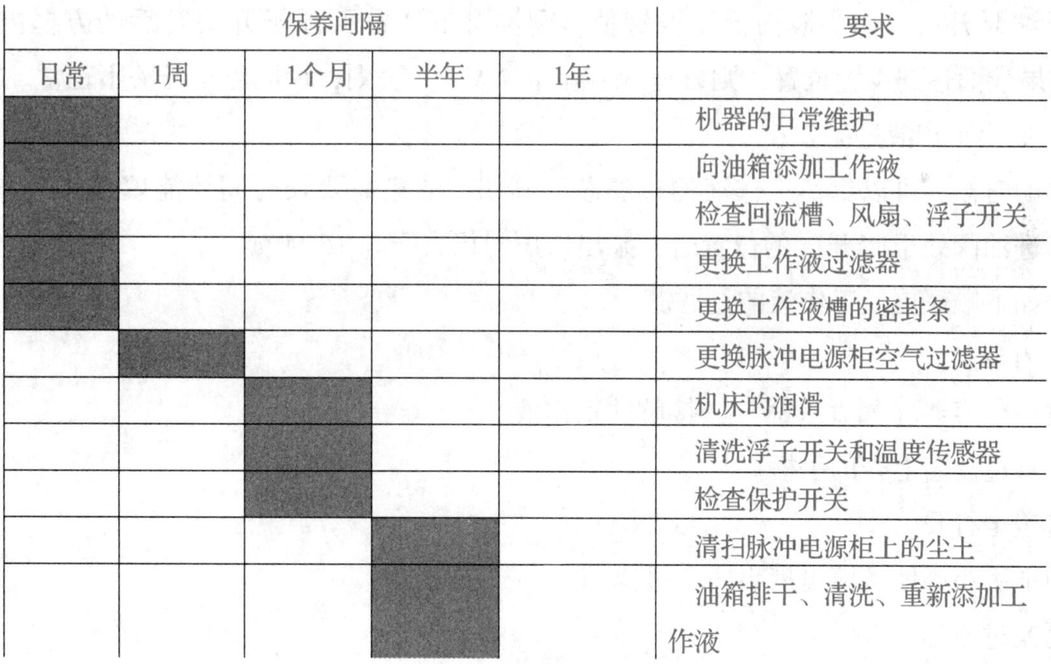

保养间隔					要求
日常	1周	1个月	半年	1年	
■					机器的日常维护
■					向油箱添加工作液
■					检查回流槽、风扇、浮子开关
■					更换工作液过滤器
■					更换工作液槽的密封条
	■				更换脉冲电源柜空气过滤器
		■			机床的润滑
		■			清洗浮子开关和温度传感器
		■			检查保护开关
			■		清扫脉冲电源柜上的尘土
			■		油箱排干、清洗、重新添加工作液

图 1-1-21　设备保养工作图

机床保养的时间间隔取决于机器使用情况和环境情况，如果机床每日运行二班以上或系统环境较差，则保养的时间间隔就应该缩短。

2. 机器的日常维护

应将定期清洗机床列入工作计划，并根据加工条件、工件、电极的材料及工作环境的好坏决定清洗的频次。将一块软布在含有中性清洁剂的水溶液里浸湿后，用来擦掉积聚在电气控制柜和机床表面（油漆表面）上的灰尘，不要用化学清洁剂浸湿软布。只能用工作液清洗工作液槽以及该部位的所有部件，不能用清洁剂和化学物质清洗，否则将污染工作液，用冲液管冲洗这一区域，然后用一张干的、不起毛的软布擦干。当打开工作液槽门时一定要用抹布擦干净密封圈，并始终保持门下的回流槽干净。要经常擦拭工作电缆上的线托，用细砂纸或金刚砂布擦掉锈斑或残渣，然后用浸有工作液的软布擦净各部，保持夹具干净（没有锈斑和残渣）。

3. 向油箱添加工作液

要经常保证油箱中有足够的工作液。

4. 日常保养

（1）日常检查。

①回流槽。保持回流槽干净，检查回油管是否堵塞（回流槽排液顺畅）。

②风扇。进入诊断屏后，打开低压正极性开关，检查电气控制柜后面上方的百叶窗是否有空气吹出，电气控制柜右下方的百叶窗是否有空气进入。若如无气流则应请专业人员检修。

③浮子开关。进入系统维护屏的“输入诊断”界面后设置液面高度位于液槽中间位置。然后打开油泵开关，如果液面低于设置值，则屏幕上“液面浮子开关”后的方框内应显示“X”；如果液面达到设置位置，则方框内应显示“√”。否则，说明浮子开关不正常。

（2）更换工作液过滤芯。

必要的时候，可以更换工作液的过滤芯。例如：油箱需要长时间才能填满，工作液总是很脏。当进油阀处于“开”的位置时，泵出口压力仍大于0.16 MPa。

按照如下顺序更换工作液的过滤芯。

①关闭泵。

②放一个容器（如大水桶）去接脏的工作液。

③旋转过滤筒上盖的手柄。

④将盖全打开。

⑤用把手小心地从筒里提出两个过滤芯。

⑥更换过滤芯。

⑦擦拭过滤器密封圈表面，使其不含任何杂物。

⑧复原过滤器盖。

⑨打开泵，放掉过滤器里的空气，直到有工作液流出。

（3）更换工作液槽的密封条。

当工作液槽门不能可靠封闭或工作液槽门下部渗漏情况比较严重时，必须更换密封条。请按照如下顺序更换密封条。

①排净工作液槽中的工作液。

②打开工作液槽门，取下耐油橡胶密封条。

③更换新的耐油橡胶密封条。

④关闭工作液槽门。

5. 日常维护和保养时的注意事项

（1）机床的零部件不允许随意拆卸，以免影响机床的精度。

（2）工作液槽和油箱中不允许进水，以免影响机床加工及引起机件生锈。

（3）直线滚动导轨和滚珠丝杠内不允许掉入脏物及灰尘。

（4）在设备维护和保养期间，建议用户用木罩子或其他罩子将工作台面保护起来，以免工具或其他物件砸伤或磕伤工作台面。

注意：在每次维护前，注意看安全标志符号。当拆装电子器件或电路板时，一定要采取措施防止静电毁坏器件。在检修电气控制柜和配电箱前，必须关闭主开关。

任务二　电极与工件的找正

任务导入

本任务要求学生了解装夹电极的常用工具；掌握装夹电极和找正电极的各种方法、要求及注意事项；能够完成在电火花成型机床主轴头上正确安装电极、准确找正电极等一系列操作。了解电火花成型加工时工件装夹的常用工具；掌握装夹工件和找正工件的各种方法、要求及注意事项；能够在电火花成型机床上对不同工件进行合理装夹；能够正确进行找正工件的操作，并保证找正精度满足加工要求。

知识要点

一、电极的装夹

电极的装夹方式如下。

（1）采用标准套筒、钻夹头装夹电极，如图 1-2-1 和图 1-2-2 所示。其适用于圆柄电极的装夹，并且电极的直径要在标准套筒或钻夹头的装夹范围内。

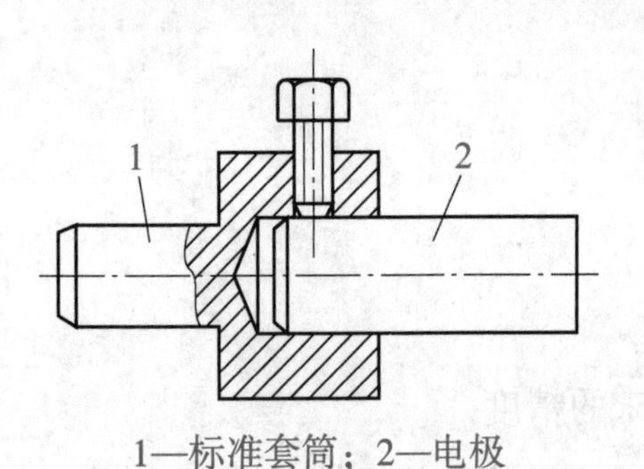

1—标准套筒；2—电极

图 1-2-1　标准套筒装夹电极

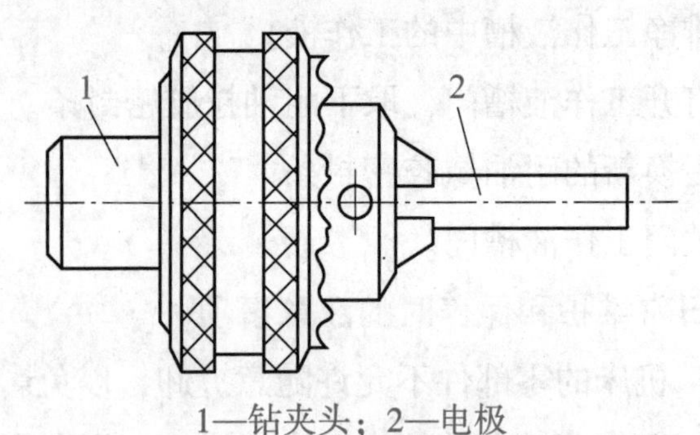

1—钻夹头；2—电极

图 1-2-2　钻夹头装夹电极

（2）采用螺栓连接固定电极，如图 1-2-3 所示。其适用于直径较大的圆柱形电极、方形电极，以及几何形状复杂而且在电极一端可以用钻孔套螺纹固定的电极。为了保证装夹的电极在加工中不会发生松动，螺栓上应加入垫圈，并用螺母锁紧。如果只是将螺栓旋入电极的螺纹孔，则有可能在加工过程中发生松动。

（3）采用活动 H 结构的夹具装夹电极，如图 1-2-4 所示。H 结构夹具通过螺钉 2 和活动装夹块来调节装夹宽度，用螺钉 1 支撑活动装夹块，使电极被夹紧。其适用于方形电极和片状电极。H 结构夹具的夹口面积较大，不会损坏电极的装夹部位，能可靠地进行装夹。

图 1-2-3　螺栓连接固定电极

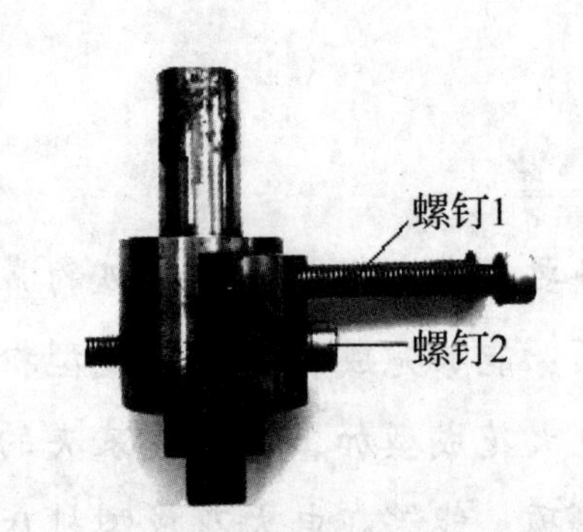

图 1-2-4　活动 H 结构夹具装夹电极

（4）采用电极平口钳夹具装夹电极，如图 1-2-5 所示。其适用于方形电极和片状电极，装夹原理与使用平口钳装夹工件一样，使用起来灵活方便。电极平口钳夹具可向工具供应商订购。

图 1-2-5　电极平口钳夹具

（5）采用快换式电极装夹系统装夹电极，如图 1-2-6 所示。目前，企业常用瑞典的 3R 和瑞士的 EROWA 快速装夹定位系统。快换式电极装夹系统倡导标准化、自动化、一体化的柔性生产概念，将柔性和刚性完美结合，从源头上控制累积误差，能保证电极重复定位精度为 2 μm，同时大幅度降低机床停机时间，使设备利用率达到最高。这种夹具由若干卡盘和电极座组成，

一般卡盘至少有两个，一个用于电极制造，可安装在铣床、车床或线切割机床上；另一个安装在电火花成型机床上。电极座需要较多，每一个电极用一个电极夹头。

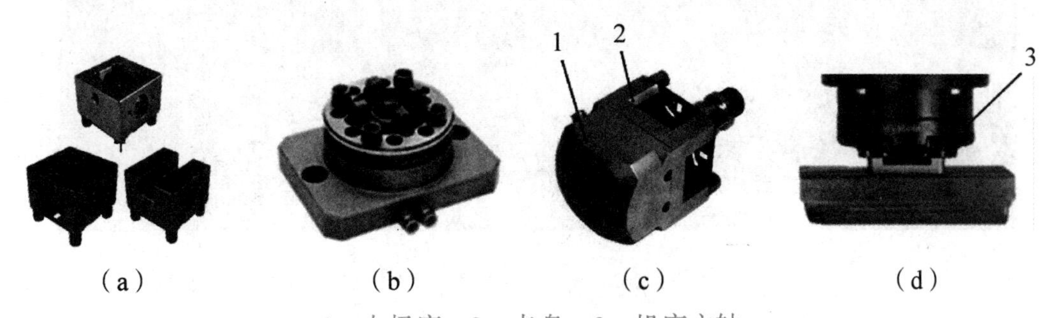

（a）　（b）　（c）　（d）

1—电极座；2—卡盘；3—机床主轴

图 1-2-6　快换式电极装夹系统

（a）电极座；（b）气动吸盘；（c）电极座与卡盘安装；（d）卡盘与机床主轴安装

二、电极装夹的要求及注意事项

电极装夹的要求及注意事项如下：

（1）装夹电极时，要对电极进行仔细检查。例如，检查电极是否有毛刺、脏污，形状是否正确，有无损伤等，另外要分清楚粗加工和精加工电极。

（2）装夹电极时要看清楚加工图纸，装夹方向要正确，采用的装夹方式应不会与其他部位发生干涉，便于加工定位。

（3）用活动 H 结构夹具装夹电极时，锁紧螺钉的用力方式要恰当，防止用力过大造成电极变形或用力过小而夹不紧。

（4）装夹细长的电极，在满足加工要求的前提下，伸出部位长度尽可能短，以提高电极的强度。

（5）面积质量较大的电极，由于装夹不牢靠，在加工过程中易发生松动，常常是导致报废的原因，因此要求在加工过程中适当停机检查电极是否发生松动。

（6）采用各种装夹电极的方式，都应保证电极与夹具接触良好，具有良好的导电性。

三、工件的装夹

1. 使用永磁吸盘装夹工件

使用永磁吸盘装夹工件是电火花成型加工中最常用的装夹方式。永磁吸盘使用高性能磁钢，通过强磁力来吸附工件，装夹工件牢靠、精度高、装卸方便，是较理想的电火花成型机床装夹设备。一般用压板把永磁吸盘固定在电火花成型机床的工作台面上，如图 1-2-7 所示。

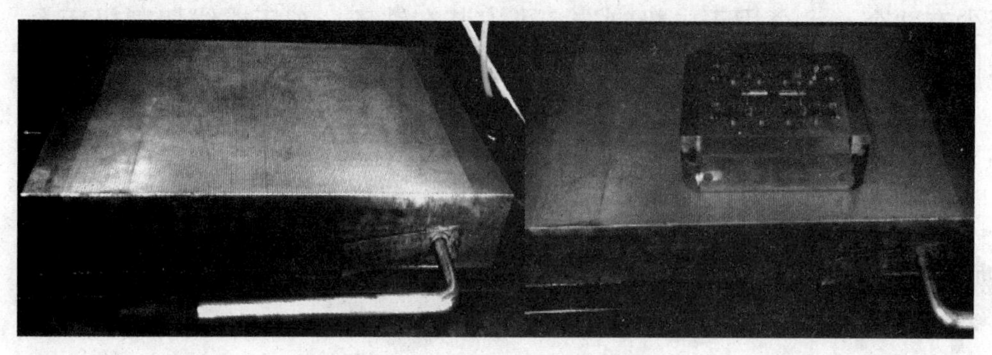

图 1-2-7　永磁吸盘装夹工件

2. 使用平口钳装夹工件

平口钳是通过固定钳口部分对工件进行定位，然后通过锁紧滑动钳口来固定工件的。学校和企业常用平口钳装夹工件，如图 1-2-8 所示。

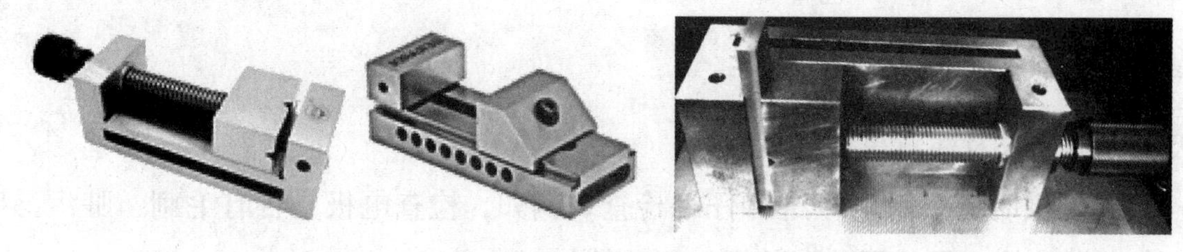

图 1-2-8　平口钳装夹工件

3. 使用导磁块装夹工件

导磁块可以放置在永磁吸盘台面上使用，它是通过传递永磁吸盘的磁力来吸附工件的，如图 1-2-9 所示，使用时导磁块磁极线与永磁吸盘磁极线的方向要相同，否则导磁块不会产生磁力。

图 1-2-9　导磁块装夹工件

4. 使用正弦磁盘装夹工件

正弦磁盘是通过本身产生的磁力来吸附工件的，其结构类似于永磁吸盘，如图 1-2-10 所示。它是通过垫用不同高度的量块来调整斜度的，选用量块的具体高度根据工件的具体斜度

角计算得出。

图 1-2-10　正弦磁盘装夹工件

5. 其他方式装夹工件

上面介绍的是最常用的电火花成型加工中装夹工件的方法，除这些方法以外，还有很多其他装夹工件的方法，如使用三爪定子成型器来装夹圆轴形工件（图 1-2-11），利用工具旋转角度的功能可进行分度加工。在某些情况下，也可以采用压板来固定工件。

图 1-2-11　三爪定子成型器装夹工件

由于电火花成型加工过程中电极与工件之间并不接触，具有一定的放电间隙，宏观作用力很小。因此，对于一些大型模具类零件及质量很大的工件，可以利用工件的自身重力直接将工件放在电火花成型机床的工作台上。

四、工件装夹的要求及注意事项

工件装夹的要求及注意事项如下：

（1）工件的尺寸大小应在机床工作台的允许范围，工件质量不能超过工作台的允许载荷。另外，在装夹质量很大的工件的过程中要注意保护机床，不要让机床受到猛烈的震动，以至于降低机床的精度。

（2）用于工件装夹的工作台面，其精度要求极高，装夹工件时要注意保护工作台面，防止工件将其划伤。

（3）工件装夹时，尽量按照加工图纸所示基准装夹，以方便识图加工；工件安装的位置应有利于工件的找正，并应与机床行程相适应，不妨碍各部位的加工、测量、电极交换等。

（4）对小型工件或加工时间较短的工件，可以考虑在工作台上装夹多个工件进行多工位加工，以提高加工效率。

（5）加工过程中需要多次装夹的工件，应尽量采用同一组精加工基准定位，否则，因基准转换，会引起较大的定位误差。

（6）应保证工件的基准面与工具的基准面无毛刺、清洁，使工件的装夹基准与工具的装夹基准很好地贴合。装夹时，使用纤维油石轻轻推磨基准面，去除细小毛刺，然后用干净的蘸了酒精的棉布擦拭干净。

（7）必须保证工件的装夹变形尽可能小。尤其要注意细小、精密零件，薄壁零件的装夹，防止它们产生变形或翘曲而影响加工精度。

（8）必须保证用来装夹工件的工具导电，不能出现绝缘的现象，否则会损伤电极和工件，甚至会损坏机床。

（9）用来装夹工件的工具应具有高的精度。使用永磁吸盘来装夹工件时，要注意保护吸盘台面，避免工件将其划伤或拉毛，台面需定期研磨，保证高精度。另外，对于使用过的装夹工具（平口钳、正弦磁盘等），应及时卸下清洗，做好维护保养。

任务实施

一、电极的找正

电极的找正方式如下：

（1）使用校表仪来找正电极。使用校表仪来找正电极是在实际加工过程中应用最广泛的找正方式。校表仪的结构由指示表和磁性表座组成，如图 1-2-12 所示。指示表有百分表和千分表两种，百分表的指示精度最小为 0.01 mm，千分表的指示精度最小为 0.001 mm，可根据加工精度要求选择合适的校表仪。

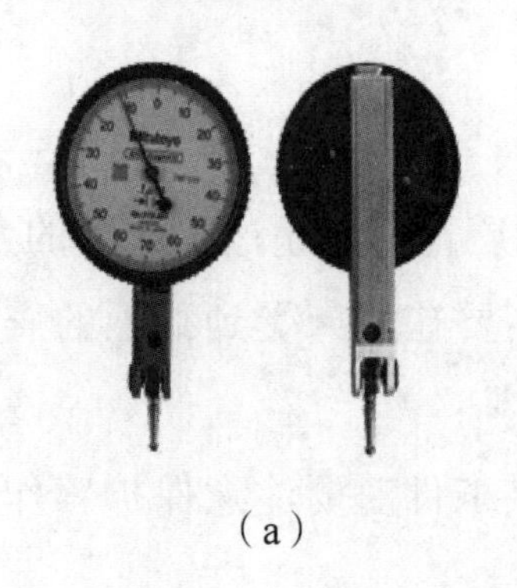

（a）

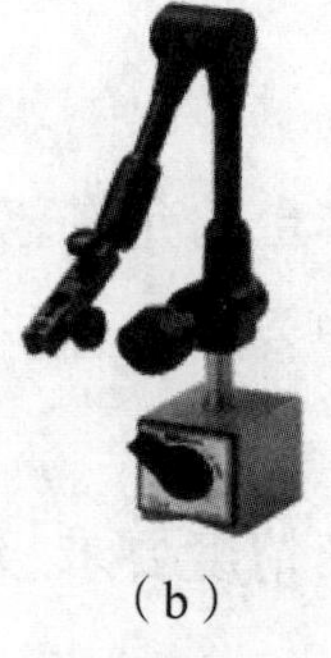

（b）

（c）

图 1-2-12　校表仪的组成

（a）指示表；（b）磁性表座；（c）用千分表找正电极

（2）使用刀口角尺来找正电极。采用刀口角尺找正侧面较长、直壁面类电极的垂直度。找正时，使刀口角尺靠近电极侧壁基准，通过观察它们之间的上、下间隙来调节电极夹头，如图 1-2-13 所示。这种找正电极的方法适用于加工精度不是很高的情况。

（3）火花找正。当电极端面为平面时，可用弱电规准在工件平面上放电打印，观察工件平面上放电火花分布的情况来找正电极，直到调节至四周均匀地出现放电火花印为止。采用这种找正方式找正电极时，可调式电极夹头的调节部位应该是绝缘的，在操作过程中要注意安全，防止触电。还需保证所加工工件及电极的侧面均是垂直的。这种找正电极方式的找正精度不高，并且会对工件侧面造成一定的损伤，只用在要求比较低的加工情况下。

图 1-2-13　使用刀口角尺找正电极

二、找正电极的要求及注意事项

找正电极的要求及注意事项如下：

（1）电极的找正精度直接影响加工的形状精度和位置精度，通常出现小电极加工的火花间隙比大电极加工的火花间隙大的现象，这是因为小电极的找正精度不可能有大电极那样高。对于小电极的加工以及加工要求很高的情况，一定要精心控制好电极的找正精度。

（2）使用可调式电极夹头找正电极时，拧紧调节螺栓的力度要适当。对于大多数电极的找正，用手稍微用力拧紧调节螺栓即可。有些操作者喜欢用扳手来拧紧调节螺栓，实际上没有这个必要，而且经常用扳手来拧紧很容易损坏夹头的螺栓。对于质量很大的电极，则应适当使用扳手来拧紧调节螺栓，防止加工过程中调节螺栓发生松动。

（3）使用校表仪来找正电极时，尽量使用绝缘测头的校表仪，防止测头与电极接触时，机床会提示接触感知，一般要解除这种功能才能继续找正。

三、工件的找正

1. 使用校表来找正工件

将千分表的磁性表座固定在机床主轴或床身某个适当位置，同时将测头摆放到能方便找正工件的样式；移动相应的轴，使千分表的测头与工件的基准面接触；此时，纵向或横向移动机床坐标轴，观察千分表的读数变化，即反映出工件基准面与机床 X、Y 轴的平行度，如图 1-2-14 所示。使用铜棒敲击工件的相应位置来调节其平行度，直到满足精度要求为止。

2. 使用量块–角尺找正法来找正工件

在磁性吸盘上放置两个相互垂直的量块和一把精密的刀口角尺，如图 1-2-15 所示。一块量块沿 X 轴方向放置，另一块量块沿 Y 轴方向放置，量块的一端靠在工件电极上，另一端靠在精密刀口角尺上，这样工件得以找正。这种找正工件的方法必须要保证永磁吸盘的轴线与机床 X、Y 轴的轴线一致，只适用于加工精度不高的情况。

图 1-2-14　用千分表找正工件

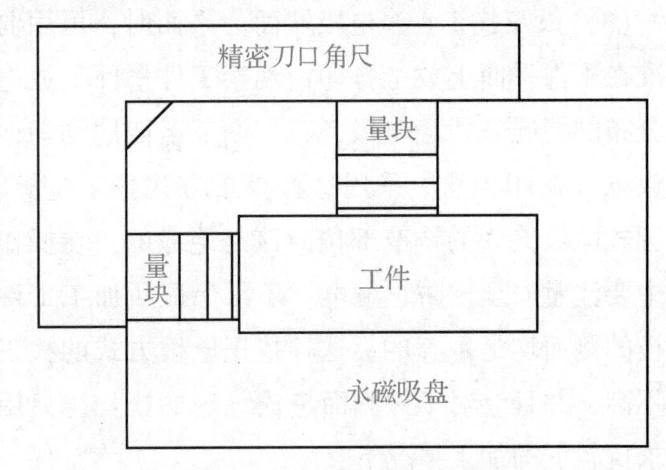

图 1-2-15　量块-角尺找正法

四、找正工件的要求及注意事项

找正工件时，若发现工件出现严重变形的情况，则应根据加工精度要求做出处理，超过精度允许范围时不予进行加工，防止做无用功。

任务评价

电极与工件的找正任务评价表如表 1-2-1 所示。

表 1-2-1　电极与工件的找正任务评价表

任务名称		电极与工件的找正	课时				
任务评价成绩			任课教师				
类别	序号	评价项目	结果	A	B	C	D
基础知识	1	认识各类电极夹具并能够正确使用					
	2	熟悉各类工件装夹方式并能够正确使用					
操作	3	能够正确找正电极					
	4	能够正确找正工件					
总结							

拓展提升

机床是制造工业中的重要设备之一，它可以加工各种金属和非金属材料，制造出各种零件和产品。以下是机床发展历史简述。

手工工具时代（约公元前 4000 年—公元前 1500 年）：在这个时代，人们主要使用简单的手工工具来进行加工，如锤子、凿子、刨子等。

机械时代（公元前 1500 年—18 世纪末期）：在这个时代，人们开始使用简单的机械设备来进行加工，如水车、风车等。18 世纪末，出现了第一台机械化的机床——车床，它可以进行金属材料的车削加工。

工业革命时代（19 世纪初—20 世纪中期）：在这个时代，机床得到了快速发展，出现了很多新型机床，如铣床、钻床、磨床等。机床的发展推动了工业革命的进程，使生产效率和质量大幅提高。

数控时代（20 世纪中期至今）：在这个时代，随着计算机技术和控制技术的发展，数控机床得到了广泛应用。数控机床可以实现高精度、高效率的加工，广泛应用于各种行业和领域，推动了现代制造业的发展。

总之，机床发展历史经历了从手工工具时代到机械时代、工业革命时代，再到如今的数控时代。随着技术的不断发展和进步，机床将继续发展，为现代制造业的发展做出更大的贡献。

练习题

项目二

电极设计

学习目标

知识目标

1. 不同种模具的工艺分析。
2. 工具电极尺寸的计算。

技能目标

1. 掌握电火花冲孔落料模工具电极的设计方法。
2. 掌握电火花型腔模工具电极的设计方法。

素养目标

有创新精神，养成查阅资料的习惯，提升与人沟通交流的技巧，贯彻环保理念。

情景描述

电极是电加工中至关重要的组成部分，电极的设计将直接影响电加工的加工精度、加工效率和加工成本等方面。

电极的设计对加工精度的稳定性和精度水平产生直接影响。在电加工过程中，电极与工件之间的放电会产生放电加热和电化学腐蚀等现象，从而形成所需的加工形状。而不同形状和尺寸的电极与工件之间的放电状态会影响加工精度的稳定性和精度水平。因此，电极的形状和尺寸需要与加工零件的形状和尺寸匹配，还需要根据加工要求和加工材料的特性，选择合适的电极材料和电极表面处理方式，以保证加工精度和质量。

电极的设计对加工效率的影响。电极的设计需要考虑加工速度、加工深度、电极寿命等因素，合理设计电极可以提高加工效率和生产效率，降低加工成本。例如，采用高效的电极

材料和电极表面处理方式，可以提高电极的耐磨性和导电性，从而延长电极的使用寿命，降低加工成本。

电极的设计对加工成本的影响。不同的电极材料和电极表面处理方式对加工成本的影响不同，合理的电极设计可以降低加工成本，提高经济效益。例如，采用低成本的电极材料和电极表面处理方式，可以降低加工成本，提高经济效益。

任务一 电火花冲孔落料模工具电极设计

任务导入

加工一个“口”字形冲压件，冲压件尺寸为 10 mm×10 mm，材料为硅钢片，凹模加工深度为 60 mm，凹模与凸模的配合间隙为 0.1 mm，设计工具电极，如图 2-1-1 所示。

知识要点

一、电火花冲孔落料模工艺分析

电火花冲孔落料模是生产上应用较多的一种模具。由于形状复杂和尺寸精度要求高，因此它的加工是生产中的关键技术之一，特别是凹模加工。通常的加工方法是用电火花线切割加工凸模，再利用凸模作为工具电极在电火花成型机床上“反打”来加工凹模。

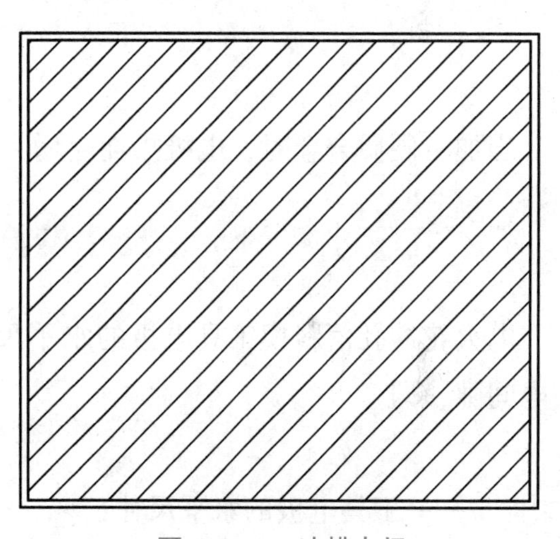

图 2-1-1 冲模电极

二、工具电极的高度设计

工具电极的高度取决于电火花冲孔落料模的结构形式、模板厚度、电极材料、装夹方式、电极使用次数和电极制造工艺等因素，如图 2-1-2 所示，可用如下公式表示：

$$L = KH + H_1 + H_2 + (0.4 \sim 0.8)(n - 1)KH$$

式中：L——工具电极的高度；

H——凹模需要加工的深度；

H_1——当模板后部挖空时，电极所需加长部分的深度；

H_2——一些小电极端部不宜开连接螺孔，而必须用夹具夹持电极尾部时，需要增加的夹持部分长度（10~20 mm）；

n——一个电极使用的次数，一般情况下，多用一次电极需要比原有长度增加（0.4~0.8）倍；

K——与电极材料、加工方式、型腔复杂程度有关的系数，对不同的电极材料，其取值不同，紫铜为2~2.5，黄铜为3~3.5，石墨为1.7~2，铸铁为2.5~3，钢为3~3.5。

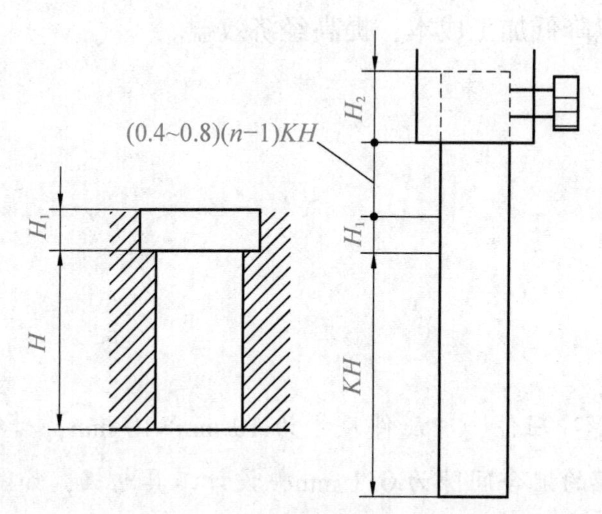

图2-1-2　电火花冲孔落料模工具电极的高度计算说明图

当加工硬质合金时，电极损耗会增大，因此，应适当增加电极长度。

三、工具电极的水平尺寸设计

电火花冲孔落料模工具电极的水平尺寸应比预定的冲孔截面尺寸均匀地缩小一个单边的放电间隙，即

$$d = D - 2S$$

式中：d——工具电极的水平尺寸；

D——加工后的冲孔尺寸；

S——单边的放电间隙。

通常情况下，模具样图只标注凸模的具体尺寸，而凹模样图只标注与凸模的配合间隙，所以会存在如下情况：

（1）凸、凹模配合间隙等于放电间隙，此时工具电极的水平尺寸与凸模尺寸完全相同；

（2）凸、凹模配合间隙小于放电间隙，此时工具电极的水平尺寸应等于凸模尺寸减去放电间隙与配合间隙的差值；

（3）凸、凹模配合间隙大于放电间隙，此时工具电极的水平尺寸应等于凸模尺寸加上放电间隙与配合间隙的差值。

任务实施

设计过程分析

1. 工具电极材料的选择

根据加工的冲压件大小，采取凸模加工凹模的方法，即钢打钢，工具电极材料为钢。

2. 工具电极高度的设计

根据公式

$$
\begin{aligned}
L &= KH + H_1 + H_2 + (0.4 \sim 0.8)(n-1)KH \\
&= 3 \times 60 + 20 + 20 + 0.6 \times (2-1) \times 3 \times 60 \\
&= 328(\mathrm{mm})
\end{aligned}
$$

确定工具电极高度为 328 mm。

3. 工具电极水平尺寸的设计

设电火花冲孔落料模工具电极单边放电间隙为 0.1 mm，单边放电间隙等于凹模与凸模的配合间隙，因此工具电极尺寸按凸模计算，有

$$d = D - 2S = (10 - 2 \times 0.1)\mathrm{mm} = 9.8\ \mathrm{mm}$$

任务评价

电火花冲孔落料模工具电极设计任务评价表如表 2-1-1 所示。

表 2-1-1　电火花冲孔落料模工具电极设计任务评价表

<table>
<tr><td colspan="2">任务名称</td><td colspan="2">电火花冲孔落料模工具电极设计</td><td>课时</td><td colspan="4"></td></tr>
<tr><td colspan="3">任务评价成绩</td><td></td><td>任课教师</td><td colspan="4"></td></tr>
<tr><td>类别</td><td>序号</td><td colspan="2">评价项目</td><td>结果</td><td>A</td><td>B</td><td>C</td><td>D</td></tr>
<tr><td rowspan="4">基础知识</td><td>1</td><td colspan="2">电火花冲孔落料模工艺分析</td><td></td><td></td><td></td><td></td><td></td></tr>
<tr><td>2</td><td colspan="2">工具电极材料的选择是否正确</td><td></td><td></td><td></td><td></td><td></td></tr>
<tr><td>3</td><td colspan="2">工具电极高度的计算是否正确</td><td></td><td></td><td></td><td></td><td></td></tr>
<tr><td>4</td><td colspan="2">工具电极水平尺寸的计算是否正确</td><td></td><td></td><td></td><td></td><td></td></tr>
<tr><td colspan="2">总结</td><td colspan="7"></td></tr>
</table>

知识拓展

电极设计的原则

电极设计的原则如下：

（1）设计电极时，优先考虑设计整体结构电极，这对于产品有外观和棱线要求时尤其重要。

（2）为提高加工精度，在设计电极时可将其分解为主电极和副电极，先用主电极加工型孔或型腔的主要部位，再用副电极加工尖角、窄缝等部位。

（3）设计电极时，对于加工开向部位，应将电极的开向部位延伸相应的尺寸，以保证工位加工出来后口部无余料和凸起的小筋，如图2-1-3所示。

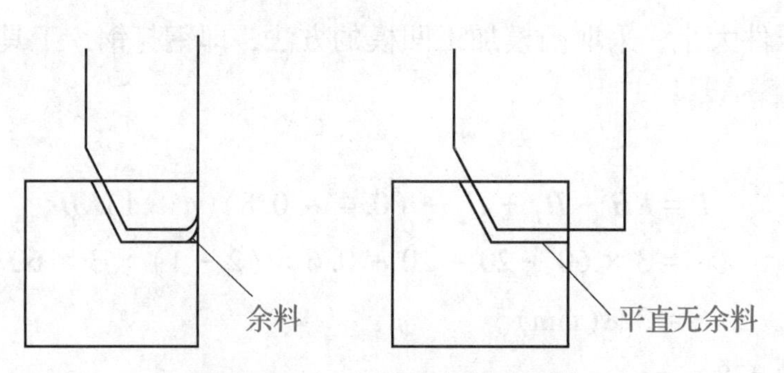

图2-1-3　电极开向部位延伸

（4）对于一些薄小、高低差很大的电极，在CNC铣削加工和放电加工中都很容易变形，在设计电极时，应采用一些防止电极变形的方法。

（5）电极需要避空的部位必须进行避空处理，避免在电火花加工过程中发生加工部位以外的放电情况，如图2-1-4所示。

（6）设计电极时，尽量减少电极的数目。可以合理地将工件上一些不同的加工部位组合在一起，如图2-1-5所示。

图2-1-4　电极的避空位

图2-1-5　不同加工部位组合在一起的电极

（7）设计电极时，应将加工要求不同的部位分开设计，以满足各自的加工要求。例如，模具零件中装配部位和成型部位的表面粗糙度要求和尺寸精度是不一样的，不能将这些部位的电极混合设计在一起。

（8）电极应根据需要设计合适底座（找正部分、基准角、装夹部分）。底座是电火花加工中找正电极和定位的基准，同时也是电极多道工序的加工基准。

（9）设计电极时，要考虑电火花加工工艺。

（10）电极数量的确定。

任务二　电火花型腔模工具电极设计

任务导入

如图 2-2-1 所示，该型腔模的深度为 20 mm，端面放电间隙为 0.1 mm，单边的放电间隙为 0.1 mm，试设计工具电极。

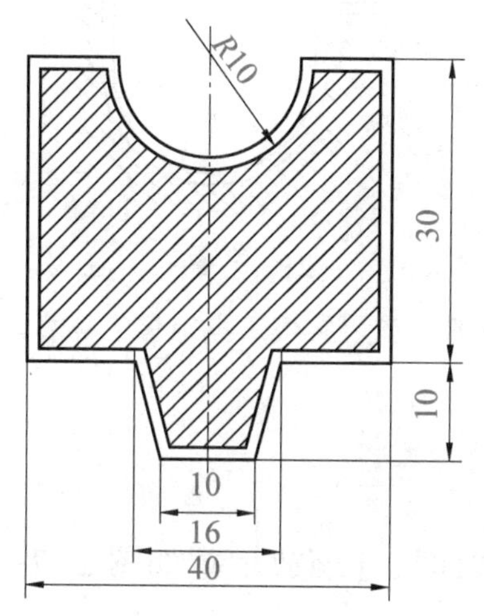

图 2-2-1　电火花型腔模工具电极示意

知识要点

一、电火花型腔模工艺分析

型腔模的电火花加工属于盲孔加工，在加工过程中，应注意电蚀物的排出和工作液气体的排出。另外，型腔模形状复杂，加工面积变化大，电规准的选择比较困难。这些都应在加工过程中予以关注。

在设计电火花型腔模工具电极尺寸时，一方面要考虑模具型腔的尺寸、形状和复杂程度，另一方面要考虑电极材料和电规准的选择。当然，若采用单电极平动法加工侧面，则还需考虑平动量的大小。

二、工具电极的高度设计

如图 2-2-2 所示，电火花型腔模工具电极的高度应按如下公式计算：

$$H \geqslant l + L$$

式中：H——除装夹部分外的电极总高度；

l——电极每加工一个型腔，在垂直方向上的有效高度，其应等于型腔深度减去端面的放电间隙和电极的端面损耗；

L——考虑到加工结束时，电极夹具不和模块或压板发生接触，以及同一电极需重复使用而增加的高度。

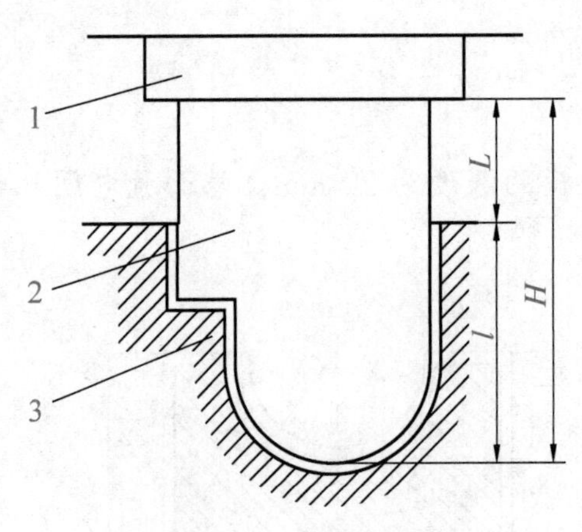

1—夹具；2—电极；3—工件

图 2-2-2　电火花型腔模工具电极的高度计算说明图

三、工具电极的水平尺寸设计

电火花型腔模工具电极水平截面尺寸缩放示意如图 2-2-3 所示。在设计电火花型腔模工具电极时，应将放电间隙和平动量计算在内，即

$$a = A \pm Kb$$

式中：±——分别表示电极的“缩和放”，工具电极内凹，则设计尺寸增加，取“+”，工具电极外凸，则设计尺寸减小，取“-”，图 2-2-3 中计算 a_1 时用“-”，计算 a_2 时用“+”；

a——工具电极的水平尺寸；

A——型腔图样的水平尺寸；

K——与型腔尺寸注法有关的系数（直径方向（双边）$K=2$；半径方向（单边）$K=1$）；

b——电极的单边缩放量（或平动头偏心量，一般取 0.7~0.9 mm）。

电火花型腔模工具电极的单边缩放量的计算公式为

$$b = S + Ra_1 + Ra_2 + z$$

式中：S——单边放电间隙，一般放电间隙为 0.1 mm 左右；

Ra_1——前一电规准时的表面粗糙度；

Ra_2——本次电规准时的表面粗糙度；

z——平动量，一般为 0.1~0.5 mm。

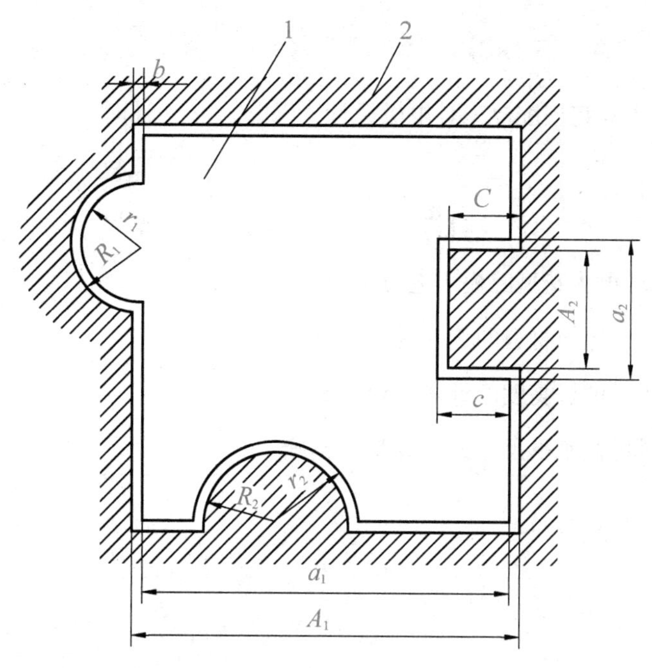

1—工具电极；2—工件型腔

图 2-2-3　电火花型腔模工具电极水平截面尺寸缩放示意

任务实施

设计过程分析

1. 工具电极材料的选择

电火花型腔模工具电极材料为紫铜。

2. 工具电极的高度设计

$H \geqslant l + L = 20 - 0.1 + 10 = 29.9(\mathrm{mm})$

3. 工具电极的水平尺寸设计

根据电火花型腔模工具电极的水平尺寸计算公式计算得出工具电极的水平尺寸如图 2-2-4 所示。

4. 工具电极平动量的确定

电火花型腔模工具电极的平动量为 0.1 mm。

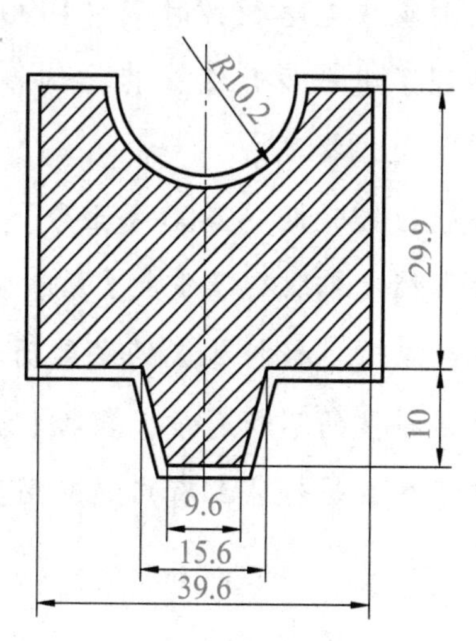

图 2-2-4　某电火花型腔模工具电极的水平尺寸计算示意

任务评价

电火花型腔模工具电极设计任务评价表如表 2-2-1 所示。

表 2-2-1　电火花型腔模工具电极设计任务评价表

任务名称		电火花型腔模工具电极设计	课时				
任务评价成绩			任课教师				
类别	序号	评价项目	结果	A	B	C	D
基础知识	1	电火花型腔模工艺分析					
	2	工具电极材料的选择是否正确					
	3	工具电极高度的计算是否正确					
	4	工具电极水平尺寸的计算是否正确					
总结							

拓展提升

数控机床是一种高精度、高效率的加工设备，其发展历程可以分为以下几个阶段。

简单数控时期（1950—1960年）：简单数控机床主要用于生产大批量、重复性高的零部件。这一时期的数控机床的控制系统简单，功能较弱，主要采用机械式、电气式和电子管式控制系统。

小型集成电路数控时期（1970—1980年）：随着集成电路技术的发展，数控机床的控制系统逐渐采用小型集成电路，控制精度和效率得到了提高，可实现多轴联动控制和复杂曲线加工。

大型集成电路数控时期（1990—2000年）：随着大型集成电路的应用，数控机床的控制系统得到了进一步升级，其控制精度和稳定性得到了大幅提升，同时，机床的自动化程度也得到了大幅提高。

高速数控时期（2000年至今）：随着高速通信技术和高速控制技术的发展，数控机床的加工速度和精度都取得了重大突破，同时，机床的智能化程度和柔性化程度也得到了大幅提高。

总的来说，数控机床的发展历程是一个不断完善、不断提高控制精度和自动化程度的过程。随着科技的不断进步，数控机床的应用领域也越来越广泛，从传统的金属加工到复合材料、陶瓷加工等领域都有广泛应用，为工业生产和现代制造业的发展提供了重要的支撑。

练习题

项目三

电火花成型机床典型零件加工

电火花成型机床典型零件加工

学习目标

知识目标

1. 了解不同种零件的加工工艺。
2. 掌握电火花成型机床数控编程。

技能目标

1. 完成多孔零件的电火花加工。
2. 完成去除断在工件中的钻头和丝锥的电火花加工。
3. 完成小孔零件的数控编程加工。

素养目标

有创新精神，养成查阅资料的习惯，提升与人沟通交流的技巧，贯彻环保理念。

情景描述

电火花加工机床是利用电火花加工原理加工导电材料的特种加工机床，又称电蚀加工机床。电火花加工机床主要用于加工各种高硬度的材料（如硬质合金和淬火钢等）和复杂形状的模具、零件，以及切割、开槽和去除折断在工件孔内的工具（如钻头和丝锥）等。

随着数字控制技术的发展，电火花加工机床已数控化，并采用微型电子计算机进行控制。机床功能更加完善，自动化程度大大提高，实现了电极和工件的自动定位、加工条件的自动转换、电极的自动交换、工作台的自动进给、平动头的多方向伺服控制等。低损耗电源、微精加工电源、适应控制技术和完善的夹具系统的采用，显著提高了电火花加工机床的加工速度、加工精度和加工稳定性，扩大了其应用范围。电火花加工机床不仅向小型、专用方向发展，而且向能加工汽车车身、大型冲压模的超大型方向发展。

任务一　多孔的电火花加工

任务导入

图3-1-1所示为多孔加工零件图，零件材料为45钢。该零件的主要尺寸是长为100 mm，宽为70 mm，厚为5 mm。需要电火花加工该零件9个孔，孔的尺寸为10 mm×10 mm，每个孔的加工深度为4 mm。被电火花加工的表面粗糙度为 $Ra2\mu m$。

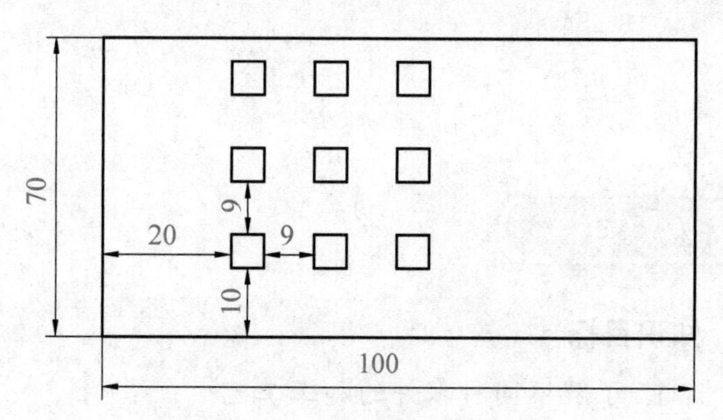

图3-1-1　多孔加工零件图

知识要点

多孔加工的定位主要采取绝对定位（ABS）方式，即先根据加工工件的要求，确定工件的基准孔，然后按工件各孔之间的间距，完成其余各孔的电火花加工。电火花自动多步加工是指编制电规准程序，实现自动完成从粗加工到精加工的全过程。

任务实施

一、电火花加工工艺分析

多孔加工的定位主要是采取了绝对定位方式，即先根据加工工件的要求，确定工件的基准孔，然后按工件各孔之间的间距完成其余各孔的电火花加工。电火花自动多步加工是编制电规准程序、实现自动完成从粗加工到精加工的全过程。

二、电火花加工步骤

1. 电极制造

（1）电极材料的选择：紫铜。

（2）电极尺寸：采用电极面边长为9.8 mm的方电极，电极长度约60 mm。

（3）电极制造：采用电火花线切割加工。

2. 电极的装夹与找正

（1）电极的装夹。将电极与夹具的安装面清洗或擦拭干净，保证接触良好。把电极牢固地装夹在主轴的电极夹具上。

（2）电极的找正。首先将百分表固定在机床的工作台上，百分表的测头接触在电极上，使机床 Z 轴上、下移动，将电极的垂直度调整到满足零件加工要求位置，然后找正电极 X 轴方向（或 Y 轴方向）的位置，其方法是让工作台沿 X 轴方向（或 Y 轴方向）移动，直至满足工件加工要求。

3. 工件的装夹与定位

（1）用磁性吸盘直接将工件固定在电火花机床上。

（2）工件上需要加工 9 个孔，左下角的孔为定位孔，绝对坐标的原点在工件的左下角。

（3）按下手操器的〈手动对刀〉键，转动 X 轴方向手轮将工具电极移至工件左侧端面外，然后按住手操器的〈下降〉键，将工具电极缓慢下降，使工具电极稍低于工件的上表面。再转动 X 轴方向手轮，使工具电极轻轻接触工件的端面，此时蜂鸣器鸣叫，按下电气控制柜面板上的〈X 轴归零〉键，“X” 数字显示为 0，再按下 “X” 和 “ABS~0” 键，此时在 X 轴方向上 ABS 方式（绝对方式）和 INC 方式（增量方式）的数值均为 0。

（4）重复步骤（3），可使工件在 Y 轴方向下端面上 ABS 方式和 INC 方式的数值均为 0，这样，绝对坐标的位置将为工件的左下角。

（5）转动 X 轴和 Y 轴方向手轮，观察电气控制柜面板上的 “X” “Y” 的数值，使其为第 1 个孔的坐标值。

（6）其他各孔的位置可按图纸要求，以第 1 个孔的位置为基准，分别计算出各孔距第 1 个孔位置的绝对坐标值。以后只要转动 X、Y 轴方向的手轮，观察机床面板上的 “X” “Y” 的数值，使其为各孔的坐标值即可。

4. 自动多步加工

（1）在电气控制柜面板上按下〈STEP〉（多步设定）键，该键上方的数码管数字闪烁，再按下〈CLEAR STEP〉（取消自动多步加工）键，将先前设置的电规准全部清除。电火花成型机床可连续设置 10 步加工程序，步序分别为 0~9。

（2）根据一般的电火花加工的需求，常设置粗加工、中加工和精加工 3 个工步。

（3）粗加工：按下电气控制柜面板上的〈STEP〉键，该键上方的数码管数字闪烁，在数字键盘区输入 “0” 后按下〈ENTER〉（确定）键；再按下〈CURRENT〉（电流设定）键，加工电流数字闪烁，在数字键盘区输入电流值 8 A 后，按下〈ENTER〉键；最后按下〈DEPTH SET〉（深度设定）键，电气控制柜面板上的 “Z” 数值闪动，在数字键盘区输入加工深度值 3.2 mm 后，按下〈ENTER〉键，深度设定完成。在 EDM 状态下，设定的加工深度值在 X 数码管上显示。

（4）中加工：操作步骤同（3），设置〈STEP〉键上方的数码管数字为 “1”，加工电流值为 3 A，加工深度为 3.7 mm。

（5）精加工：操作步骤同（3），设置〈STEP〉键上方的数码管数字为 “2”，加工电流值为 1 A，加工深度为 4 mm。

(6) 按下电气控制柜面板上的〈STEP〉键，该键上方的数码管数字闪烁，在数字键盘区输入“0”后按〈ENTER〉键。此时加工状态回到了粗加工状态的设定参数，再按〈AUTO STEP〉（自动多步加工）键，该键上的红灯亮，表明自动多步加工设定完毕。

5. 放电加工

(1) 转动 X、Y 轴方向上的手轮，将机床的主轴移动至基准孔位置。

(2) 按下手操器的〈手动对刀〉键，电气控制柜面板上相应按键上的红灯亮，再按住手操器的〈下降〉键，使 Z 轴缓慢下降，在工具电极即将碰到工件表面之前，应采用点动方式按住手操器的〈下降〉键，直到工具电极与工件接触，机床蜂鸣器鸣叫。此时，按下电气控制柜面板上的〈Z 轴归零〉键，使 Z 轴数值归零，再按住遥控器的主轴〈上升〉键，将主轴稍向上抬；或者采用自动对刀，方法是按住电气控制柜面板上的〈AUTO〉（自动对刀）键，主轴会自动下降至工件表面，蜂鸣器鸣叫，再按下〈Z 轴归零〉键，使 Z 轴数值归零，再将 Z 轴上抬至某个高度。

(3) 按下手操器上的〈油泵〉键，开启油泵，油管喷油，调节油管位置，使油喷向工件加工的部位。也可采用浸没式加工方法，将工件全部浸没在工作液槽中。

(4) 按下电气控制柜面板上的〈防火〉键和〈深度到达后机头自动上抬〉键，两个键上的红灯亮。

(5) 按下手操器上的〈放电加工〉键，机床的脉冲电源启动，Z 轴会有节奏地升降，进行放电加工。当加工深度达到粗加工的深度后，机床将会自动改变电规准，进入中加工阶段进行放电加工。当加工深度达到中加工的深度后机床也会自动切换到精加工阶段，直到完成全部的加工深度后，主轴（Z 轴）会自动上抬，同时切断电源，蜂鸣器也会鸣叫数秒。

(6) 按下手操器或电气控制柜面板上的〈油泵〉键，关闭油泵。

(7) 第 1 个孔加工完成后，转动 X 轴或 Y 轴方向手轮至第 2 个孔加工位置，再进行放电加工。

(8) 重复步骤（2）~（6），完成其他各孔的加工。

(9) 9 个孔全部加工完成后，拆除工具电极和工件，清理工作台，并涂上机油。

6. 检验

孔的形状由电极形状决定，孔的尺寸用数显卡尺和数显深度尺测量。

四方孔深的测量：孔深的尺寸精度的测量可用百分表深度测量装置，测得的实际数值在图样允许的尺寸范围之内为合格。

任务评价

多孔的电火花加工任务评价表如表 3-1-1 所示。

表 3-1-1 多孔的电火花加工任务评价表

任务名称		多孔的电火花加工	课时				
任务评价成绩			任课教师				
类别	序号	评价项目	结果	A	B	C	D
操作	1	电极与工件的装夹方式是否正确					
	2	电极与工件的找正是否正确					
	3	电极设计是否正确					
	4	电规准的选择是否正确					
	5	机床操作是否正确					
	6	零件加工尺寸是否正确					
总结							

任务二 去除断在工件中的钻头和丝锥的电火花加工

任务导入

某工件中有一根 $\phi 4$ mm 的断钻头，断入工件的长度为 10 mm，试设计工具电极，并在电火花成型机床上进行放电加工。

知识要点

钻削小孔和用小丝锥攻丝时，由于刀具硬且脆，刀具的抗弯、抗扭强度较低，往往易被折断在加工孔中。为了避免工件报废，可采取电火花加工方法去除断在工件中的钻头和丝锥。为此，首先应选择合适的电极材料，一般可选择紫铜电极。这是因为紫铜电极的导电性能好，电极损耗小，机械加工也比较容易，电火花加工的稳定性好。其次设计电极，电极的尺寸应根据钻头和丝锥的尺寸来确定。电极的直径略小于去除钻头和丝锥的直径。最后确定电规准。因对加工精度和表面粗糙度的要求比较低，所以可选择加工速度快和电极损耗小的粗规准一次加工完成。但加工小孔时，电极的电流密度会比较大，所以加工电流将受到加工面积的限制，可选择小电流和长脉宽加工。

在电火花加工过程中，断在小孔中的丝锥或钻头会有残片剥离，而这些残片极有可能造成火花放电短路、主轴上台的情况，应及时清理后再继续加工。

任务实施

一、加工工艺分析

钻削小孔和用小丝锥攻丝时，由于刀具硬且脆，刀具的抗弯、抗扭强度较低，因而往往易被折断在加工孔中。为了避免工件报废，可采取电火花加工方法去除断在工件中的钻头和丝锥。为此，首先应选择合适的电极材料，一般可选择紫铜电极。这是因为紫铜电极的导电性能好，电极损耗小，机械加工也比较容易，电火花加工的稳定性好。其次设计电极，电极的尺寸应根据钻头和丝锥的尺寸来确定。电极的直径略小于去除钻头和丝锥的直径。最后确定电规准。因对加工精度和表面粗糙度的要求比较低，所以可选择加工速度快和电极损耗小的粗规准一次加工完成。但加工小孔时，电极的电流密度会比较大，所以加工电流将受到加工面积的限制，可选择小电流和长脉宽加工。

在电火花加工的过程中，断在小孔中的丝锥或钻头会有残片剥离，而这些残片极有可能造成火花放电短路、主轴上台的情况，应及时清理后再继续加工。

二、电火花加工步骤

1. 工具电极的设计与制作

（1）工具电极的设计。

工具电极的直径可根据钻头和丝锥的直径来设计。例如，钻头为 ϕ4 mm，丝锥为 M4，工具电极可设计成直径为 ϕ2 ~ 3 mm。此电极设计成 ϕ3 mm。电极长度应根据断在小孔中的长度加上装夹长度来定，并适当留出一定的余量，将其设计成阶梯轴，装夹大端，有利于提高工具电极的强度，如图 3-2-1 所示。

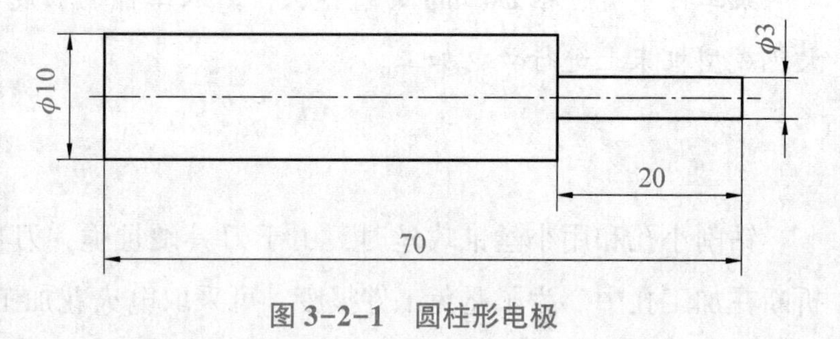

图 3-2-1　圆柱形电极

（2）工具电极的制作。

工具电极为圆柱形，可在车床上一次加工成型。

（3）工具电极的装夹与找正。

工具电极可用钻夹头固定在主轴夹具上，先用精密角尺找正工具电极对工作台 X 轴和 Y 轴方向的垂直，然后用百分表找正。必要时，可用放电火花找正。另外，电极比较细，容易弯曲，可利用圆柱形台阶段性找正。

（4）工件的装夹与定位。

工件可用压板固定在工作台上，也可用磁性吸盘将工件吸附，用百分表对工件进行找正。

（5）选择电规准。

峰值电流为 5~10 A，脉冲宽度为 100~200 μs，脉冲间隔为 40~50 μs。

（6）放电加工。

开启机床电源，先按下电气控制柜面板上的〈AUTO〉键，使主轴缓慢下降完成工具电极的对刀，将工件的上表面设定为加工深度零点位置；再设定加工深度，断在工件中的钻头长度为 10 mm，因此加工深度为 10 mm；然后开启工作液泵，向工作液槽内加注工作液，工作液应高出工件 30~50 mm，并保证工作液循环流动；最后按下手操器上的〈放电加工〉键，实现放电加工。待加工完成后，放掉工作液，取下工具电极和工件，清理机床工作台，完成加工。

任务评价

去除断在工件中的钻头和丝锥的电火花加工任务评价表如表 3-2-1 所示。

表 3-2-1　去除断在工件中的钻头和丝锥的电火花加工任务评价表

任务名称		去除断在工件中的钻头和丝锥的电火花加工	课时				
任务评价成绩			任课教师				
类别	序号	评价项目	结果	A	B	C	D
操作	1	电极与工件的装夹方式是否正确					
	2	电极与工件的找正是否正确					
	3	电规准的选择是否正确					
	4	机床操作是否正确					
总结							

任务三　数控电火花加工

任务导入

图 3-3-1 所示为小孔加工零件图，其材料为 45 钢。该零件的主要尺寸：直径为 40 mm，高度为 (35±0.1) mm，ϕ30 mm 孔距基准面的距离为 $15_{-0.1}^{0}$ mm，需要电火花加工该零件小孔的直径为 1.5 mm，小孔的中心距零件的中心为 10 mm；零件的表面粗糙度均为 Ra3.2 μm。

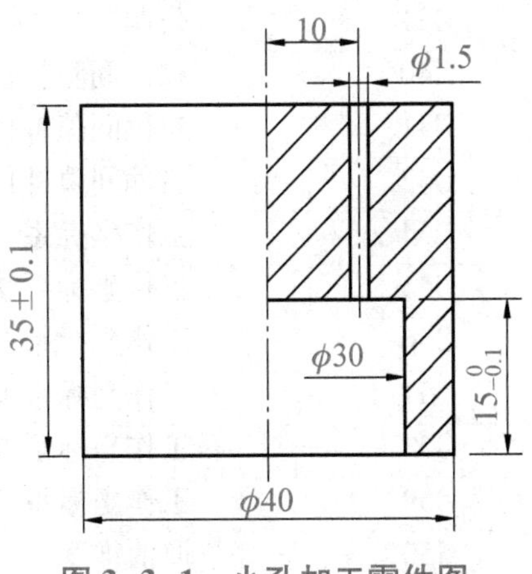

图 3-3-1　小孔加工零件图

知识要点

一、电火花加工的编程格式

电火花机床的编程通常采用 ISO 代码，ISO 代码是国际标准化组织（International Organization for Standardization）制定的用于数控编程和控制的一种标准代码。该代码中分别有 G 指令代码（称为准备功能指令）和 M 指令代码（称为辅助功能指令）等。

其编程格式如下：

```
N__G__X__Y__Z__;
```

（1）程序段号 N：位于程序段之首，表示一条程序的序号，其后一般由 2~4 位数字组成，如 N1000、N0089。

（2）准备功能指令 G：建立机床或控制系统工作方式的一种指令，其后为两位正整数，即 G00~G99；当本段程序的功能与上一段程序功能相同时，该段程序中的 G 代码可省略不写。表 3-3-1 所示为电火花加工中最常用的 G 指令和 M 指令代码。不同厂家的电规准代码含义上稍有差异，编程所需要的电规准参数应参照电火花加工机床说明书。

表 3-3-1　电火花加工中最常用的 G 指令和 M 指令代码

代码	功能	代码	功能
G00	快速定位	G51	锥度左偏
G01	直线插补	G52	锥度右偏
G02	顺时针圆弧插补	G80	有接触感知
G03	逆时针圆弧插补	G81	回机床“零点”
G04	暂停	G82	半程移动
G17	*XOY* 平面选择	G84	微弱放电校正
G18	*XOZ* 平面选择	G90	绝对坐标系
G19	*YOZ* 平面选择	G91	增量坐标系
G20	英制	G92	赋予坐标系
G21	公制	M00	程序暂停
G40	取消间隙补偿	M02	程序结束
G41	左偏间隙补偿	M05	不用接触感知
G42	右偏间隙补偿	M08	旋转头开
G54	工作坐标系 1	M09	旋转头关
G55	工作坐标系 2	M80	冲油、工作液流动
G56	工作坐标系 3	M84	接通脉冲电源
G57	工作坐标系 4	M85	关断脉冲电源
G58	工作坐标系 5	M89	工作液排除
G59	工作坐标系 6	M98	子程序调用
G50	取消锥度	M99	子程序调用结束

（3）尺寸字：尺寸字在程序段中主要用来控制电极丝运动到达的坐标位置。电火花加工中常用的尺寸字有X、Y、Z、U、V、A、I、J等，尺寸字后数字应加正负号，单位为μm。

（4）辅助功能指令M：由M指令及后续两位数组成，即M00~M99，用来指令机床辅助装置的接通或断开。

二、编程举例

编程举例如下：

```
G90;                    绝对坐标系统指令
G92 X0 Y0 Z0 C0;        机械零点设定,数字0可省去,C为Z轴数控分度回转轴
M88;                    工作液快速充槽
M80;                    工作液流动
G17 F40;                设定半同定轴模式(2轴进给)和最高进给速度F为40 mm/min
E9906;                  调用加工条件规准(已存于"E条件"中)
M84;                    加工电源接通
G01 Z-10.;              Z轴垂直向下进给10 mm
M85;                    加工电源关断
M25 G00 Z6.F200;        取消电极与工件接触功能,G00为快速向上回退位置6 mm和速度F为200 mm/min
M89;                    工作液排除
M02;                    程序结束
```

任务实施

电火花加工步骤

电火花加工步骤演示

1. 电极制造

（1）电极材料的选择：紫铜。

（2）电极尺寸：电极面尺寸为ϕ1 mm，电极长度约55 mm。

（3）电极制造：选取符合要求的成型线材（或拔丝成型）。

2. 电极的装夹与找正

电极装夹与找正的目的，是把电极牢固地装夹在主轴的电极夹具上，并使电极轴线与主轴进给轴线一致，保证电极与工件的垂直和相对位置。

将电极与夹具的安装面清洗或擦拭干净，保证接触良好。由于电极太细，在机床主轴上装夹困难，所以可用钻夹头夹住电极后再装到机床主轴上。另外，电极太细也无法用打表的方法来找正电极的垂直度，所以只能用眼睛观测大致垂直即可，要保证电极与工件的垂直关系必须依靠工装来实现。工装要用非导电材料制作，如塑料、胶木等。

3. 工件的装夹与找正

用磁性吸盘直接将工件固定在电火花机床上。首先用机床自动找中心的功能，将 X、Y 轴方向的坐标原点定在工件的中心，然后将小孔的工装装在工件上。用工装上表面的刻线作为参照线，移动电极，观测工装是否安放在所要加工的半径方向，直到调整合适为准。调好后将电极移到所要加工的位置（X=10 mm，Y=0.0 mm），缓慢向下移动电极，用手辅助引导电极插入工装的导向孔。尽管电极的垂直度不好，调整 X、Y 轴方向的坐标原点也有误差，但通过工装导向孔的引导，所加工的位置是准确的。利用机床接触感知功能，将 Z 轴的坐标原点定在工件的上表面。

4. 电火花加工工艺数据（仅供参考）

电极停止位置为距工件表面 1 mm，加工轴向为 Z 轴负方向，材料组合为铜-钢，工艺选择为低损耗，加工深度为 20.2 mm，电极收缩量为 0.5 mm，表面粗糙度为 Ra3.2 μm，投影面积为 1 cm^2，平动方式为打开（选择圆形自由平动，平动半径为 0.25 mm），型腔数为 1，型腔坐标为 X=10 mm，Y=0 mm。

5. 编写加工程序

程序如下：

```
1    T84;                         启动工作液泵
2    G90;                         绝对坐标指令
3    G30 Z+;                      按指定 Z 轴正方向抬刀
4    G17;                         XOY 平面
5    H970=20.200;                 H970=20.200 mm
6    H980=1.000;                  H980=1.000 mm
7    G00 Z0+H980;                 快速移动到 Z=1.000 mm 处
8    G00 X10.000;                 快速移动到 X=10.000 mm 处
9    G00 Y0.000;                  快速移动到 Y=0.000 mm 处
10   M98 P0108;                   调用108号子程序
11   G00 X10.000;                 快速移动到 X=10.000 mm 处
12   G00 Y0.000;                  快速移动到 Y=0.000 mm 处
13   M98 P0107;                   调用107号子程序
14   G00 X10.000;                 快速移动到 X=10.000 mm 处
15   G00 Y0.000;                  快速移动到 Y=0.000 mm 处
16   M98 P0106;                   调用106号子程序
17   T85 M02;                     关闭电解液泵,程序结束
18   ;
19   N0108;                       108号子程序
20   G00 Z+0.500;                 快速移动到 Z=0.500 mm 处
21   C108 OBT001 STEP0110;        按108号条件进行圆形自由平动加工,平动半径=0.11mm
```

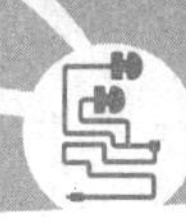

```
22    G01 Z+0.140-H970;          加工到 Z=-20.06mm 处
23    M05 G00 Z0+H980;           忽略接触感知,快速移动到 Z=1.000 mm 处
24    M99;                       子程序结束
25    ;
26    N0107;                     107号子程序
27    G00 Z+0.500;               快速移动到 Z=0.500 mm 处
28    C107 OBT001 STEP0174;      按107号条件进行圆形自由平动加工,平动半径=0.174mm
29    G01 Z+0.095-H970;          加工到 Z=-20.105mm 处
30    M05 G00 Z0+H980;           忽略接触感知,快速移动到 Z=1.000 mm 处
31    M99;                       子程序结束
32    ;
33    N0106;                     106号子程序
34    G00 Z+0.500;               快速移动到 Z=0.500 mm 处
35    C106 OBT001 STEP0215;      按106号条件进行圆形自由平动加工,平动半径=0.125mm
36    G01 Z+0.035-H970;          加工到 Z=-20.165 mm 处
37    M05 G00 Z0+H980;           忽略接触感知,快速移到 Z=1.000 mm 处
38    M99;                       子程序结束
39    ;
```

6. 电规准的选择

针对加工小孔的实际情况，对机床中标准的电规准进行修改（提高了抬刀高度，缩短了放电时间，改变了模式），具体电规准如表 3-3-2 所示。

表 3-3-2　加工小孔电规准的选择

子程序条件号	脉冲宽度/μs	脉冲间隙/μs	管数	伺服基准	高压管数	电容	极性	伺服速度 mm/min	抬刀速度 mm/min	放电时间/μs	抬刀高度/mm	模式	拉弧基准	损耗类型
108	17	13	08	75	0	0	+	10	1	30	10	16	01	0
107	16	12	07	75	0	0	+	10	1	26	15	04	01	0
106	14	10	06	75	0	0	+	10	1	26	15	04	01	0

7. 检验

小孔的尺寸用通止规检测，位置用一标准的心棒插入孔中进行测量。

任务评价

数控电火花加工任务评价表如表 3-3-3 所示。

表 3-3-3　数控电火花加工任务评价表

任务名称		数控电火花加工	课时				
任务评价成绩			任课教师				
类别	序号	评价项目	结果	A	B	C	D
操作	1	电极与工件的装夹方式是否正确					
	2	电极与工件的找正是否正确					
	3	电极设计是否正确					
	4	电规准的选择是否正确					
	5	机床操作是否正确					
	6	零件加工尺寸是否正确					
	7	加工程序编写是否正确					
总结							

拓展提升

工业 4.0 是指第四次工业革命，是指通过物联网、云计算、大数据、人工智能等先进技术的应用，实现制造业数字化、网络化、智能化、服务化的一种新型工业模式，是当前全球制造业的重要趋势。

工业 4.0 的核心是智能化生产，其特点如下：

智能化制造：通过数字化技术和智能化设备实现制造过程的自动化、智能化和高效化。

网络化制造：通过物联网技术实现设备、工件、工人等之间的信息共享和协同，实现智能制造系统的互联互通。

数据驱动制造：通过大数据技术实现对生产过程的全面监测和分析，优化生产过程，提高生产效率和质量。

客户化制造：通过柔性化制造技术实现对客户需求的个性化生产，提高客户满意度。

工业 4.0 的应用领域包括制造业、物流业、能源行业、医疗行业等领域。其优势在于提高生产效率和质量、降低生产成本、提高竞争力和客户满意度等方面，对于企业的发展和国家的经济发展都有重要的意义。

要实现工业 4.0，需要加强技术创新和产业转型升级，加强人才培养和管理创新，建设数字化、智能化的制造环境和供应链管理系统，还要加强标准的制定和产业政策的支持，共同推动工业 4.0 的发展。

练习题

项目四

电火花线切割机床操作

学习目标

知识目标

1. 认识电火花线切割机床的组成与结构。
2. 掌握工件的多种装夹方式。

技能目标

1. 掌握电火花线切割机床的操作。
2. 能够完成工件的找正。
3. 能够正确安装电极丝。

素养目标

有创新精神，养成查阅资料的习惯，提升与人沟通交流的技巧，贯彻环保理念。

情景描述

电火花成型机床和电火花线切割机床都是利用电火花放电进行加工的机器设备，但它们在实际应用中有一些区别。电火花成型机床通过电极和工件之间的放电来进行加工，从而实现在工件表面形成特定的形状，常用于制造模具、模板、工艺夹具等。电火花线切割机床则通过电极线和工件之间的放电来进行加工，从而达到切割和加工金属材料的目的，常用于制造各种形状复杂的零部件。

任务一 电火花线切割机床的认识与操作

任务导入

学校需制作一批工艺品，要用到 DM-CUT 系列快速线切割机床与 DK7725 系列快速线切割机床，学生利用课余时间勤工俭学，学习线切割设备使用方法，参与到生产任务中，提升技术水平。

知识要点

电火花线切割机床的组成

电火花线切割机床主要由机床本体、脉冲电源、工作液循环系统、控制柜和机床附件等几部分组成，如图 4-1-1 所示。

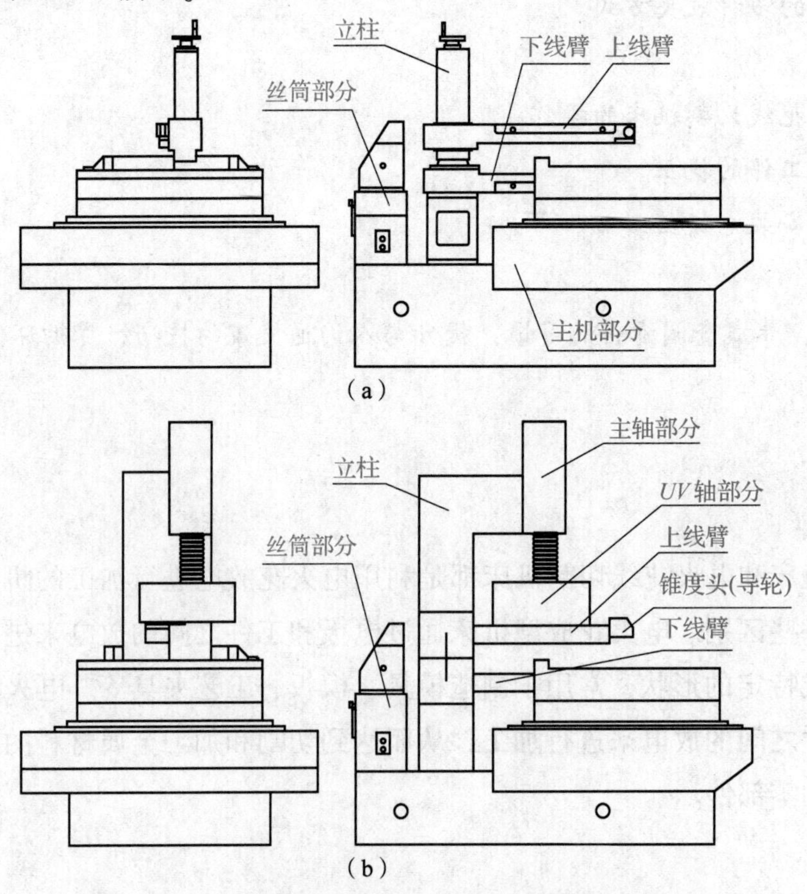

图 4-1-1 CTW 系列数控电火花线切割机床外观示意

（a）无锥度机床外观示意；（b）锥度机床外观示意

（1）机床本体。

机床本体由床身、坐标工作台、运丝机构和丝架（线架）组成。

①床身。床身一般为铸件，是坐标工作台、运丝机构和丝架的支承和固定基础；通常采用箱式结构，具有足够的强度和刚度。床身上安装有上丝开关和紧急停止开关，还安装有运丝电动机。

②坐标工作台。电火花线切割机床是通过坐标工作台（*X* 轴和 *Y* 轴）与电极丝的相对运动来完成工件加工的。一般用由 *X* 轴方向和 *Y* 轴方向组成的“+”字拖板，由步进电动机带动滚动导轨和丝杆将工作台的旋转运动变为直线运动，通过两个坐标轴方向各自的进给运动，可组合成各种平面图形轨迹。

③运丝机构、丝架。在高速走丝机床上，将一定长度的电极丝平整地卷绕在储丝筒上，采用恒张力装置控制丝的张力。恒张力装置一方面控制上丝时的电极丝张力，另一方面控制机床加工一段时间后电极丝伸长造成的张力变化，防止电极丝在加工时出现抖动。

储丝筒是通过联轴器与运丝电动机相连的。为了往复使用电极丝，电动机必须是可以正、反转的直流电动机，运用换向机构控制其正、反转。

在运丝过程中，电极丝通过上、下丝架支撑，依靠上、下导轮保持电极丝与工作台的垂直或倾斜一定的几何角度（锥度切割时），通过安装在上、下丝架上的导电块来导电。

锥度切割时，下丝架往往固定不动，而上丝架允许沿 *X* 轴、*Y* 轴方向移动一定距离。这就形成了 *U* 轴（沿 *X* 轴方向移动一定距离）和 *V* 轴（沿 *Y* 轴方向移动一定距离），组成了四轴联动的电火花线切割机床，如图 4-1-2 所示。

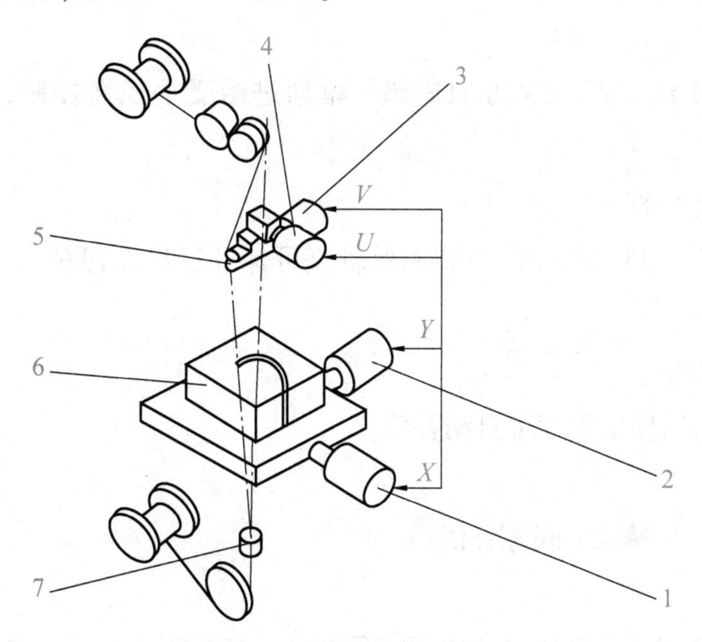

1—*X* 轴驱动电动机；2—*Y* 轴驱动电动机；3—*V* 轴驱动电动机；
4—*U* 轴驱动电动机；5—上导向器；6—工件；7—下导向器

图 4-1-2 四轴联动的电火花线切割机床外观示意

（2）脉冲电源。

脉冲电源对电火花线切割加工质量有着重要的影响，线切割的电规准就是对脉冲电源的脉冲参数进行选择。目前快走丝线切割机床的脉冲电源功率较小，脉宽较窄（4~80 μs），单个脉冲能量的平均峰值电流仅0.5~5 A，所以电火花线切割加工通常采用正极性接法。最为常用的是高频分组脉冲电源。

（3）工作液循环系统。

在电火花线切割加工过程中，需要给机床稳定地供给一定绝缘性能的工作液，用来冷却电极丝和工件，并排除电蚀物。快走丝线切割机床使用的工作液是专用乳化液，常用浇注式供液方式。慢走丝线切割机床使用的工作液是去离子水，采用浸没式供液方式。专用线切割工作液按一定比例稀释后使用，一般使用一周（每天2班制）后更换。无论哪种工作液都应具有以下性能：

①一定的绝缘性能；

②较好的洗涤性能；

③较好的冷却性能；

④对环境无污染，对人体无危害。

（4）控制柜。

控制柜中装有控制系统和自动编程系统，能在控制柜中进行自动编程和对机床坐标工作台的运动进行数字控制。

电火花线切割机床控制系统的主要功能如下：

①单项进给。

本系统具有±X、±Y、±U、±V方向进给，单向进给受手控盒控制，可实现点动和快速进给。

②钼丝回直和钼丝校直。

为了正确进行锥度切割，钼丝回直和钼丝校直可保证工件几何精度（钼丝应配置相应的硬件）。

③导轮偏移自动补偿。

锥度加工时，导轮偏移量程度可自动补偿。

④放电间隙补偿。

本系统可实现凹、凸模放电间隙补偿。

⑤旋转。

本系统可任意角度旋转，以便灵活实现编程坐标系与机床坐标系一致。

⑥倒走加工。

本系统可对原编程轨迹进行逆向切割加工。

⑦自动定位。

为了保证加工初始时的精确定位，可自动对中心和靠边定位。

⑧短路回退。

加工过程中发生短路时，本系统具有手动回退功能，最多可回退 2 000 步。

⑨断电记忆。

当加工过程中发生掉电时，本系统具有掉电记忆功能，待通电开机即可继续加工。

⑩断丝保护。

若切割中发生断丝，则系统自身具有保护功能。

⑪程序容量。

用户可同时输入 1 000 条 3B 指令。

⑫自动关机。

程序加工结束，系统断电关机。

⑬编程。

A. 本系统采用中文人机对话方式进行电火花线切割加工程序的自动编制工作。

B. 中文源程序的输入采用键盘输入和磁盘输入两种方式，可以方便地对源程序的内容进行修改、删除、插入等。

C. 可以将已经输入的源程序所描述的图形在 CRT 上显示出来以验证源程序的正确与否，并为源程序的进一步修改提供方便。

CTW 系列数控电火花线切割机床控制柜的基本组成如图 4-1-3 所示，DK7725 系列快速线切割机床面板符号与功能如表 4-1-1 所示。图 4-1-4 所示是电火花线切割机床操作面板简图。

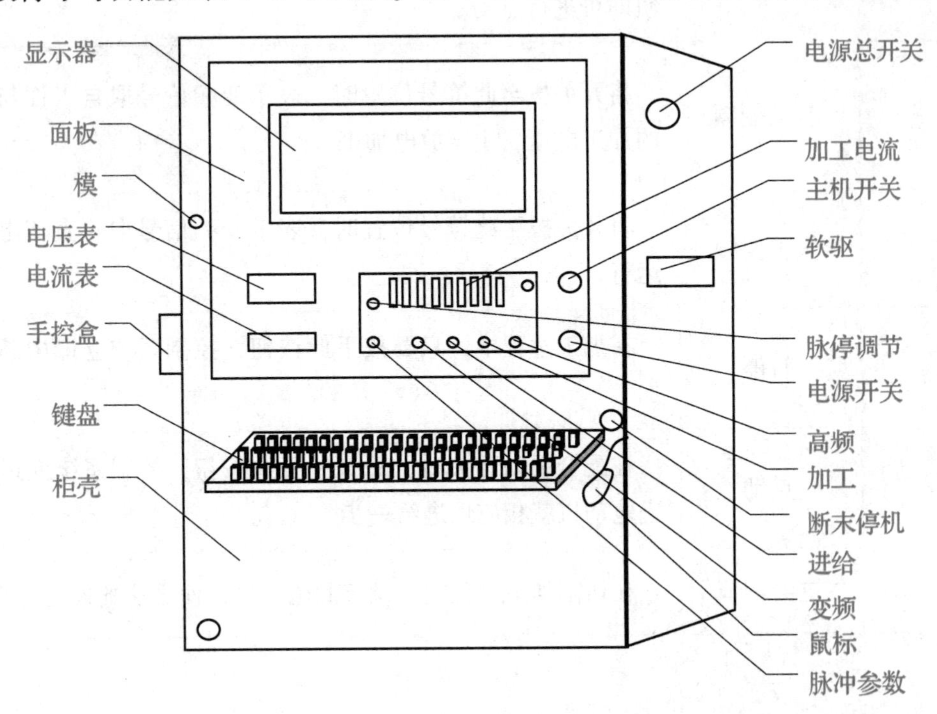

图 4-1-3　CTW 系列数控电火花线切割机床控制柜的基本组成

表 4-1-1　DK7725 系列快速线切割机床面板符号与功能

形象化符号	功能	
黄色 红色	机床急停	当发生紧急危险情况时，按下红色蘑菇头按钮，总电源立即被切断
	电源	按下绿色电源按钮时，接通总电源
X-Y	吸合（*X*-*Y*）	需 *X*、*Y* 步进电动机运行时，将开关拨至“ON”位置
U-V	吸合（*U*-*V*）	需 *U*、*V* 步进电动机运行时，将开关拨至“ON”位置
	脉冲电源	需打开脉冲电源时，将开关拨至“ON”位置，否则将开关拨置“OFF”位置
	加工	一切准备工作就绪，将开关拨至此符号位置，配合其他开关的操作即可切割加工
	手动	当需要靠人工用手点动时，将开关拨至此符号位置，配合点动按钮即可进行点动
	自动变频	将开关拨至此符号位置时，表示变频信号取自工件与电极丝之间的加工电压，用于放电加工
	人工变频	将开关拨至此符号位置时，表示变频信号取自直流电压，用于空运行
黄色	暂停	在加工过程中，只要按下此按钮，控制系统立即中断运行，暂停加工
	点动	在配合手动开关时，每按一下此按钮，控制系统就运算一次，步进电动机就相应地进给一步
	进给调节	在切割加工过程中，调节此电位器，使之达到最佳进给工作状态

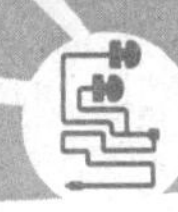

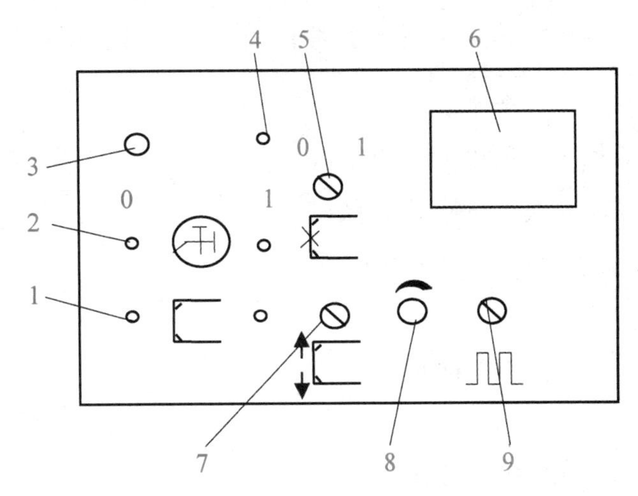

1—运丝按钮；2—工作液泵按钮；3—机床急停按钮；4—电源指示灯；5—断丝保护开关；6—机床计时表；7—上丝开关；8—张力调节旋钮；9—脉冲电源开关

图 4-1-4　电火花线切割机床操作面板简图

任务实施

一、DM-CUT 系列快速线切割机床的操作

1. 掌握（CTW500 快速线切割）机床的组成

CTW500 快速线切割机床整机概貌与手控盒如图 4-1-5 所示。

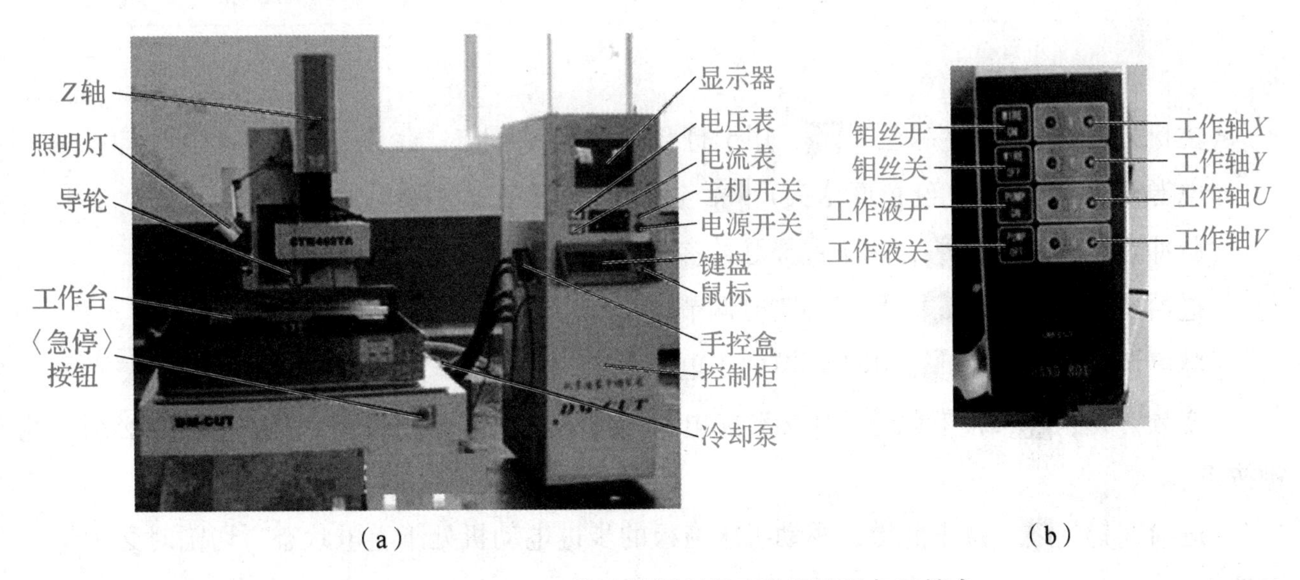

图 4-1-5　CTW500 快速线切割机床整机概貌与手控盒

2. 了解机床的主要参数

DM-CUT 系列快速线切割机床主要参数如表 4-1-2 所示。

表 4-1-2　DM-CUT 系列快速线切割机床主要参数表

序号	名称	主要参数
1	工作台面尺寸（长×宽）	800 mm×500 mm
2	工作台的最大行程（纵×横）	500 mm×400 mm
3	最大切割厚度（可调）	400 mm
4	最大切割锥度	TA：20°/h=100 mm TB：30°/h=100 mm TC：60°/h=100 mm
5	切割用钼丝直径	ϕ0.12~0.376 mm
6	卷丝筒直径	ϕ150 mm
7	钼丝移动速度	1.70~11.8 m/s
8	卷丝筒旋转速度	220~1 500 r/min
9	卷丝筒的最大复行程	230 mm
10	混合式步进电动机步距角	1.8°
11	锥度拖板步进电动机步距角	1.5°
12	工作台移动的脉冲当量	0.001 mm
13	锥度拖板移动的脉冲当量	0.001 mm
14	卷丝筒电动机功率	255 W
15	冷却泵电动机功率	120 W

3. 了解机床的操作面板

〈主机开关〉按钮：（绿色）■，用于打开机床控制面板。

〈电源开关〉按钮：（红色蘑菇头）■，用于打开设备总电源。

〈脉冲参数〉旋钮：■，用于选择脉冲参数。

〈进给调节〉旋钮：■，用于切割时调节进给速度。

〈脉停调节〉旋钮：■，用于调节加工电流大小。

〈变频〉键：■，按下此键，压频转换电路向计算机输出脉冲信号，加工过程中必须将此键按下。

〈进给〉键：■，按下此键，驱动机床拖板的步进电动机处于上电状态，切割时必须将此键按下。

〈加工〉键：■，按下此键，压频转换电路以高频取样信号作为输入信号，跟踪频率受放电间隙影响；若此键不按下，则压频转换电路自激震荡产生变频信号。切割时必须将此键按下。

〈高频〉键：■，按下此键，高频电流处于工作状态。

〈加工电流〉键：此键用于调节加工峰值电流，六挡电流大小相等。

4. 了解机床控制系统的主要功能

（1）单项进给。

本系统具有±X、±Y、±U、±V方向进给，单向进给受手控盒控制，可实现点动和快速进给。

（2）钼丝回直和钼丝校直。

为了正确进行锥度切割，钼丝回直和钼丝校直可保证工件几何精度（钼丝应配置相应的硬件）。

（3）导轮偏移自动补偿。

锥度加工时，导轮偏移量程度可自动补偿。

（4）放电间隙补偿。

本系统可实现凹、凸模放电间隙补偿。

（5）旋转。

本系统可任意角度旋转，以便灵活实现编程坐标系与机床坐标系一致。

（6）倒走加工。

本系统可对原编程轨迹进行逆向切割加工。

（7）自动定位。

为了保证加工初始时的精确定位，可自动对中心和靠边定位。

（8）短路回退。

加工过程中发生短路时，本系统具有手动回退功能，最多可回退2 000步。

（9）断电记忆。

当加工过程中发生掉电时，本系统具有掉电记忆功能，待通电开机即可继续加工。

（10）断丝保护。

若切割中发生断丝，则系统自身具有保护功能。

（11）程序容量。

用户可同时输入1 000条3B指令。

（12）自动关机。

程序加工结束，系统断电关机。

（13）编程。

①本系统采用中文人机对话方式进行电火花线切割加工程序的自动编制工作。

②中文源程序的输入采用键盘输入和磁盘输入两种方式，可以方便地对源程序的内容进行修改、删除、插入等。

③可以将已经输入的源程序所描述的图形在CRT上显示出来以验证源程序的正确与否，并为源程序的进一步修改提供方便。

5. 掌握机床加工的步骤

（1）数控电火花线切割工件装夹与找正。

①在装夹前，应对待加工区域予以划线。

②依据刻线，利用百分表或划针予以找正。

（2）机床静态检查与润滑。

①走丝机构检查与润滑。

②丝架结构检查与润滑。

③工作液循环系统检查。

（3）数控电火花线切割机床的盘丝、穿丝与找正。

①依据加工工件的周长进行合理长度的盘丝，尽量减少换向次数，保证加工精度。

②穿丝过程中严格遵循丝架结构样图，保证导电块、导丝轮的正确接触。

③利用电规准进行火花放电找正钼丝，亦可采用专用工具保证钼丝的垂直度。

（4）开机。

①接通电源，完成机床与控制柜的上电。

②旋出机床床身的〈急停〉按钮。

③将控制柜下侧的电源总开关旋转至“1”，然后旋开〈电源开关〉按钮，再按下〈主机开关〉按钮，系统启动进入如图4-1-6所示画面。

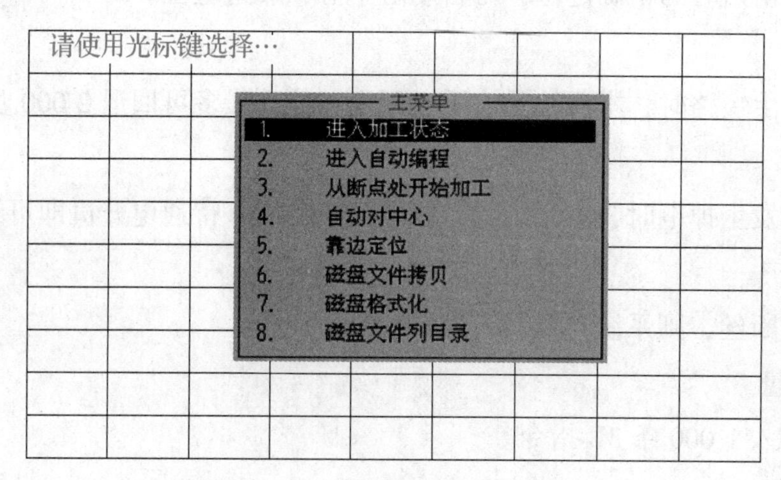

图4-1-6 控制柜开机启动界面

④在开机启动界面，通过键盘上的方向键选择“进入自动编程”，出现含有“C:\>”内容的磁盘操作系统（Disk Operating System，DOS）界面，此时通过键盘输入“win”后按〈Enter〉键，进入Win98系统。

⑤通过USB接口，利用U盘将加工程序存储到硬盘上，如存储到“C:\TCAD\meihuazhui.

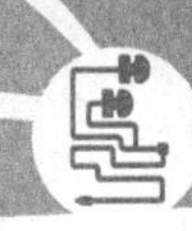

nc”。

⑥单击“开始”→“关闭计算机”→“重新启动计算机并返回到MS-DOS”，在出现含有“C:\>”内容的DOS界面后，用MDI键盘输入“cnc2”后按〈Enter〉键进入如图4-1-6所示的启动界面。

（5）机床空运行检查，明确机床坐标系。

①机床空运行检查。

单击“WIREON”使储丝筒运转，然后单击“PUMPON”打开线切割液。检查钼丝空转、换向与工作液循环情况。

②明确机床坐标系（工件的装夹、加工程序的运行，必须与机床坐标系密切吻合）。

A. 单击键盘上的方向键选择“进入加工状态”，弹出如图4-1-7所示的加工选择窗口。

无锥度加工
有锥度加工

图4-1-7　加工选择窗口

B. 选择“无锥度加工”，进入如图4-1-8所示的界面。

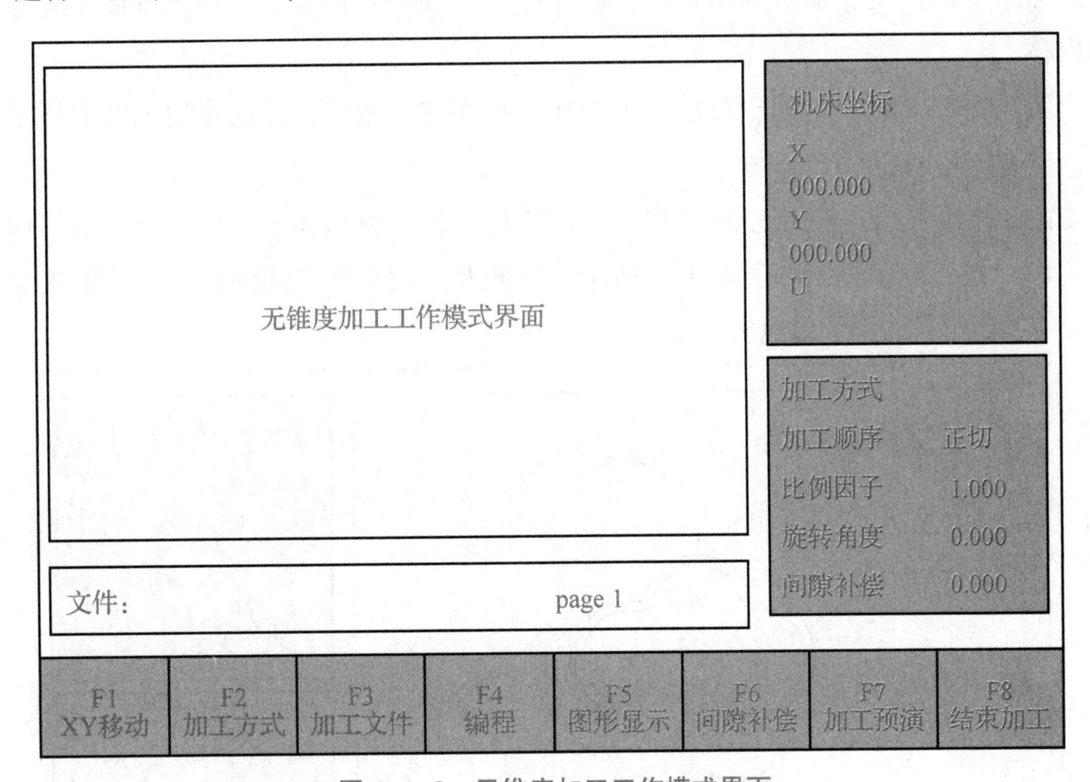

图4-1-8　无锥度加工工作模式界面

C. 按下〈F1〉键，此时操作者在手控盒上选择〈+X〉〈-X〉〈+Y〉和〈-Y〉键可实现工作台的快速移动。操作完毕后按下〈Esc〉键退出。

D. 按下〈F2〉键，此时操作者用手控盒选择〈+U〉〈-U〉〈+V〉和〈-V〉键。当按下某键后，屏幕右上角“U”“V”显示的值就是机床UV拖板移动的距离，操作者可以点动手控盒，每次按键时U或V拖板移动量与屏幕显示值相同。从而达到UV移动，完毕按下〈Esc〉

键退出。

③说明：确定平面坐标 X、Y 轴运动方向。

操作步骤：

A. 将控制系统电源打开；

B. 按下光标键，选择进入加工状态，按下〈Enter〉键。

C. 按〈F1〉键。

D. 按下面板上的〈进给〉键，步进电动机锁定。

E. 在手控盒上选择〈+X〉〈-X〉〈+Y〉〈-Y〉键即可确定机床坐标系。

注意：确定 L1、L3 或 L2、L4 方向，应以导丝架运动方向为依据，当导丝架沿 X 轴正方向运动时为 L1，反之为 L3；当导丝架沿 Y 轴正方向运动时为 L2，反之为 L4。

④编制或调入程序，并检查校核。

A. 调入程序。根据图 4-1-9 所示的无锥度加工工作模式界面下方〈F3〉键的提示，单击 MDI 键盘上的〈F3〉键，输入程序名称，如“C:\TCAD\meihuazhui.nc”，将加工程序调入计算机的内存。

B. 图形显示。〈F5〉键用于对已调入的加工程序进行校验，以检查加工的图形是否与图纸相符。按下〈Esc〉键图形消失。

C. 加工预演。〈F7〉键用于对已调入的加工程序进行模拟加工，系统不输出任何控制信号。按〈F7〉键，屏幕显示如图 4-1-9 所示的界面及其图形加工预演过程，待加工完毕后出现如图 4-1-10 所示的提示信息窗。

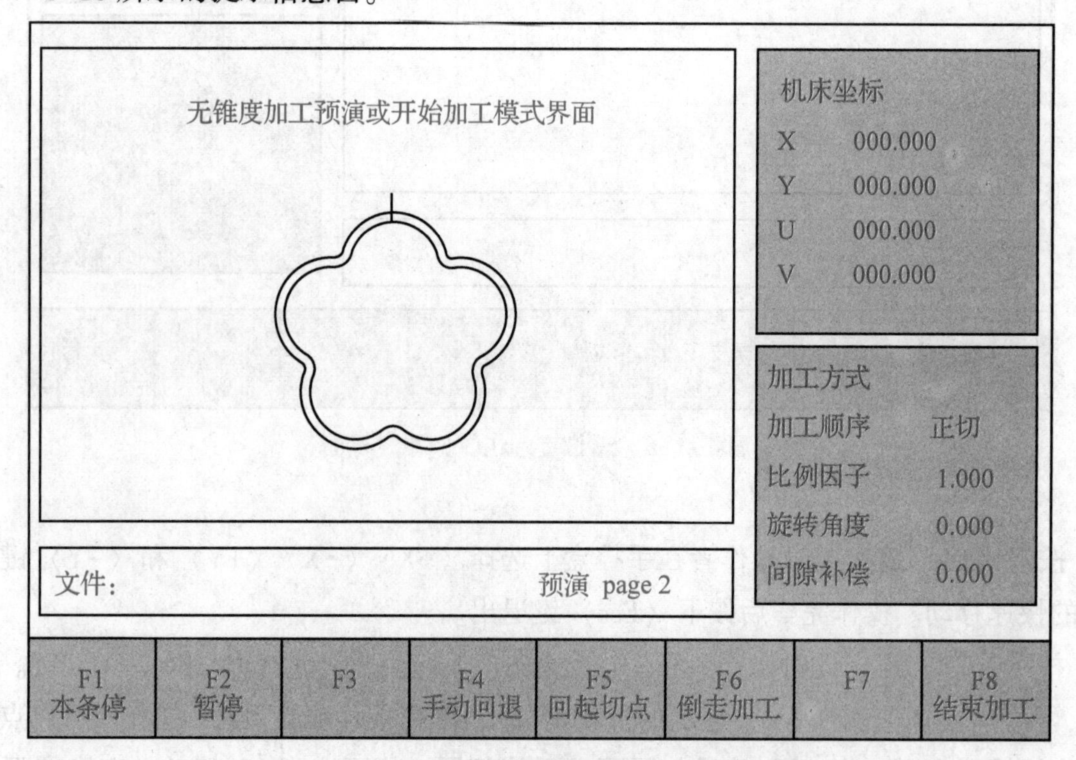

图 4-1-9 无锥度加工预演或开始加工模式界面

提示信息窗 加工结束，按任意键返回

图 4-1-10 提示信息窗

D. 说明：程序的在线编写可通过〈F3+F4〉组合键实现。

〈F3〉键，控制系统将每一个完整的加工程序视为一个文件，要求操作者在编写加工程序前，先给加工程序命名。文件名的格式控制系统所要求的文件名是由字母和数字组成的，不许出现其他符号。例如：文件名“abcd134”“t123”正确；“［Y”“abcdde2？1”错误。

当按下〈F3〉键后，屏幕中央显示一个提示信息窗，如图 4-1-11 所示。这时操作者可将起好的文件名（必须输入盘符、路径、文件名，如“C：\ AB”）通过键盘输入进去，然后按〈Enter〉键，屏幕出现如图 4-1-12 所示的提示信息窗。

请输入加工文件名 文件名：

图 4-1-11 输入加工文件名

提示信息窗 请将磁盘插入驱动器中，然后按任意键

图 4-1-12 提示信息窗

若从 C 盘调入文件，则直接按任意键继续，屏幕出现两种情况；若从磁盘调入文件，则需先插入磁盘（否则系统出错），然后按任意键，同样屏幕出现两种情况：

a. 提示信息窗消失，系统启动磁盘（硬盘）驱动器将磁盘（硬盘）存入的文件调入计算机内存。

b. 屏幕显示一个错误信息窗，显示一组信息，如图 4-1-13 所示。

错误信息窗 输入的文件名不存在 R–重新输入 E–编辑文件

图 4-1-13 错误信息窗

这时操作者只能按〈R〉键或〈E〉键，按下〈R〉键前操作者应先检查盘符、路径、文件名是否正确，按下〈R〉键后屏幕显示如图 4-1-11 所示的信息提示窗，重新输入文件名；按下〈E〉键则对该文件进行修改编辑。

若新编写一个程序，则按〈F3〉键后，操作者确定盘符、路径、文件名，按〈Enter〉键后，屏幕显示如图 4-1-13 所示的错误信息窗，这时要求操作者按下〈E〉键。屏幕中央显示一个程序编辑窗口，如图 4-1-14 所示。

程序编辑窗口左边的 N 代表程序段号，横杠为闪动的光标，表示将要输入的字符所在位置；输入键盘上〈↑〉〈↓〉〈←〉〈→〉表示光标上下、左右移动，即改变输入字符的位置。Home（End）表示将光标移到行头（尾）。窗口中的其他组成部分此处不作详细介绍。

N1 N2 .. N16	帮助提示区

图 4-1-14　程序编辑窗口

通过以上介绍，此时操作者可以输入编写的 3B 程序了。每输入完一条完整的 3B 程序，就按〈Enter〉键，这时光标自动跳到下一条程序的起始位置。这样循环往复直至程序输入完毕。完成上述步骤后，再按〈Esc〉键，屏幕显示如图 4-1-15 所示的存盘提示信息窗。

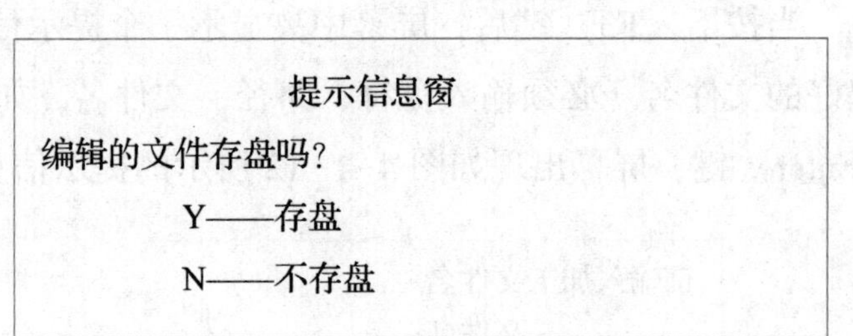

图 4-1-15　存盘提示信息窗

按下〈Y〉键，系统自动将此程序存入硬盘；如需将此程序备份，则先将一张已经被格式化的磁盘插入驱动器，再按下〈Y〉键，系统启动磁盘驱动器，将所编写的 3B 程序存入磁盘，以作为备份。按下〈N〉键表示编定的程序不用备份。这样在掉电或关机后程序不存在。按下〈Y〉键或〈N〉键后，图 4-1-15 将从屏幕上消失，表示程序已经输入完毕，可进行下一步操作。

〈F4〉键主要用于校验已输入的加工程序。按下〈F4〉键后，屏幕显示如图 4-1-14 所示的程序编辑窗口。但屏幕中央会显示出所编定好的程序清单。操作者可借助右边的帮助功能键进行程序的修改、插入、删除等工作。另外在此增加了块操作，按下〈F3〉键系统将光标所在行定义为块，连续按〈F3〉键，系统则将多行定义为块，然后按下〈F4〉健将已定义的块整体复制。

⑤确定电极丝起始切割位置。

A. 观察刻线法（精度较低）：利用手控盒调整移动工作台，观察起始刻线，手动移动到确定切割位置，保证正确的入丝与退丝位置。

B. 靠边定位法（精度较高）：操作步骤是首先将工件装夹在工作台上，按下〈变频〉和〈进给〉键后，在图 4-1-6 的主菜单中选择“靠边定位”，这时系统定位方向为 L1、L2、L3 或 L4，操作者根据工件基准面进行必要的选择，然后按照屏幕提示操作，具体步骤如下。

a. 选择“靠边定位”。

b. 选择定位方向。在 L1、L2、L3、L4 方向中进行选择。

c. 屏幕显示如图 4-1-16 所示提示信息窗。

Y——开始 ESC——退出

图 4-1-16　提示信息窗

此时可以通过手控盒移动 X、Y 轴，为“开始”定位做好准备；按

“Y”开始靠第一条边，靠到第一条边后钼丝会自动停下来。此时钼丝中心距工件的距离为 0.1 mm。如果仅靠一边定位，则之后的操作就可以不进行了，按〈Esc〉键即可，进行如下操作。

d. 屏幕显示如图 4-1-17 所示的提示信息窗。

图 4-1-17　提示信息窗

e. 移动手控盒使钼丝移动到另一条对边，以便对下一条边进行加工。

f. 屏幕显示如图 4-1-18 所示的提示信息窗。

按〈Y〉键使钼丝移动，靠到边后钼丝会自动停止，屏幕下方显示两钼丝方向的距离。

g. 如果要找两边中心，则用两钼丝方向距离/2 即可，如图 4-1-19 所示。

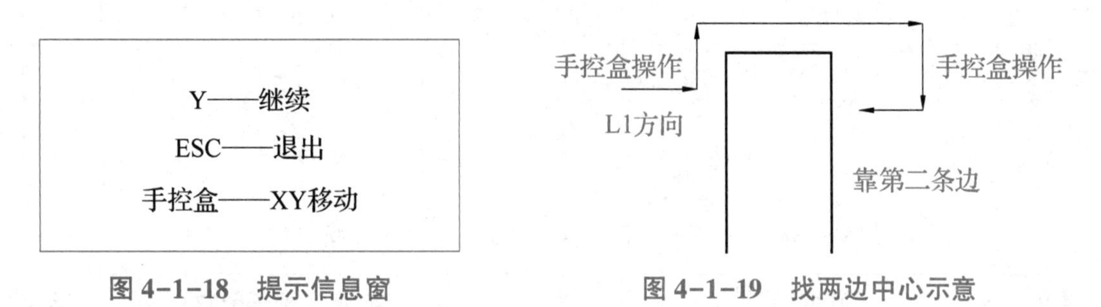

图 4-1-18　提示信息窗　　图 4-1-19　找两边中心示意

注意：此操作是在不开丝、不开水的状态下进行的；要求工件垂直度、光洁度，钼丝的松紧度好，否则定位不准确。

C. 自动对中心（常用于内模加工）：选中自动对中心后，屏幕显示如图 4-1-20 所示的界面。中间方框为机床拖板运行的轨迹，右方为圆孔坐标值。

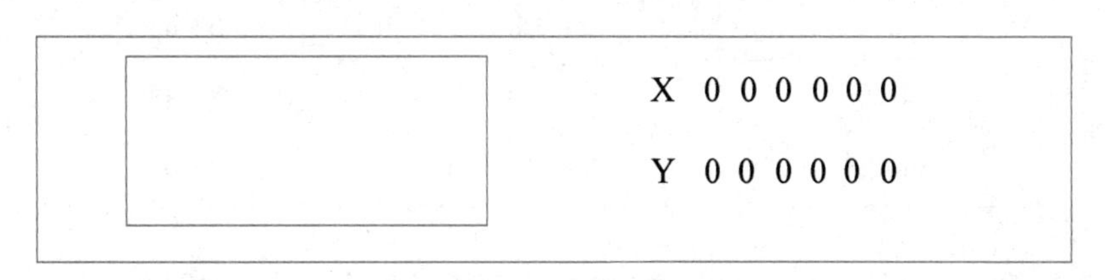

图 4-1-20　自动对中心

具体操作步骤：首先将钼丝穿过找正的圆孔，并按下〈变频〉键和〈进给〉键，然后在图 4-1-6 的主菜单中选择“自动对中心”即可。

注意：进行此操作需在不开丝、不开水的状态下进行；要求圆孔光洁度、垂直度及钼丝的松紧度要好，否则对中心有误。

⑥合理选择电参数。

A. 根据加工工件的材质和高度，选择高频电源规准，即利用控制柜操作面板选择脉冲宽度和脉停宽度。

B. 电参数的选择原则。

根据加工工件的厚度选择脉宽，当加工工件较薄时，可选择小脉宽；加工工件较厚时选择大脉宽。实际加工时，工件尺寸、脉宽、进给、电流，以及运丝丝速的不同都对工件的加工产生不同的效果，部分工件尺寸及加工参数对照表如表4-1-3、表4-1-4所示。

表4-1-3　45、GCr15、40Cr、CrWMn加工参数对照表

工件厚度/mm	脉宽/挡	进给	电流（管子个数）	丝速/挡
0~5	6	6：00~7：00	5	1
5~10	6~7	6：00	5	1（2）
10~40	7~8	5：00	5~6	2
40~100	8	4：00	6	2
100~200	8	3：30~4：00	6~7	2
200~300	8~9	3：00~3：30	7~8	3
300~500	9~10	2：30~3：00	7~9	3

表4-1-4　45、GCr15、40Cr、CrWMn加工参数对照表

工件厚度/mm	脉宽/挡	进给	电流（管子个数）	丝速/挡
0~5	5~6	6：00~7：00	4~5	1
5~10	6~7	6：00	4~7	1（2）
10~40	7~8	5：30	6~8	2
40~100	8	4：00~5：00	6~8	2
100~200	8	4：00	6~8	3
200~300	8~9	3：30	7~8	3
300~500	9~10	3：00~3：30	7~9	3

注意：在加工工件的过程中，〈S3〉旋钮应尽可能顺时针方向旋转。

⑦加工参数的设置及机床后置补偿参数的输入。

A.〈F2〉键用于输入加工参数，按下〈F2〉键，进行加工参数的设置，如图4-1-21所示。

此键用于：

a. 对已编写好的加工程序进行切割方向调换；

b. 对已编写好的加工程序进行任意角度旋转；

c. 对编写好的加工程序进行任意倍数缩放。

操作步骤：用光标键左、右移动，选择加工方向

输入加工参数		
加工顺序	正切	倒切
旋转角度	0.000	
缩放比例	1.000	

图4-1-21　加工参数的设置

为正切或倒切；通过上、下光标键的移动输入缩放倍数或旋转角度，然后按〈Enter〉键。全部输入完毕后按〈Esc〉键，图 4-1-21 消失。

注意：旋转只是对编写好的加工程序绕加工原点旋转；对于加工方向，正走表示钼丝运行轨迹与源程序加工方向一致，倒走表示钼丝运行轨迹与源程序加工方向相反。输入的所有数据将显示在屏幕的右下方，以供观察校验。

B.〈F6〉键用于输入间隙补偿值量。按下〈F6〉键，进行间隙补偿的设置，如图 4-1-22 所示。

输入间隙补偿量	
单边间隙补偿值	0.000

图 4-1-22　间隙补偿的设置

操作步骤：通过键盘数字键输入补偿值，此值带正、负号；若没有输入正、负号，则系统认为所输入的补偿值为正。当钼丝运行轨迹大于编程尺寸时，补偿值为正；反之，补偿值为负。然后按〈Enter〉键，也可按〈Esc〉键退出，操作完毕。

该控制系统不是任意图形都能进行间隙补偿，需要注意以下两点：

a. 在使用此键输入补偿值时，所编写的加工程序各拐角处，必须加圆弧过渡，否则程序将会出错；

b. 入切段应垂直切入加工图形。

⑧机床加工。

开启电极丝运转，打开工作液泵，按下〈进给〉〈加工〉键，选择“加工电流”大小，按下〈高频〉键，按下〈F8〉键，将进给旋钮调到进给速度比较慢的位置(进给旋钮逆时针旋转)，按下〈变频〉键。机床步进电动机开始动作，至此开始切割工件。注意观察加工放电状态，逐步调大进给速度，直至控制柜操作面板上的电压表及电流表指示比较稳定。

⑨加工过程中要注意观察，若有异常则按下〈F2〉键暂停加工，排除异常后再加工。

⑩加工结束，按下〈F8〉键结束，取下工件，检测，如图 4-1-23 所示。

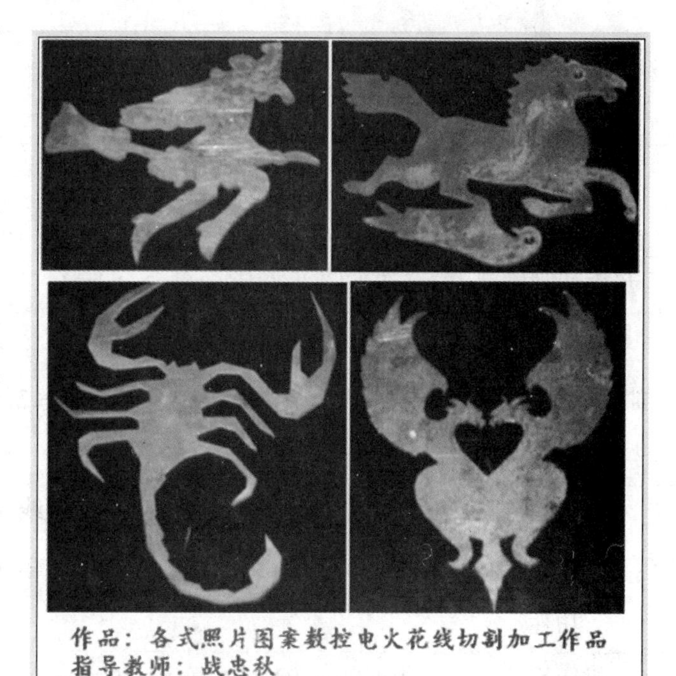

图 4-1-23　电火花线切割加工实物样图

⑪关机。

A. 自动关机：此功能是为了当操作者需要长时间离开，担心程序会在这一段时间结束运行，不想再让机床空运转而设计的。打开控制柜面板上的〈断末停机〉开关，当程序运行结束后，计算机会自动发出信号断掉控制柜电源。

B. 手动关机：当不需要自动关机时，关掉控制柜面板上的〈断末停机〉开关，停止加工后，手动关掉所有电源。

⑫加工完毕后，取下工件，擦去上面的乳化液，清理机床。

二、DK7725系列快速线切割机床的操作

DK7725系列快速线切割机床的操作与DM-CUT系列快速线切割机床加工的操作基本一致，下面简要介绍其基本参数及操作。

1. 了解机床整机概貌

DK7725系列快速线切割机床整机概貌如图4-1-24所示。

图4-1-24 DK7725系列快速线切割机床整机概貌

2. 认识机床的基本参数

DK77系列快速线切割机床基本参数如表4-1-5所示。

表4-1-5 DK77系列快速线切割机床基本参数表

型号	DK7725系列	DK7732系列	DK7740系列
工作台面尺寸	640 mm×460 mm	880 mm×540 mm	900 mm×550 mm
工作台行程	320 mm×250 mm	420 mm×320 mm	480 mm×400 mm
最大切割厚度	普通可调线架为300 mm，锥度可调线架为250 mm		
最大切割锥度	6°		
最大切割速度	>120 mm²/min		
加工表面粗糙度	Ra≤2.5 μm（20 mm²/min）		
电极丝直径	ϕ0.10~0.19 mm		
保护功能	断线自动关断走丝电动机		
工作电源	单相 220 V 50 Hz		
功耗	<1 kW		
机床尺寸	1 400 mm×1 150 mm×1 600 mm	1 400 mm×1 300 mm×1 600 mm	

3. 了解机床的操作面板

DK7725 系列快速切割机床操作面板简图如图 4-1-25 所示。

（1）结束自动停机旋钮：当此旋钮在红点位置时，控制程序（3B）段末带有“DD”码时，机床加工到此段结束后，运丝和工作液会自动断电；此旋钮在空位将不执行上述功能。

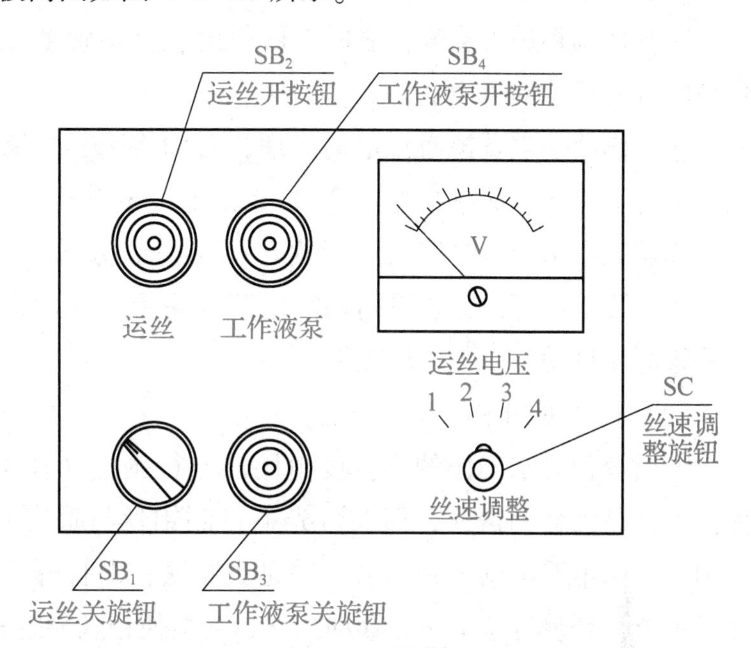

图 4-1-25　DK7725 系列快速切割机床操作面板简图

（2）急停按钮：按下此按钮会切断机床控制电源回路，当断丝后从丝筒上抽丝时，按下此按钮丝筒将失去刹车功能。

（3）运丝指示灯：当合上运丝后该灯点亮。

（4）运丝按钮：绿色（SB_2）为开启，红色（SB_1）为关闭。

（5）液泵指示灯：当合上液泵后，该灯点亮。

（6）工作液泵按钮：绿色（SB_4）为开启，红色（SB_3）为关闭。

（7）切割上丝旋钮：当机床自动切割工件时，出现断丝情况将自动关闭丝筒工作。上丝位置是指给丝筒上丝或线架无丝情况，开启丝筒转动有效。

（8）丝速调整旋钮：储丝筒分为 4 个速度运行（交流机调速为电源指示灯）。

注意：SB_1 旋钮指示指向右面，丝筒电动机关，同时丝筒失去制动力；恢复旋钮指示指向左面，丝筒恢复制动力。

4. 掌握机床加工的步骤

（1）首先合上电源开关（位于床身箱体内）、24 V 步进驱动电源开关及高频脉冲电源开关，整机各控制处于起始状态。

（2）检查储丝筒左、右撞块，使其固定在适当位置，按绿色运丝按钮，指示灯亮，储丝筒转动；开启绿色工作液泵按钮调节供液量适中（供液阀位于液泵出水处）。

（3）开启控制机（见阅电器部分说明），控制机在自动位，先按下〈进给〉键，后依次打开高频、加工开关，调整高频电参数进给微调开关，使机床达到加工最佳稳定状态。

（4）加工结束先关控制机，抬起〈高频〉〈加工〉键，再抬起〈运丝〉按钮。

5. 明确切割时的注意事项

（1）加工中必须注意的情况。

①一定记下加工起始点及关键点坐标值或手轮对零，这有利于加工出现断丝等不利因素时返回起点。

②对于没把握的程序和工件尺寸，可用薄板试割。

③程序输入控制机后应做校零或检查。

④合理调整进给速度，根据工件厚度、材料硬度，开机前调整运丝速度、高频参数，使高频电流表显示的值稳定为止。

⑤工作液一定要畅通，定期清理，否则将引起短路或断丝。同时，要特别注意回流工作液不可流入机床外部各个电连接器，以防烧坏机床电器。

⑥切割中出现短路现象（无火花、无进给切割、高频电流有指值）可用手动回退排除；若不能排除，则可回原点采用倒割（程序采用指令倒走）来完成，应注意在切割过程中工作台手轮避免移动，以免损坏工件。

（2）机床使用中的几个问题。

①钼丝相对于工作的垂直度由用户自行调整（丝架出厂前已调整好），其测量方法有两种：一种是光缝测量法，即在灯光下目测钼丝与垂直测量工件之间的光缝大小，以光缝上、下均匀且基本看不见为好；另一种是火花法，即打开高频电源，按下调试开关，功放管数量开至 1 个，开启运丝 1 速，移动工作台拖板使钼丝靠近垂直测量工件，刚刚接触且上、下能同时碰火花为宜，调整时，需在丝张紧状态下进行。

②当需要更换导轮或轴承时，应当使用专用拆卸工具，更换后可采用上述两种方法调整 X、Y 轴方向的垂直度，先调整导轮垂直度，后放入宝石棒再调整一次。

③当导电块及宝石棒长期使用出现凹痕时，应及时调整至新的位置，如果已无法调整，则应及时更换；否则将出现接触不良、夹断钼丝或自动停机。

任务评价

电火花线切割机床的认识与操作任务评价表如表 4-1-6 所示。

表 4-1-6　电火花线切割机床的认识与操作任务评价表

任务名称		电火花线切割机床的认识与操作	课时				
任务评价成绩			任课教师				
类别	序号	评价项目	结果	A	B	C	D
基础知识	1	机床的结构					
	2	机床各部分的作用					
	3	机床参数的含义					
操作	4	按键认识正确					
	5	可以正确开关机					
	6	各个轴移动正确					
	7	能够正确设定坐标点					
自我总结							

知识拓展

一、DM-CUT 系列快速线切割机床几种特殊加工的操作及注意事项

1. 对中和靠边定位

使用此功能，必须是在停丝和停水的状态。按下控制柜操作面板的〈进给〉和〈变频〉键，控制柜操作面板的其他键抬起，在控制柜开机启动界面的主菜单（图 4-1-6）中选择“自动对中心”，并选择“自动对中心”和“靠边定位”，按〈Enter〉键即可。按〈Esc〉键随时退出。

靠边定位方向的选择：选中靠边定位后，按〈Enter〉键会出现一个下拉菜单，可以选择定位方向。

如果找工件左面的边，则钼丝应在工件的左面，此时选择 L1 方向。

如果找工件右面的边，则钼丝应在工件的右面，此时选择 L3 方向。

如果找工件上面的边，则钼丝应在工件的上面，此时选择 L4 方向。

如果找工件下面的边，则钼丝应在工件的下面，此时选择 L2 方向。

2. 短路回退操作

导致短路的原因一般是钼丝状态不好（如张力不一致）以及电加工参数调整不恰当。短路回退以后，消除短路状态继续向前加工，如果在没有达到短路点之前，又发生了短路，此时抬起控制柜操作面板的〈加工〉键，使用本机变频信号使机床走到原短路点。如果短路没有消除，则按下〈F4〉键继续回退，调慢进给速度，直至短路消除。

二、DM-CUT 系列快速线切割机床 F8——开始加工界面

当一切工作准备就绪后，按下〈F8〉键，配合其他控制键一起使用，机床将按程序编写的轨迹进行切割加工，此时屏幕显示图 4-1-6 所示的画面及加工图形。界面下方有用中文提示含义的〈F1〉~〈F8〉功能键，下面就具体介绍〈F1〉~〈F8〉功能键的用途。

1.〈F1〉键——本条暂停键

此键用于加工完某条程序后自动停机。按下〈F1〉键，当加工完该条程序后，屏幕左上角出现提示信息窗，如图 4-1-26 所示。

本条暂停 继续加工（G键） 结束加工（E键）

图 4-1-26　〈F1〉键的功能

（1）若继续加工则按下〈G〉键，加工程序按顺序执行。

（2）若结束加工则按下〈E〉键，此时控制系统将停止执行该条程序之后的加工程序。

按〈Esc〉键，屏幕画面回到图 4-1-26。

2.〈F2〉键——暂停键

此键用于加工过程中，程序暂时停止执行。按下〈F2〉键，屏幕左上角出现提示信息窗，如图 4-1-27 所示。

暂停加工 继续加工（G键）

图 4-1-27 〈F2〉键的功能

（1）若继续加工则按下〈G〉键，加工程序继续执行。

（2）若结束加工则按下〈E〉键，加工程序停止执行。按〈Esc〉键，屏幕画面回到图 4-1-27。

3.〈F3〉键

此功能已取消。

4.〈F4〉键——手动回退键

切割时发生短路现象，通过此键可控制沿原切割轨迹回退。按下〈F4〉键，计算机将控制回退 100 步，然后屏幕左上角出现提示信息窗，如图 4-1-28 所示。

回退完毕 继续回退（C键） 结束回退，向前继续加工（G键）

图 4-1-28 〈F4〉键的功能

（1）结束回退，按下〈G〉键，加工继续进行。

（2）继续回退，按下〈C〉键，此时可在已回退的点再继续沿原切割轨迹继续回退。屏幕继续显示图 4-1-28 所示的提示信息窗，每次回退 100 步，可连续回退 20 次。

5.〈F5〉键——回起切点键

此键可以回到开始加工的起始点。按下〈F5〉键，屏幕左上角出现提示信息窗，如图 4-1-29 所示。为了确保不出现误操作，图 4-1-29 向操作者提示了将要进行的操作。

提示信息窗 确实要回起切点吗？ Y——确实要回起切点 N——不回起切点，继续切割

图 4-1-29 〈F5〉键的功能

（1）确实要回到起切点按〈Y〉键（此时〈加工〉键抬起，钼丝抽掉）。

（2）不回到起切点按〈N〉键，提示信息窗消失。控制程序继续加工。

6.〈F6〉键——倒走加工键

此键用于对原加工程序进行逆向切割。〈F6〉键只有回到起切点后才起作用。如果在未回到起切点时按下此键，则计算机将给出错误提示。

7.〈F7〉键

按键未使用。

8.〈F8〉键——结束加工键

此键用于结束当前加工程序，加工结束后系统提示如图 4-1-30 所示，结束加工按下〈Y〉键，继续加工按下〈N〉键。

确实要结束加工吗？ Y——结束加工 N——继续加工

图 4-1-30　〈F8〉键的功能

9. 锥度加工中的〈F6〉键——钼丝回直键

当切割过程中发生断丝或其他事故，需要将钼丝回到垂直状态时，可以在图 4-1-6 所示界面按下〈F6〉键。

注意：

（1）如果操作者手动了 *UV* 拖板，则计算机将无法控制回到切割初始的垂直状态；

（2）钼丝只能在原地回直，不能回到初始状态。

任务二　工件与电极丝的找正

任务导入

某零件需要正式生产，需要对工件与电极丝进行找正，以保证加工质量。

知识要点

电极丝与工件的找正是保证零件加工质量的关键步骤。工件分别与机床的工作台面和工作台的进给方向 *X*、*Y* 保持平行，以保证所切割的表面与基准面之间的相对位置精度。常用工件的找正方法有划线找正和百分表找正，常用电极丝的找正方法有电极丝垂直校正器和火花放电。

任务实施

一、工件的找正

工件的找正是把工件安装在工作台面上并保证与机床的运动方向平行，以保证所切割的

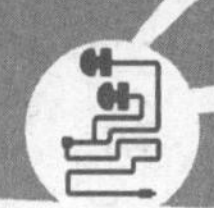

表面与基准面之间的相对位置精度。常用的找正方法有：划线找正和百分表找正。

1. 划线找正

当工件的切割图形与定位基准之间的相互位置精度要求不高时，可采用划线找正，利用固定在丝架上的划针对准工件上划出的基准线，往复移动工作台，目测划针、基准线之间的偏离情况，将工件调整到正确位置。

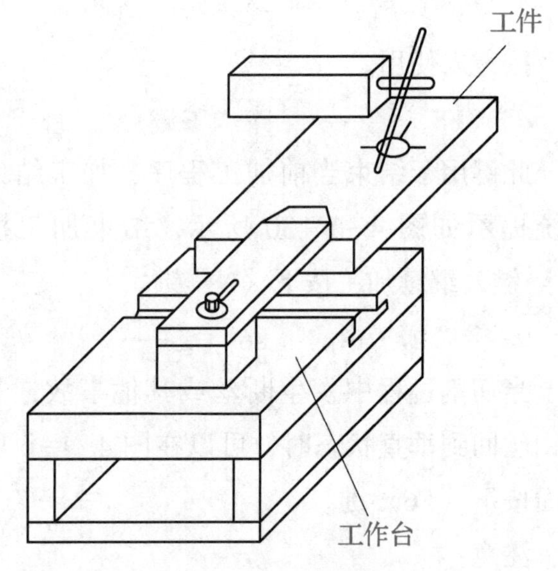

图 4-2-1　划线找正

划线找正（图 4-2-1）的步骤如下：

（1）将工件装夹在工作台上。

（2）装夹工件时压板螺钉先不必旋紧，只要保证工件不能移动即可。

（3）将百分表的磁性表座吸附在上丝架上，并将一根划针吸附在磁性表座上，让划针的针尖接触工件表面。

（4）操作者在手控盒上选择〈工作轴 X〉键，使工作台移动，观察划针的针尖是否与工件上的划线重合；若不重合，则调整工件。

（5）操作者在手控盒上选择〈工作轴 Y〉键，使工作台移动，观察划针的针尖是否与工件上的划线重合；若不重合，则调整工件。

（6）根据实际调整，重复步骤（4）和（5）直至工件找正位置。

（7）旋紧压板螺钉，将工件固定。

2. 百分表找正

用磁力表架将百分表固定在丝架或其他位置上，百分表的测头与工件基面接触，往复移动工作台，按百分表指示值调整工件的位置，直至百分表指针的偏摆范围达到所要求的数值。找正应在相互垂直的 3 个方向上进行。

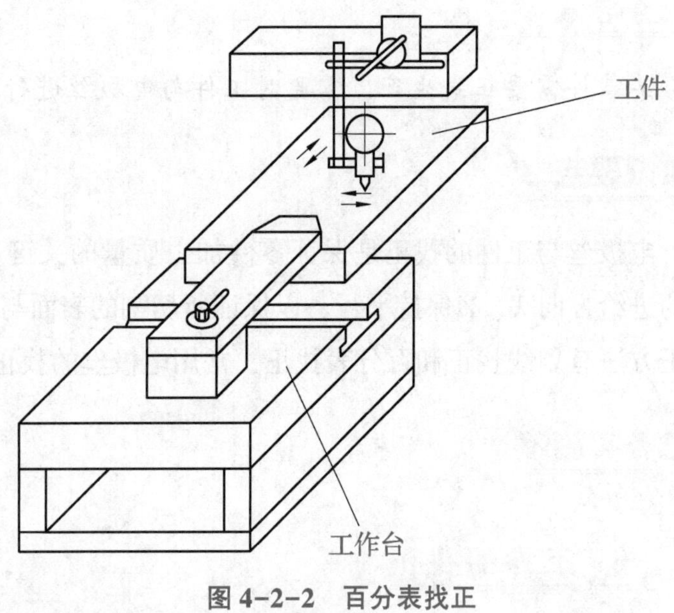

图 4-2-2　百分表找正

百分表找正（图 4-2-2）的具体步骤如下：

（1）将工件装夹在工作台上。

（2）装夹工件时压板螺钉先不必旋紧，只要保证工件不能移动即可。

（3）将百分表的磁性表座吸附在上

丝架上，在连接杆上安装百分表，让百分表的测量杆接触工件的侧面，使百分表上有一定的数值。

（4）操作者在手控盒上选择〈工作轴 X〉键，使工作台移动，观察百分表指针的偏转情况，用铜棒轻轻敲击工件，使百分表的指针偏转最小。

（5）操作者在手控盒上选择〈工作轴 Y〉键，使工作台移动，观察百分表指针的偏转情况，铜棒轻轻敲击工件，使百分表的指针偏转最小。

（6）根据实际调整，重复步骤（4）和（5）直至工件找正位置。

（7）旋紧压板螺钉，将工件固定。

需要特别注意的是，工件找正时，机床并未开机，转动手轮可移动工作台。机床上电后，工作台手轮将被锁定，转由步进电动机驱动。只有按下机床控制柜面板上的红色蘑菇头〈急停〉按钮或机床床身上的〈急停〉按钮才能解除步进电动机驱动。两个红色蘑菇头〈急停〉按钮均被抬起后，再按电器控制柜上的〈机床电器〉按钮，手轮又将被锁定。

二、电极丝的找正

1. 用垂直校正器找正钼丝垂直

（1）将垂直校正器放置在工作台上。

（2）转动 X 轴方向手轮，移动工作台，将垂直校正器轻轻接触钼丝，此时观察垂直校准器上的两只发光二极管。若上面一个灯亮，则说明钼丝与垂直校正器的上端先接触，调节上丝架上的 X 轴方向调节旋钮（U 轴），使灯灭。再慢慢转动手轮，将垂直校正器与钼丝轻轻接触，直到垂直校正器上、下两个灯均亮，X 轴方向的钼丝垂直找正完毕。

（3）Y 轴方向的钼丝垂直找正亦如此。

2. 采用放电火花找正钼丝垂直

在具有 U、V 轴的电火花线切割机床上，电极丝运行一段时间、重新穿丝后或加工新工件之前，需要重新调整电极丝对坐标工作台面的垂直度。找正时可以使用校正器。校正器是一个各平面相互平行或垂直的长方体。找正块是一个长方体，各相邻面相互垂直在 0.005 mm 以内，是用来找正电极丝和台面垂直的，如图 4-2-3 所示。

（1）把找正块放置于夹具上，注意使找正块与夹具接触良好，可来回移动找正块。

（2）找正 X 轴方向电极丝垂直，找正块放在夹具上，并使其伸出距离在电极丝的有效行程内。

（3）从电气控制柜上选择微弱放电功能，然后在手控盒功能下移动电极丝靠近找正块，移动电极丝直至与找正块之间产生微弱火花。

（4）若沿 X 轴正向接近找正块，火花在找正块下面，可按 U+并让 X 向负方向回退一点，直至上、下火花均匀，则 X 轴方向的电极丝垂直已找好，X 轴向负方向移开电极丝。

（5）Y 轴方向的电极丝垂直找正，用方尺靠上、下锥度头，移动 V 轴使上、下两锥度头侧面在同一平面上。

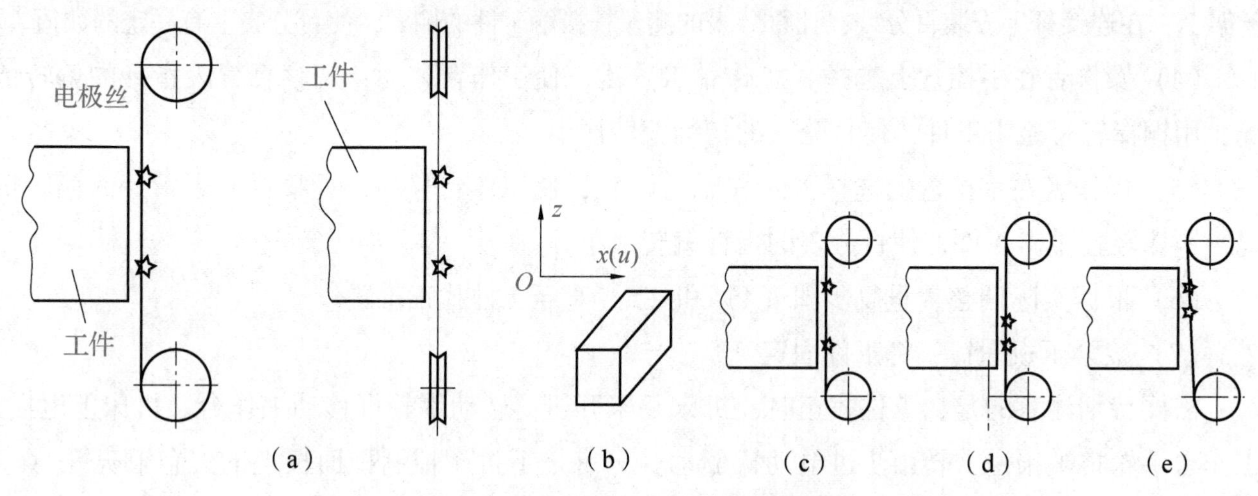

图 4-2-3　放电火花找正钼丝垂直

(a) 放电火花找正钼丝垂直；(b) 找正块；(c) 垂直度较好；
(d) 垂直度较差（右倾）；(e) 垂直度较差（左倾）

（6）调整上、下导轮（具体方法如 X 轴找正所述），保证钼丝与工作台的垂直度（注意不能再动 V 轴）。

注意：上、下移动工件时，不允许撞击线架和夹具，造成不必要的事故。（另：锥度机床 Z 轴升降时，注意连杆的行程及滑动松块。）

知识拓展

一、工件的装夹方式

工件装夹的形式对加工精度的影响很大。电火花线切割机床的夹具相对简单，工厂通常采用压板螺钉来固定工件。但是为了能适应各种不同的加工工件形状的变化，衍生出了多种工件的装夹方式。

1. 悬臂支撑方式装夹工件

悬臂支撑方式装夹工件（图 4-2-4）具有较强的通用性，且装夹方便，但是工件一端固定，另一端悬空，工件容易变形，切割质量稍差。因此，只有在工件技术要求不高或悬臂面积较小的情况下使用。

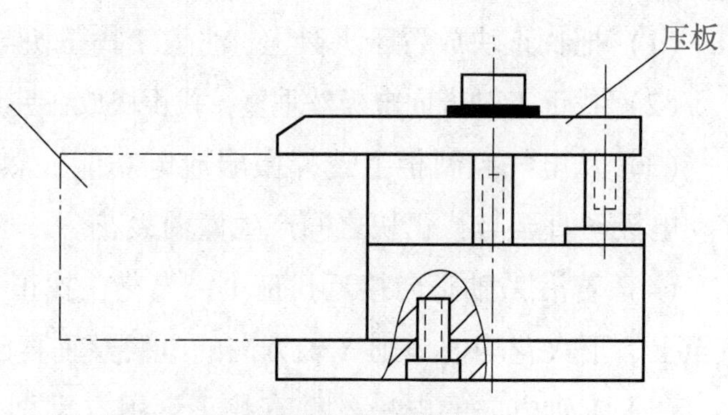

图 4-2-4　悬臂支撑方式装夹工件

2. 板式支撑方式装夹工件

板式支撑方式装夹工件（图 4-2-5）

通常可以根据加工工件的尺寸变化而定，可以是矩形或圆形孔，增加了 *X* 轴方向和 *r* 方向的定位基准。它的装夹精度比较高，可适用于大批量生产。

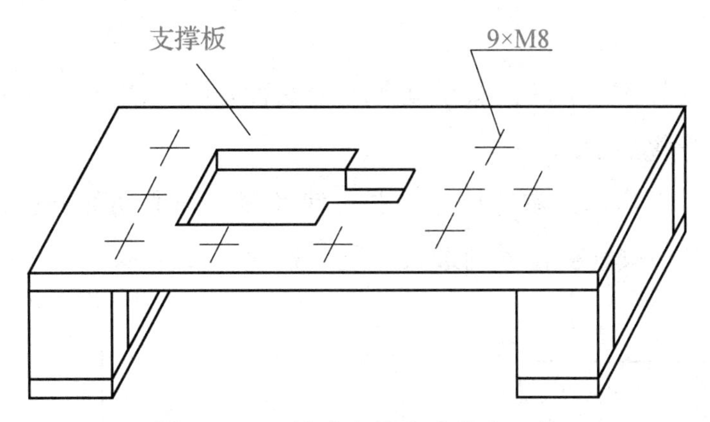

图 4-2-5 板式支撑方式装夹工件

3. 桥式支撑方式装夹工件

桥式支撑方式装夹工件（图 4-2-6）是将工件的两端都固定在夹具上，该装夹方式装夹支撑稳定，平面定位精度高，工件底面与线切割工作台面的垂直度好，适用于较大尺寸的零件的装夹。

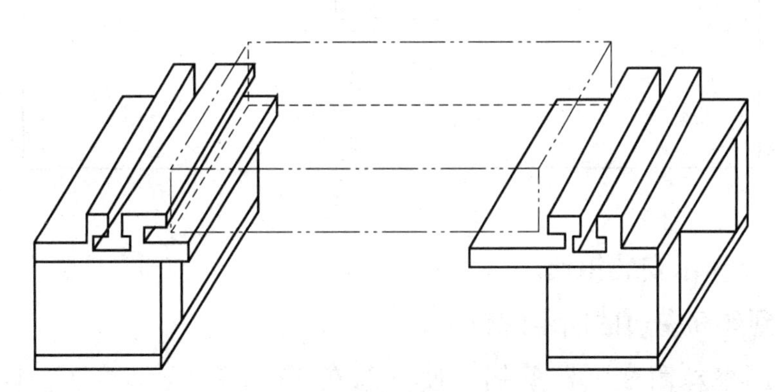

图 4-2-6 桥式支撑方式装夹工件

4. 复式支撑方式装夹工件

复式支撑方式装夹工件（图 4-2-7）是在两条支撑垫铁上安装专用夹具。其装夹比较方便，特别适用于批量生产的零件的装夹。

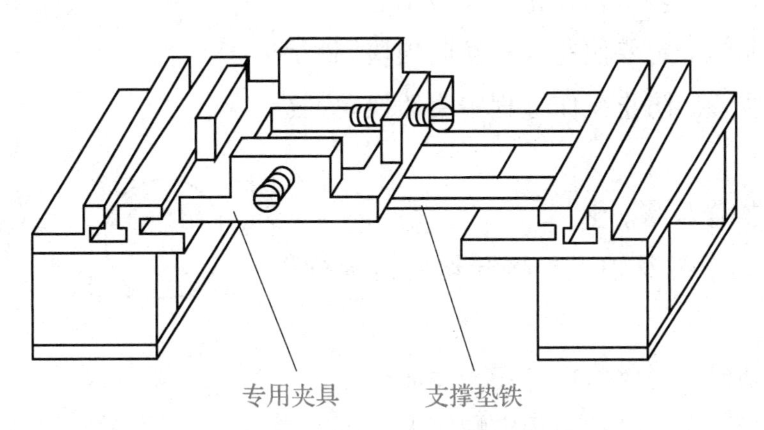

图 4-2-7 复式支撑方式装夹工件

二、电极丝的安装与穿丝

电极丝的安装、穿丝与紧丝

1. 电极丝的安装

电极丝的安装俗称盘丝或上丝，有手动与自动两种安装方法。

（1）操作者站在丝筒后面。

（2）机床通电后，开启丝筒右侧按钮开关，使丝筒上部滑动部分运动到右边位置，停止。左、右换向挡块分别调整放置在行程的最大位置，如图 4-2-8 所示。

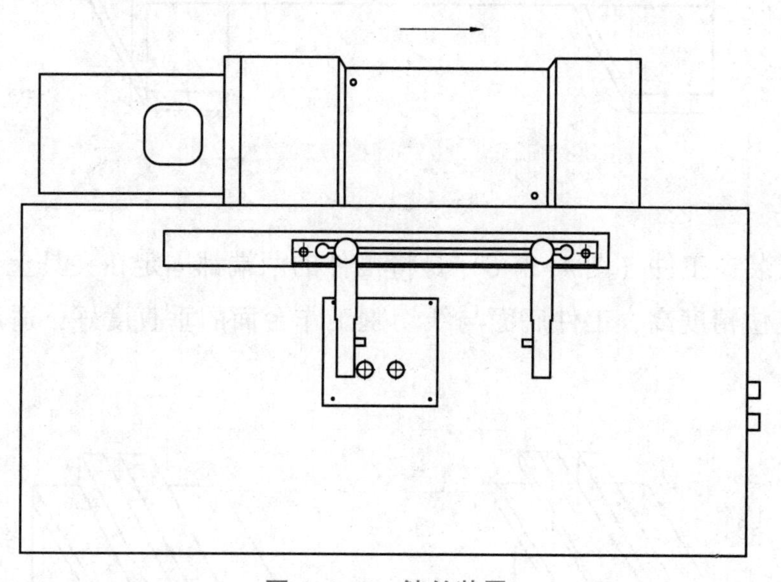

图 4-2-8　储丝装置

（3）按图 4-2-9 所示安装钼丝。

①把钼丝固定到丝筒左边的固定螺钉上。

②调整丝速：调整丝筒变频器旋钮，使其指在 15 或 20 位置（变频器旋钮可调范围为 0~50）。

③开启右侧的丝筒开关，丝筒转动，滑动整体部分向左移动，丝均匀缠绕到丝筒上。

④根据所需安装丝的多少，停止丝筒转动。

注意：此操作期间一定要使左、右换向挡块调整到左、右行程的最大位置，防止操作过程中突然换向，造成绕丝。

（4）更细化的操作步骤。

①将钼丝盘紧固于绕丝轴上，松开丝筒拖板行程挡块。

②打开运丝电动机，将丝筒移至左一端后停止。

③把钼丝一端紧固在丝筒右边固定螺钉上，利用绕

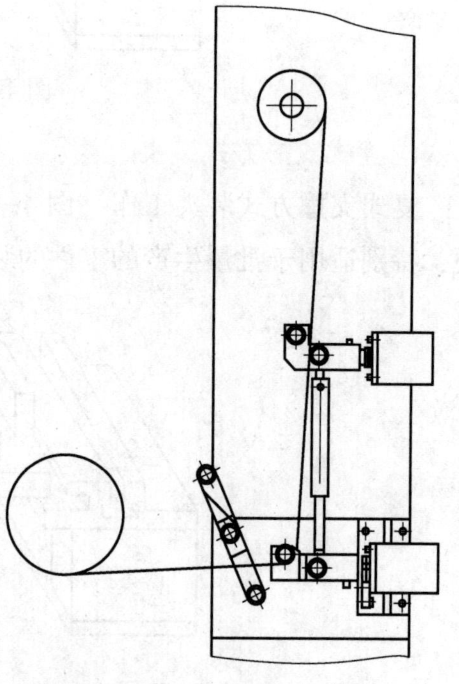

图 4-2-9　钼丝安装示意

丝轴上的弹簧使钼丝张紧。钼丝的张力大小可通过调整绕丝轴上的螺母调节。

用手盘动丝筒，使钼丝卷到丝筒上。

④再打开运丝电动机（低速），使钼丝均匀地卷在丝筒表面，待钼丝卷到另一端位置时，关闭运丝电动机，折断钼丝（或钼丝终了时），将钼丝端头暂时紧固在卷丝筒上。

⑤打开运丝电动机，调整拖板行程挡块，使拖板在往复运动运丝电动机时两端钼丝存留余量（5 mm 左右）。

⑥关闭运丝电动机，使拖板停在钼丝端头处于线架中心的位置。

2. 电极丝的穿丝

根据如图 4-2-10 所示的运丝系统完成穿丝。

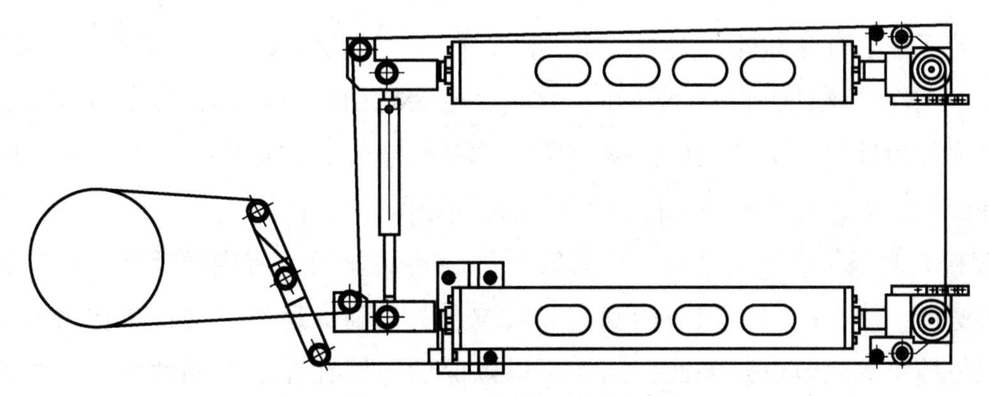

图 4-2-10　运丝系统样图

（1）拆下储丝筒旁和上丝架上方的防护罩。

（2）将套筒板手套在储丝筒的转轴上，转动储丝筒，使储丝筒上的钼丝重新绕排至右侧压丝的螺钉处，用十字螺钉旋具旋松储丝筒上的十字螺钉，拆下钼丝一端，如图 4-2-11 所示。

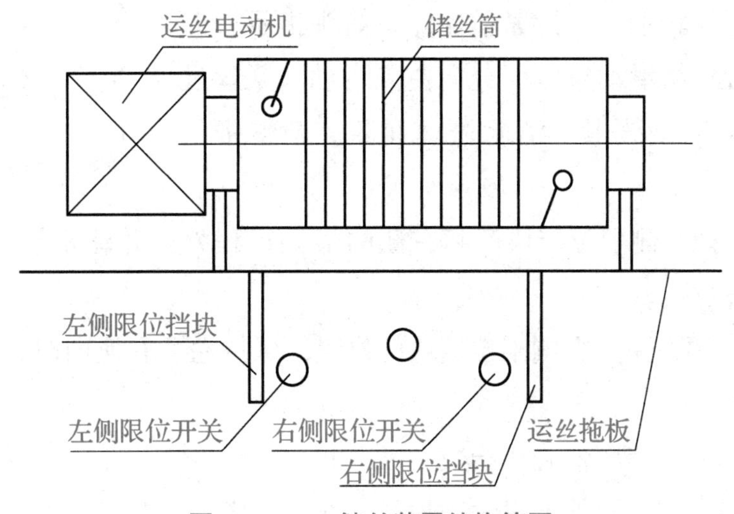

图 4-2-11　储丝装置结构简图

（3）将钼丝从下丝架处的挡块穿过，到下导轮的V形槽，然后绕到上导轮的V形槽，到上丝架的导向轮，最后绕到储丝筒上的十字螺钉，用十字螺钉旋具旋紧，如图4-2-12所示。

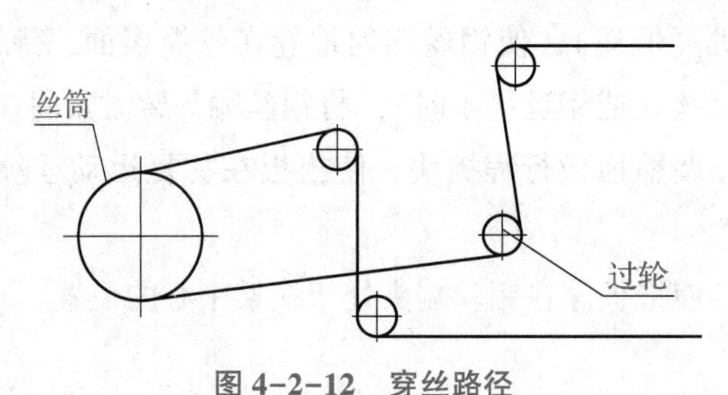

图4-2-12　穿丝路径

说明：若工件上有穿丝孔，则将工作台移至工件穿丝孔位置，从卷丝筒取下钼丝端头，通过上导轮穿过工件穿丝孔，再从下导轮、导向过轮装置引向卷丝筒，张紧并固定，并调整高频电源进电块和断丝保护块（表面应擦干净）使钼丝与表面相接触；若加工件不需要穿丝孔，则可以从外表面切进，这样在装工件前就可调整好钼丝。

（4）旋松右侧限位挡块的螺母，用套筒扳手旋转储丝筒，将钼丝反绕一段后，再旋紧右侧限位挡块螺母，使右侧限位挡块压到右侧限位开关，确保运丝电动机工作时带动储丝筒反转。左侧限位挡块的调节也是如此，这样可以确保储丝筒在左、右侧两个限位挡块之间反复正反转。

3. 电极丝的紧丝

根据如图4-2-13所示的紧丝结构完成紧丝。

（1）穿丝后，观察钼丝的张紧程度。特别是钼丝在切割工件后会变松，必须进行张紧。钼丝张紧调节可使用张紧轮，将钼丝收紧。使左侧限位挡块压在左接近传感器上。开动右侧丝筒开关，丝筒转动，手持紧丝轮，按箭头指示方向开始手动紧丝，此时丝筒滑动整体部分向左侧运动。紧丝过程中，适当使用均匀力度张紧，消除松动间隙。调整张丝轮，固定钼丝。

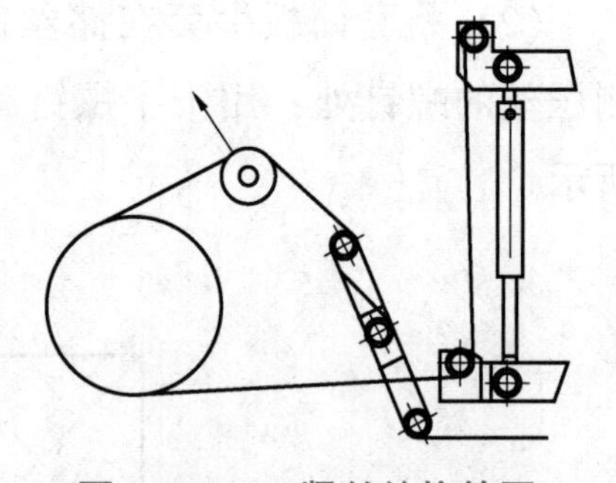

图4-2-13　紧丝结构简图

注意：操作时，把右侧限位挡块调到右侧的最大行程处，并注意接近丝的端头时，及时停止丝筒，防止丝被拉断。

（2）调整钼丝：调整左、右侧限位挡块的位置，保持左、右换向时，钼丝轴向方向有4~5 mm备用量。

（3）调整加工丝速，变频器旋钮指数为35~45。

（4）装上储丝筒旁和上丝架上方的防护罩，穿丝完毕。

任务评价

工件与电极丝的找正任务评价表如表 4-2-1 所示。

表 4-2-1　工件与电极丝的找正任务评价表

<table>
<tr><td colspan="2">任务名称</td><td>工件与电极丝的找正</td><td>课时</td><td colspan="4"></td></tr>
<tr><td colspan="2">任务评价成绩</td><td></td><td>任课教师</td><td colspan="4"></td></tr>
<tr><td>类别</td><td>序号</td><td>评价项目</td><td>结果</td><td>A</td><td>B</td><td>C</td><td>D</td></tr>
<tr><td rowspan="2">基础知识</td><td>1</td><td>能够正确安装电极丝</td><td></td><td></td><td></td><td></td><td></td></tr>
<tr><td>2</td><td>熟悉各类工件装夹方式并能够正确使用</td><td></td><td></td><td></td><td></td><td></td></tr>
<tr><td rowspan="2">操作</td><td>3</td><td>能够正确找正工件</td><td></td><td></td><td></td><td></td><td></td></tr>
<tr><td>4</td><td>能够正确找正电极丝</td><td></td><td></td><td></td><td></td><td></td></tr>
<tr><td colspan="2">总结</td><td colspan="6"></td></tr>
</table>

拓展提升

人工智能在机械加工中的作用主要有以下几个方面：

加工过程优化：通过对机械加工过程进行数据采集和分析，利用人工智能技术进行优化，可以提高加工效率和加工质量，降低加工成本。

制造过程智能化：通过人工智能技术实现机械加工的自动化和智能化，可以使机械加工过程更加高效、精准和安全。

预测性维护：通过人工智能技术对机械加工设备进行实时监测和数据分析，可以预测设备故障和维护需求，及时进行维护和保养，提高设备可靠性和稳定性。

质量控制：通过人工智能技术对机械加工过程进行实时监测和数据分析，可以实现对加工过程中的质量控制和质量监测，确保产品质量达到要求。

自适应加工：通过人工智能技术实现机械加工设备的自适应控制，可以适应不同的加工材料和加工条件，实现更加高效和精准的加工。

总之，人工智能在机械加工中的应用可以提高加工效率和加工质量，降低加工成本，实现智能制造，是未来机械加工行业发展的重要趋势。

练习题

项目五

电火花线切割编程技术

学习目标

知识目标

1. 掌握B代码编程技术。
2. 掌握ISO（或G）代码编程技术。
3. 掌握CAXA线切割XP自动编程软件。

技能目标

1. 能够根据不同图纸编写B代码或ISO代码程序。
2. 能够通过CAXA线切割XP自动编程软件完成零件程序的编写。

素养目标

有创新精神，养成查阅资料的习惯，提升与人沟通交流的技巧，贯彻环保理念。

情景描述

以下是一些电火花线切割编程实际应用场景的案例。

（1）模具加工：某公司生产塑料制品，需要加工各种类型的模具。由于每个模具的形状和材料都不同，自动化编程无法满足要求，因此，他们采用手工编程的方式，根据实际情况进行灵活调整和优化，实现了高精度、高效率的模具加工。

（2）钣金加工：某公司生产各种类型的钣金制品，需要对不同形状、不同材料的钣金进行加工。由于生产数量较小，且需要快速调整加工策略，自动化编程无法满足要求，因此，他们采用手工编程的方式，根据实际情况进行灵活调整和优化，实现了高效率的钣金加工。

（3）零部件加工：某公司生产各种类型的机械零部件，需要对各种材料的零部件进行加

工。由于生产数量较小，且需要对不同材料采用不同的加工策略，自动化编程无法满足要求，因此，他们采用手工编程的方式，根据实际情况进行灵活调整和优化，实现了高精度、高效率的零部件加工。

（4）特殊材料加工：某公司需要对一种特殊材料进行加工，由于这种材料具有高硬度、高韧性、高耐腐蚀性等特点，需要进行特殊的加工策略，自动化编程无法满足要求，因此，他们采用手工编程的方式，根据实际情况进行灵活调整和优化，实现了高效率、高质量的特殊材料加工。

总之，电火花线切割手工编程在各种不同的加工场景中都有应用，可以根据实际情况进行灵活调整和优化，实现高精度、高效率的加工。

任务一　样板零件 B 代码程序编写

任务导入

样板的形状如图 5-1-1 所示，其轮廓为 *abcdefg*，不考虑钼丝直径和放电间隙，试用 3B 格式编写其加工程序。

知识要点

国内生产的数控电火花线切割机床可以中国专用知识产权的 3B、4B 程序格式编程。其中，4B 程序格式与 3B 程序格式相比，在圆弧程序（或引导线程序）中增加了圆弧半径 R（或锥度切割比例）及补偿标志 D 或 DD，从而增加了间隙补偿功能及锥度补偿功能，其余程序编定及计算方面与 3B 程序格式基本相同。

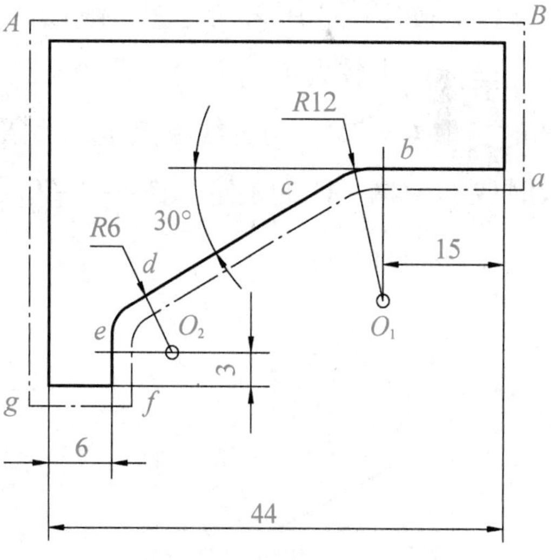

图 5-1-1　样板图样

一、3B 指令编程

1. 程序段格式

国内的数控电火花线切割机床采用“5 指令 3B”格式。

3B 程序格式如表 5-1-1 所示。

表 5-1-1　3B 程序格式

B	X	B	Y	B	J	G	Z
分隔符	*X* 轴坐标值	分隔符	*Y* 轴坐标值	分隔符	计数长度	计数方向	加工指令

注：

B 为分隔符，它的作用是将 X、Y、J 数值分隔开，B 后的数字若为 0，则 0 可省略不写；

X 为 *X* 轴坐标值；

Y 为 *Y* 轴坐标值；

J 为加工线段的计数长度；

G 为加工线段的计数方向，分为按 *X* 轴计数方向 G_x 或按 *Y* 轴计数方向 G_y；

Z 为加工指令（共 12 种指令，直线 4 种，圆弧 8 种）。

注意：X、Y、J 均取绝对值，单位为 μm；在 3B 编程中，坐标系的建立为随动坐标系（即随线段不同，坐标原点在不断变换）。

2. 斜线（直线）的 3B 指令编程

（1）建立坐标系。

坐标的原点取在（各）线段的起点上。

（2）格式中每项的含义。

①X 和 Y 是线段的终点坐标值，也可以是线段的斜率。

②G 的确定。G 用来确定加工线段的计数方向，分为 GX 和 GY。直线的计数方向取直线的终点坐标值中较大值的方向，即当直线终点坐标值 X>Y 时，取 G=GX；当直线终点坐标值 X<Y 时，取 G=GY；当直线终点坐标值 X=Y，直线在第一、三象限时取 G=GY，在第二、四象限时取 G=GX。G 的确定如图 5-1-2 所示。

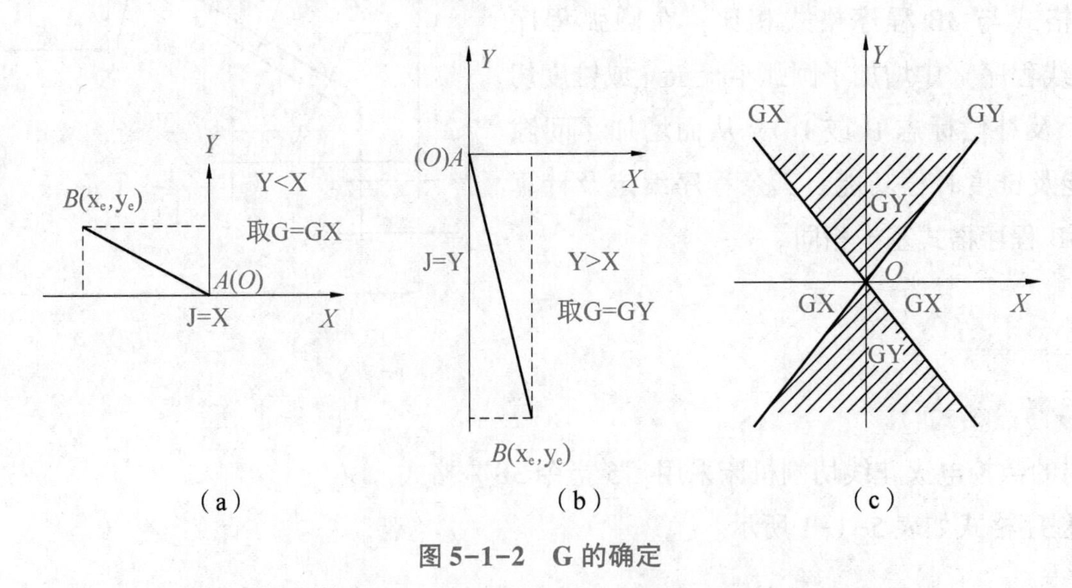

图 5-1-2　G 的确定

③J 的确定。J 为加工线段的计数长度。以前编程应写满 6 位数，不足 6 位前面补 0，现在的机床基本上可以不用补 0。

J 的取值方法：由计数方向 G 确定投影方向，若 G=GX，则将直线向 X 轴投影得到长度的绝对值即为 J 的值；若 G=GY，则将直线向 Y 轴投影得到长度的绝对值即为 J 的值。

直线编程，可直接取直线终点坐标值中的大值，即 X>Y，J=X；X<Y，J=Y；X=Y，J=X=Y。

④Z 的确定。加工指令 Z 按照直线走向和终点的坐标不同可分为 L1、L2、L3、L4，其中与+X 轴重合的直线为 L1，与−X 轴重合的直线为 L3，与+Y 轴重合的直线为 L2，与−Y 轴重合的直线为 L4，具体可参考图 5-1-3。

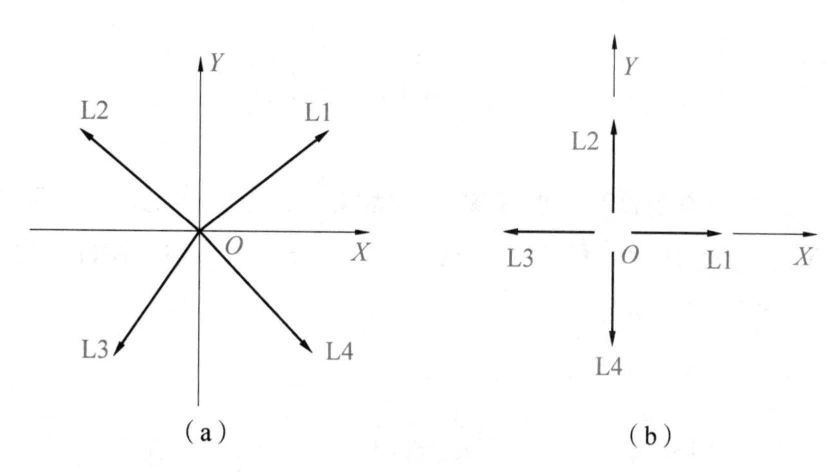

图 5-1-3　Z 的确定

3. 圆弧的 3BR 指令编程

(1) 建立坐标系。

坐标的原点取在（各）圆弧的圆心上。

(2) 格式中每项的含义。

①X，Y 的确定。X，Y 表示圆弧起点坐标的绝对值，单位为 μm。例如，在图 5-1-4（a）中，X=30 000，Y=40 000；在图 5-1-4（b）中，X=40 000，Y=30 000。

②G 的确定。圆弧的计数方向取圆弧的终点坐标值中较小值的方向，即当圆弧终点坐标值 X>Y 时，取 G=GY；当圆弧终点坐标值 X<Y 时，取 G=GX；当圆弧终点坐标值 X=Y，在第一、三象限时取 G=GX，第二、四象限时取 G=GY，如图 5-1-4（a）所示。当 Y>X 时，G=GX，如图 5-1-4（b）所示。

综上所述，圆弧计数方向由圆弧终点的坐标绝对值的大小决定，其确定方法与直线刚好相反，即取与圆弧终点处走向较平行的轴作为计数方向，具体如图 5-1-4（c）所示。

③J 的确定。圆弧编程中 J 的取值方法：由计数方向 G 确定投影方向，若 G=GX，则将圆弧向 X 轴投影；若 G=GY，则将圆弧向 Y 轴投影。J 为各个象限圆弧投影长度绝对值的和。例

如，在图 5-1-4（a）、图 5-1-4（b）中，J1、J2、J3 的大小分别如图中所示，此时 J=|J1|+|J2|+|J3|。

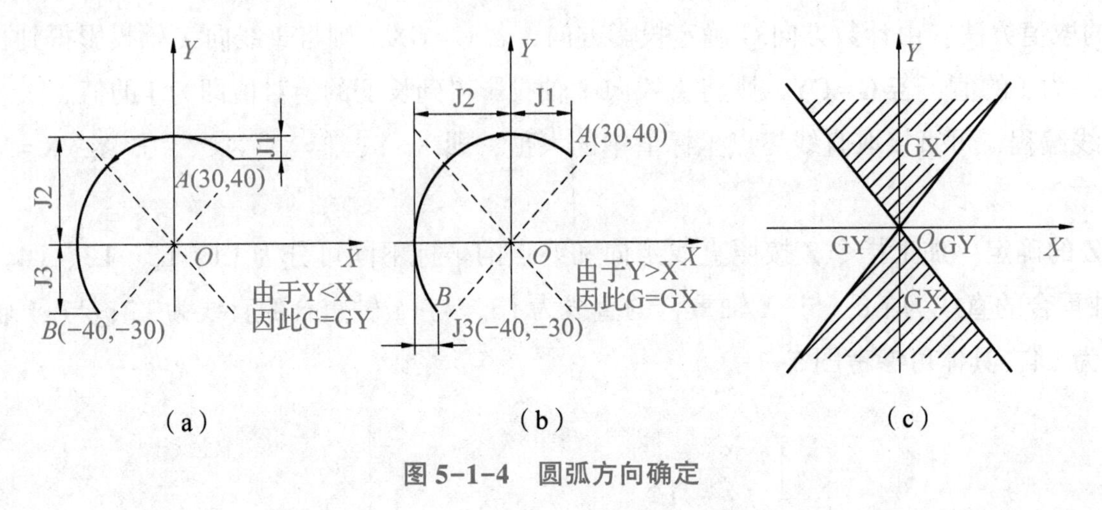

图 5-1-4 圆弧方向确定

④Z 的确定。Z 的大小由圆弧起点所在象限和圆弧加工走向确定。按切割的走向可分为顺圆（S）和逆圆（N），于是共有 8 种指令：SR1、SR2、SR3、SR4、NR1、NR2、NR3、NR4，具体如表 5-1-2 和图 5-1-5 所示。

表 5-1-2 圆弧加工指令

方向	第一象限	第二象限	第三象限	第四象限
逆圆	NR1	NR2	NR3	NR4
顺圆	SR1	SR2	SR3	SR4

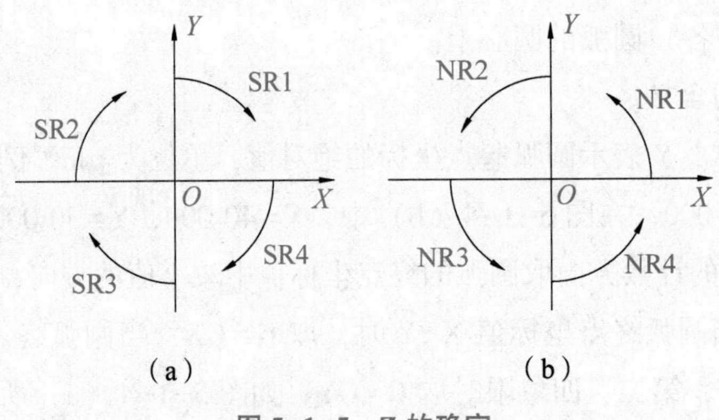

图 5-1-5 Z 的确定

注意：当起点位于坐标轴上时，顺圆与逆圆的加工指令是不一样的。

若起点在 X 轴的正方向上（即 $\alpha=0°$），则逆圆的加工指令为 NR1，顺圆的加工指令为 SR4。

若起点在 Y 轴的正方向上（即 $\alpha=90°$），则逆圆的加工指令为 NR2，顺圆的加工指令为 SR1。

若起点在 X 轴的负方向上（即 $\alpha=180°$），则逆圆的加工指令为 NR3，顺圆的加工指令为 SR2。

若起点在 Y 轴的负方向上（即 $\alpha=270°$），则逆圆的加工指令为 NR4，顺圆的加工指令为 SR3。

【例 5-1-1】不考虑间隙补偿和工艺，编写如图 5-1-6 所示直线的程序。

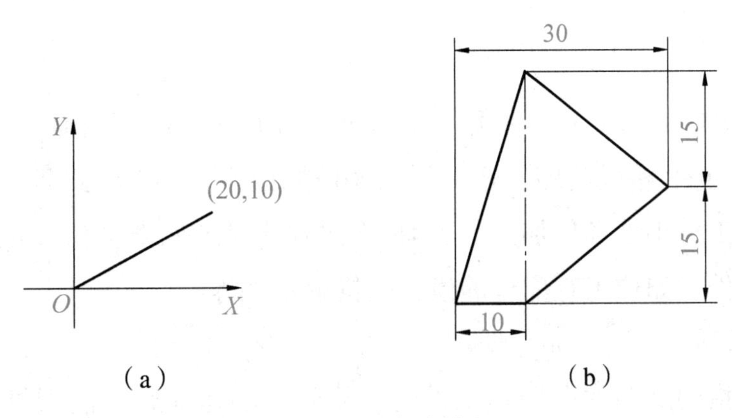

图 5-1-6 直线编程

解：(1) 对于图 5-1-6 (a)，有

```
B20000  B10000  B20000  GX  L1 图5-1-6(a)编程示例
```

(2) 对于图 5-1-6 (b)，以左下角点为起始切割点逆时针方向编制程序，则有

```
B10000   B0  B10000     GX  L1
B20000  B15000  B20000  GX  L1
B20000  B15000  B20000  GX  L2
B10000  B30000  B30000  GY  L3
```

技巧：与 X 轴或 Y 轴重合的直线，编程时 X、Y 均可写作 0，且可省略不写。

例如：

```
B10000  B0  B10000  GX  L1可简写成:B  B  B10000  GX  L1
```

【例 5-1-2】不考虑工艺，编制图 5-1-7 所示圆弧的程序，走向从 A 到 B。

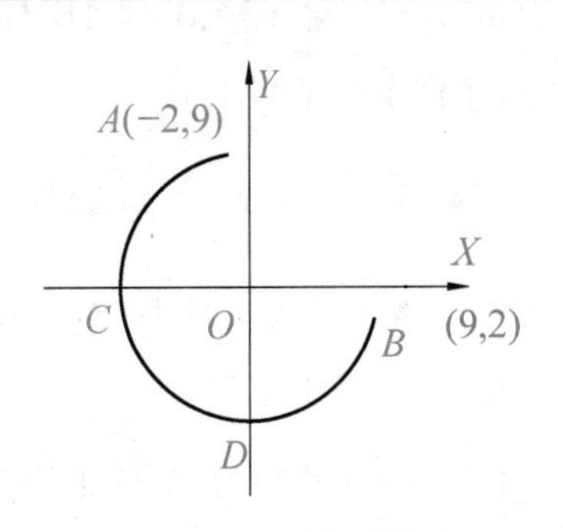

图 5-1-7 圆弧编程

解：(1) 首先确定坐标轴。在图 5-1-7 中，取 A 点坐标 X、Y，则

$$X=-2000 \qquad Y=9000$$

(2) 计数长度计算。由于终点靠近 X 轴，故计数方向为 GY，计数长度取各段圆弧在 Y 轴上的投影之和。

根据图5-1-7，*AC* 在 *Y* 轴上的投影 JY1=9 000；*CD* 在 *Y* 轴上的投影 JY2=半径=$(2\ 000^2+9\ 000^2)^{1/2}$=9 220；*DB* 在 *Y* 轴上的投影 JY3=9 220-2 000=7 220。故 J=JY1+JY2+JY3=9 000+9 220+7 220=25 440。

（3）加工程序。起点 *A* 在第二象限，转向为逆时针，则加工指令为 NR2；故相应程序为

```
B2000   B9000   B25440   GY   NR2
```

二、4B 指令编程

1. 概述

北京迪蒙卡特（DM-CUT）机床有限公司生产的 DK7725B 型数控电火花线切割机床除了使用线切割机床专用的 3B 格式程序，还可使用 4B 格式程序。3B 格式程序一般用来加工无偏移的工件，如单件加工、小批零件加工等；4B 格式程序具有间隙补偿和锥度补偿功能，主要用于加工有偏移的工件，如加工有配合的模具、锥度零件等。

（1）间隙补偿。

所谓间隙补偿，指的是钼丝在切割工件时，钼丝中心运动轨迹能根据要求自动偏离编程轨迹一段距离（即补偿量）。当补偿量设定为偏移量 *F* 时，编程轨迹即为工件的轮廓线。显然，按工件的轮廓编程要比按钼丝中心运动轨迹编程方便得多，轨迹计算也比较简单。而且，当钼丝磨损，直径变小；单边放电间隙 δ 随切割条件的变化而变化后，也不需要改变程序，只需改变补偿量即可。

（2）锥度补偿。

锥度补偿是指系统能根据要求，同时控制 *X*、*Y*、*U*、*V* 四轴的运动（*X*、*Y* 为机床工作台的运动，即工件的运动；*U*、*V* 为上线架导轮的运动，它分别平行于 *X*、*Y*），使钼丝偏离垂直方向一个角度（即锥度），切割出上大下小或上小下大的工件。

2. 程序编写的基本规则

4B 程序格式与 3B 程序格式的区别只是在圆弧程序中增加了圆弧半径 *R* 及补偿标志 D 或 DD，其目的是为了在切割加工时用于对电极丝半径及放电间隙进行补偿，而在程序编写及计算方面，3B 程序格式与 4B 程序格式是相同的。

（1）4B 程序格式。

```
B X   B Y   B J   B R或L   D或DD   G   Z
```

其中：B X、B Y、B J、G、Z 的含义与 3B 程序格式一致；

R——圆弧半径；

L——切割引导线时锥度的比例；

D/DD——圆弧补偿标志，在一个完整的封闭图形中，凸圆的圆弧补偿标志为 D，凹圆的

圆弧补偿标志为 DD。

（2）4B 程序格式中 R、D/DD、L 的使用规则。

①R 与 D/DD 的配合使用规则。当确定图形的坐标轴后，按凹模的切割路线为准编程，半径呈增长趋势的用“DD”，半径呈减少趋势的用“D”。也就是说，凹圆用“DD”，凸圆用“D”。

凹模的实际尺寸如图 5-1-8 所示。其中，虚线为凹模的切割线，在凹模的切割路线编程中，R_1 凸圆的半径呈减少趋势，用“D”；R_2 凹圆的半径呈增长趋势，用“DD”。编程中使用的均为实际尺寸，所以在圆弧加工编程中应分清路径呈增长趋势还是减少趋势；对于直线加工则不存在增长和减少趋势的判断。

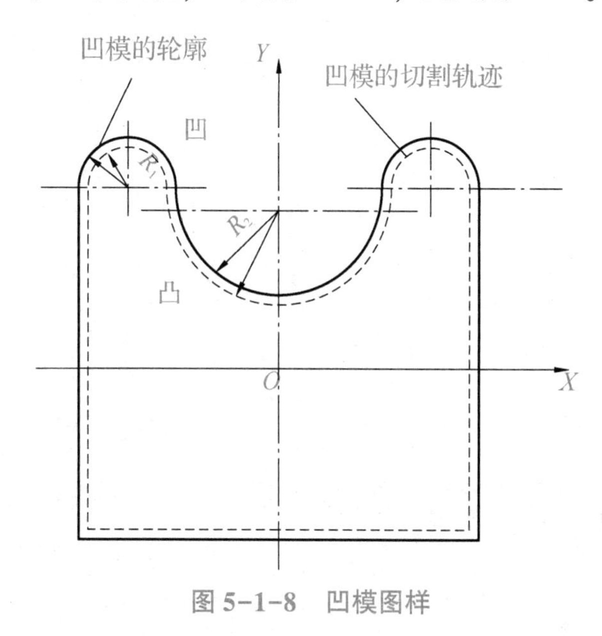

图 5-1-8　凹模图样

② 锥度切割引导线中，D/DD 的使用规则：上大下小为正锥；锥度偏移 *A* 为正值时切割正锥；锥度偏移 *A* 为负值时切割负锥。引导线与零件程序的第 1 条线段互相垂直。4B 程序中，当切割正锥工件时，外引导线用“DD”，内引导线用“D”。

当确定零件的锥度后，就可以编写引导线的 4B 程序，如图 5-1-9（a）所示，其外引导线的 4B 程序为

```
B    B   B5000   B5000   GX   DD   L1
```

当控制柜接收到这一指令后，选择锥度偏移 *A* 为正值，机床进入运行状态后，*U*、*V* 轴坐标由 *C*→*B* 运动，钼丝由 *AC*→*AB* 运动，实现了钼丝的偏移。

③第 4 个 B 数据根据比例关系确定数值。一般情况是 J 数据就是第 4 个 B 数据。在等锥度的编程中，直线段只有引导线是 4B 程序，其余均为 3B 程序，圆弧段均为 4B 程序。

当确定零件的锥度后，就可以编写引导线的 4B 程序，如图 5-1-9（b）所示，内引导线的 4B 程序为

```
B        B        B5000   B5000    GX   DD   L3
```

当控制柜接收到这一指令后，选择锥度偏移 *A* 为负值，机床进入运行状态后，*U*、*V* 轴坐标由 *C*→*D* 运动，钼丝由 *AC*→*AD* 运动，实现了钼丝的偏移。

3B/4B 程序的结束码均用“D”表示。

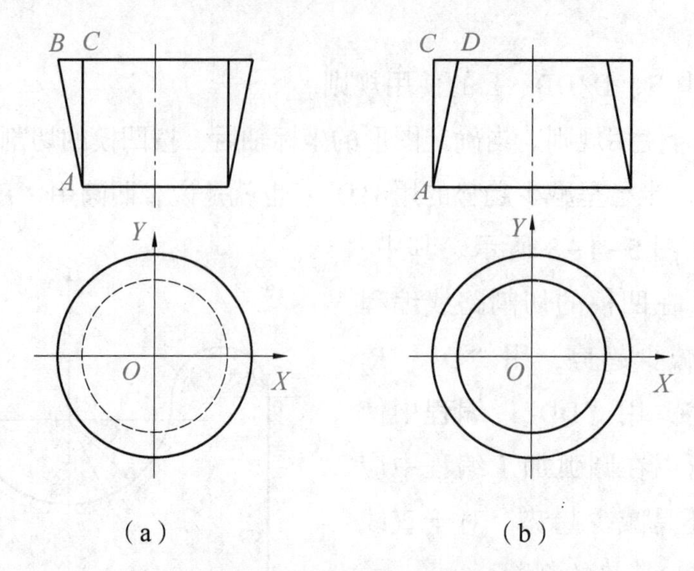

图 5-1-9　内、外引导线编程

（a）外引导线编程；（b）内引导线编程

任务实施

1. 编写图 5-1-1 所示零件程序的注意事项

（1）机床不具有间隙补偿功能，应先确定补偿量 F 以后，再确定钼丝中心的实际轨迹。

（2）用直径 $d=0.12$ mm 的钼丝加工，放电间隙取经验值 $\delta=0.01$ mm，所以 $F=(d/2)+\delta=0.07$ mm。钼丝中心运动轨迹如图 5-1-1 中虚线所示。

2. 根据 3B 编程规则编写的样板加工程序

样板加工程序如表 5-1-3 所示。

表 5-1-3　样板加工程序

序号	程序段	X	Y	J	G	Z
1	a~b	B0	B0	B15000	GX	L3
2	b~c	B0	B11930	B5965	GX	NR2
3	c~d	B14000	B8080	B14000	GX	L3
4	d~e	B2965	B5136	B5136	GY	NR2
5	e~f	B0	B0	B3070	GY	L4
6	f~g	B0	B0	B6070	GX	L3
		D				

程序的结束代码 D 为停机码，即工件加工完毕后发送“停机”命令。

编程说明：

（1）加工圆弧 bc 时，坐标原点在圆弧的中心点 O_1 处，圆弧起点相对于圆心 O_1 的增量坐标为：$X=0$，$Y=R'=(12-0.07)$ mm $=11.93$ mm，圆弧终点落在第三象限，X 方向为计数方

向，计数长度为圆弧在 X 轴上的投影长 $R'\times\sin30°=5.965$ mm。

（2）加工斜线 cd 时，坐标原点在斜线的起点 c 处，斜线终点的坐标值为：$X=[44-15-12\times\sin30°-(6-6\times\cos60°)-6]$ mm $=1$ mm，$Y=14\times\tan30°$ mm $=8.08$ mm。

（3）加工直线 ef 和 fg 时均应该考虑补偿量对其长度的影响。

任务评价

校板零件 B 代码程序编写任务评价表如表 5-1-4 所示。

表 5-1-4　校板零件 B 代码程序编写任务评价表

任务名称		样板零件 B 代码程序编写	课时				
任务评价成绩			任课教师				
类别	序号	评价项目	结果	A	B	C	D
基础知识	1	加工路径选择					
	2	加工点位计算					
操作	3	编写程序					
总结							

知识拓展

在学习了样板零件 B 代码程序的编写后，下面我们来了解复杂零件 B 代码程序编写。

（1）在数控线切割机床上加工如图 5-1-10 所示的凹模，凹模未注圆角半径均为 1 mm，无锥度，机床脉冲当量为 0.001 mm/脉冲，机床不具有间隙补偿功能，试编写其加工程序。

①确定补偿量 F，用直径为 0.15 mm 的钼丝加工，放电间隙 $\delta=0.014$ mm，所以 $F=(0.15/2+0.014)$ mm $=0.089$ mm。

②选择圆弧中心 O_1 为引入点（穿丝孔位置），节点 a 为程序起点。

③在节点 b、c 处考虑圆弧过渡，且过渡弧半径 R 要大于补偿量 F，选取 $R=1$ mm，钼丝中心运动轨迹如图 5-1-10 点画线所示，通过手工计算得各节点的坐标值如下：

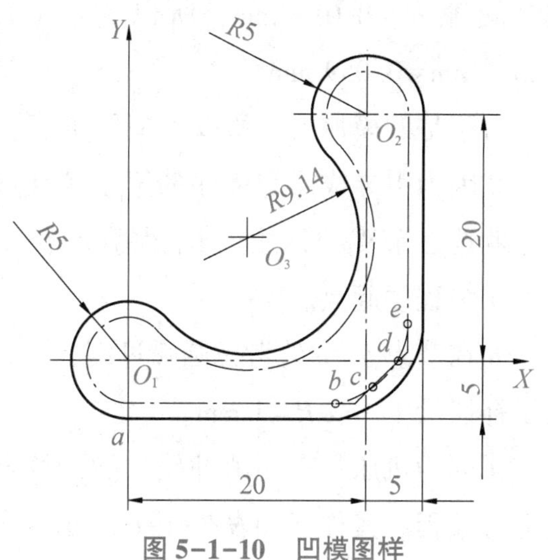

图 5-1-10　凹模图样

$a(0,\ -4.911)$；$b(19.586,\ -4.911)$；$c(20.230,\ -4.644)$；$d(24.644,\ -0.230)$；$e(24.911,\ 0.414)$。

④根据 3B 编程规则编写的凹模加工程序如表 5-1-5 所示。

表 5-1-5　凹模加工程序

序号	程序段	X	Y	J	G	Z
000		B0	B0	B4911	GY	L4
001		B0	B0	B19586	GY	L1
002		B0	B0	B644	GX	NR4
003		B4414	B4414	B4414	GY	L1
004		B144	B144	B144	GY	NR4
005		B0	B0	B19586	GY	L2
006		B4911	B0	B13295	GX	NR1
007		B6527	B6527	B18463	GY	SR1
008		B3473	B3473	B13295	GY	GY
009		B0	B0	B0	GY	GY
010		D				

由以上编程过程可见，对于要求间隙补偿和圆弧过渡的工件，用 3B 格式来编程时，其节点的数值计算工作量相当大。

（2）用 4B 格式编写如图 5-1-11 所示的带锥度的凹模加工程序。该凹模的锥度 $\alpha=4°$，单边配合间隙 $\varepsilon=0.03$ mm。

①确定补偿量 F：用直径为 0.15 mm 的钼丝加工，放电间隙 $\delta=0.014$ mm，所以 $F=(0.15/2+0.014-0.03)$ mm $=0.059$ mm。

由于是凹模加工，所以 F 应取负值。

②因为引导线须与程序的第 1 条线段垂直，且程序起点就选在节点处，故选 O_1 为引入点（穿丝孔位置），节点 a 为程序起点。

③在节点 b、c 处考虑圆弧过渡，且过渡弧半径 R 要大于补偿量 F，取 $R=1$ mm。

④因为机床具有间隙补偿功能，故直接按照工件轨迹进行编程。其程序如表 5-1-6 所示。

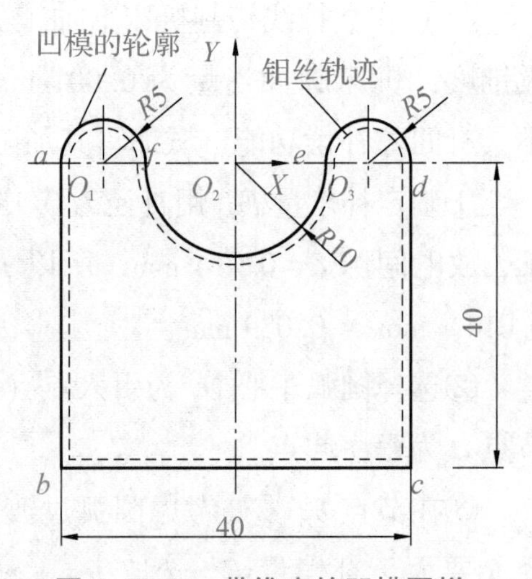

图 5-1-11　带锥度的凹模图样

⑤确定偏移量。调整上、下保持器，把 H2 确定为 100 mm，则 $A=\text{H2}\times\tan 4°=6.69$ mm。凹模采用上大下小的方法进行加工，属于正锥切割，故 A 取正值，此数值在切割运行时直接输入给数控系统。

表 5-1-6　带锥度的凹模加工程序

000	B	B	B5000	B5000	GX	D	L3
001	B	B	B3900		GY		L4
002	B1000	B	B1000	B1000	GX	D	NR4
003	B	B		B38000	GX		L1
004	B	B1000	B1000	B1000	GY	D	NR1
005	B	B		B39000	GY		L2
006	B5000	B	B10000	B5000	GY	D	NR3
007	B10000	B	B20000	B10000	GY	DD	SR3
008	B5000	B	B10000	B5000	GY	D	NR3
009	B	B	B5000	B5000	GX	D	L1
010	B						

编程说明：

①引入是 4B 程序，J 的数据就是第 4 个 B 的数据，因是内引导线的正锥切割，故 D/DD 项用“D”。

②在等锥度编程中，直线段除了引导线，其他均为 3B 程序。

③过渡圆弧与一般圆弧的切割中，第 4 个 B 的数据为圆弧的半径，*R*10 段圆弧在间隙补偿时呈增长趋势，在 D/DD 项中用“DD”，其余各段圆弧均用“D”。

任务二　凹模零件 ISO（或 G）代码程序编写

任务导入

图 5-2-1 所示为一落料凹模零件图，若电极丝直径为 0.16 mm，单边放电间隙为 0.01 mm，试用 ISO 代码编写其加工程序。

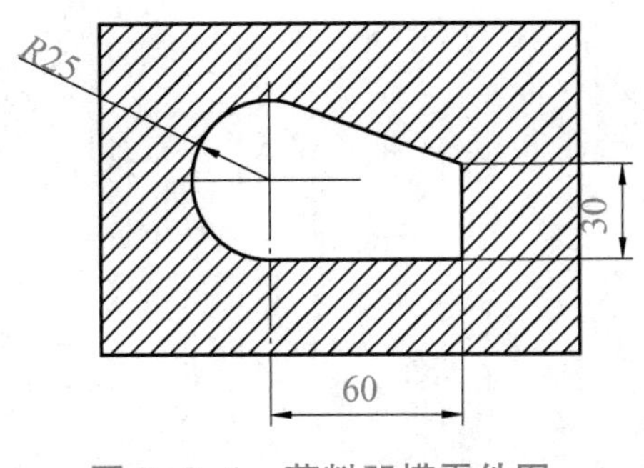

图 5-2-1　落料凹模零件图

知识要点

一、ISO（或G）代码程序段格式和程序格式

1. 程序段格式

程序段是由若干个程序字组成的，其格式如下：

```
N__ G__ X__ Y__
```

字是程序段的基本单元，一般由一个英文字母加若干位十进制数字组成（如“X8.0，Y9.11”），这个英文字母称为字符。不同的地址字符表示的功能也不一样，具体如表5-2-1所示。

表5-2-1　地址字符表

功能	地址	含义
顺序号	N	程序段号
准备功能	G	指令动作方式
尺寸字	X、Y、Z	坐标轴移动指令
	A、B、C、U、V	附加轴移动指令
	I、J、K	圆弧中心坐标
辅助功能	M	机床程序调用指令

（1）顺序号。顺序号位于程序段之首，表示程序的序号，后续数字为2～4位。例如：N01、N0100。

（2）准备功能G。准备功能G（以下简称G功能）是建立机床或控制系统工作方式的一种指令，其后续有两位正整数，即G00～G99。

（3）尺寸字。尺寸字在程序段中主要用来指定电极丝运动到达的坐标位置。电火花线切割加工常用的尺寸字有X、Y、I、J等。尺寸字的后续数字在要求代数符号时应加正负号，单位为mm（本软件接收的数值为mm）。

（4）辅助功能。辅助功能由M功能指令及其后续的两位数字组成，即M00～M99，用来指令机床辅助装置的接通或断开。在快走丝线切割编程中，M指令只用到M00、M02。

2. 程序格式

一个完整的加工程序是由程序名、程序主体（若干程序段）、程序结束指令组成。例如：

```
P10.ISO
N01  G92  X0  Y0
N02  G01  X1.000  Y1.000
N03  G01  X2.000  Y2.000
N04  G01  X15.000  Y15.000
N05  G01  X0  Y0
N06  M02
```

（1）程序名。程序名由文件名和扩展名组成。程序的文件名可以用字母和数字表示，最多可用8个字符，如“P10”，但文件名不能重复。扩展名最多用3个字母表示，如“P10. ISO”。

（2）程序主体。程序主体由若干程序段组成，如上边加工程序中N01～N05段。在程序主体中又分为主程序和子程序。一段重复出现的、单独组成的程序称为子程序。将子程序取出、命名后单独储存，即可重复调用。子程序常应用在某个工件上有几个相同型面的加工中。调用子程序所用的程序，称为主程序。

（3）程序结束指令。程序结束指令即M02指令，一般安排在程序的最后，单列一段。当机床执行到M02所在程序段时，就会自动停止进给。

二、ISO（或G）代码及其编程

常用的ISO代码如表5-2-2所示。

表5-2-2　常用的ISO代码

代码	功能	代码	功能
G00	快速定位	G55	加工坐标系2
G01	直线插补	G56	加工坐标系3
G02	顺圆插补	G57	加工坐标系4
G03	逆圆插补	G58	加工坐标系5
G05	*X*轴镜像	G59	加工坐标系6
G06	*Y*轴镜像	G80	接触感知
G07	*X*、*Y*轴交换	G82	半程移动
G08	*X*轴镜像，*Y*轴镜像	G84	微弱放电找正
G09	*X*轴镜像，*X*、*Y*轴交换	G90	绝对尺寸
G10	*Y*轴镜像，*X*、*Y*轴交换	G91	增量尺寸
G11	*Y*轴镜像，*X*轴镜像，*X*、*Y*轴交换	G92	定起点
G12	消除镜像	M00	程序暂停
G40	取消偏移补偿	M02	程序结束
G41	左偏移补偿	M05	接触感知解除
G42	右偏移补偿	M96	主程序调用文件程序
G50	消除锥度	M97	主程序调用文件程序结束
G51	锥度左偏	W	下导轮到工作台面高度
G52	锥度右偏	H	工件厚度
G54	加工坐标系1	S	工作台面到上导轮高度

1. 快速定位指令 G00

在机床不加工情况下，G00 指令可使指定的某轴以最快的速度移动到指定的位置。其程序段格式为

```
G00  X__  Y__;
```

例如，图 5-2-2 中快速定位到线段终点的程序段格式为

```
G00  X80000  Y60000;
```

注意：如果程序段中有了 G01、G02、G03 指令，则 G00 指令无效。

2. 直线插补指令 G01

该指令可使电火花线切割机床在各个坐标平面内加工任意斜率直线轮廓和用直线段逼近曲线轮廓，其程序段格式为

```
G01  X__  Y__;
```

程序段中，X、Y 分别表示直线终点坐标。例如，图 5-2-3 中直线插补的程序段格式为

```
G92  X20.000  Y20.000;
G01  X80.000  Y80.000;
```

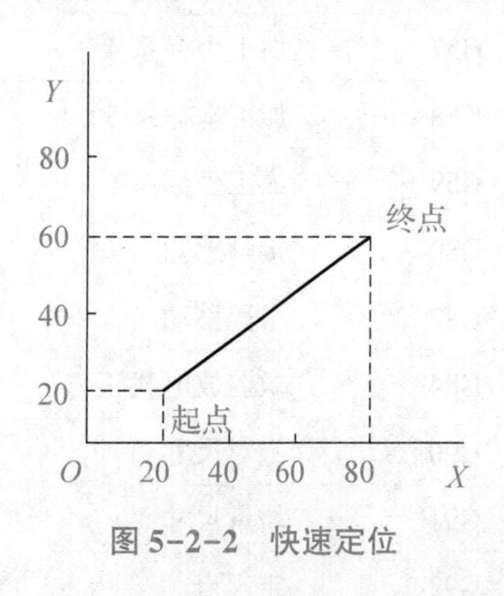

图 5-2-2　快速定位

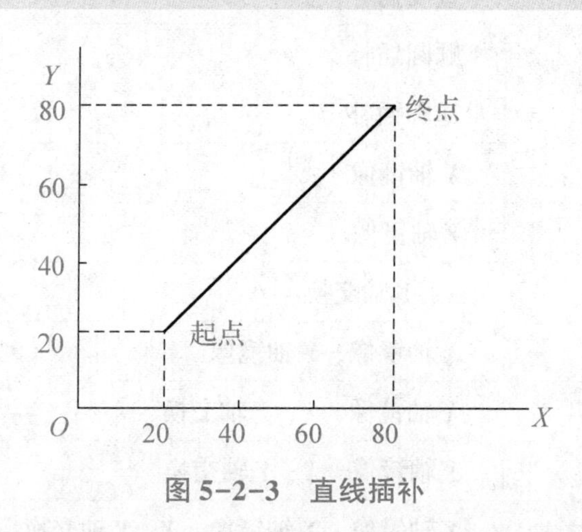

图 5-2-3　直线插补

目前，可加工锥度的电火花线切割数控机床具有 *X*、*Y* 坐标轴及 *U*、*V* 附加轴的工作台，可在加工锥度时使用，其程序段格式为

```
G01  X__Y__  U__V__;
```

3. 圆弧插补指令 G02 / G03

G02 为顺时针插补圆弧指令，G03 为逆时针插补圆弧指令。

用圆弧插补指令编写的程序段格式为

```
G02 X__Y__I__J__;
G03 X__Y__I__J__;
```

程序段中，X、Y 分别表示圆弧终点坐标；I、J 分别表示圆心相对圆弧起点的坐标。

例如，图 5-2-4 中圆弧插补的程序段格式为

```
G92 X10.000 Y10.000 ;                      起切点 A
G02 X30.000 Y30.000 I20.000 J0 ;           AB 段圆弧
G03 X45.000 Y15.000 I15.000 J0 ;           BC 段圆弧
```

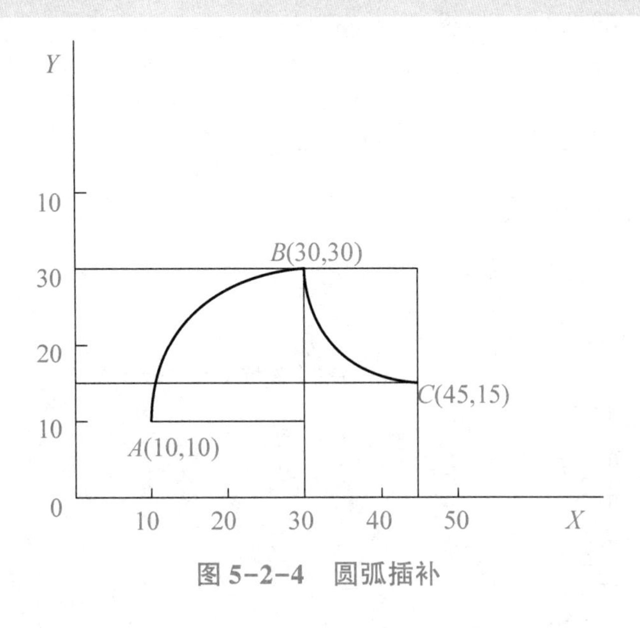

图 5-2-4　圆弧插补

4. 指令 G90、G91、G92

G90 为绝对尺寸编程指令，表示该程序中的编程尺寸是按绝对尺寸给定的，即移动指令终点坐标值 X、Y 都是以工件坐标系原点（程序的零点）为基准来计算的。

G91 为增量尺寸编程指令，表示程序段中的编程尺寸是按增量尺寸给定的，即坐标值均以前一个坐标位置作为起点来计算下一点 R 位置值。

G92 为定起点坐标指令，坐标值为加工程序的起点的坐标值。其程序段格式为

```
G92 X__  Y__;
```

【例 5-2-1】 加工如图 5-2-5 所示的零件，按图样尺寸编程。

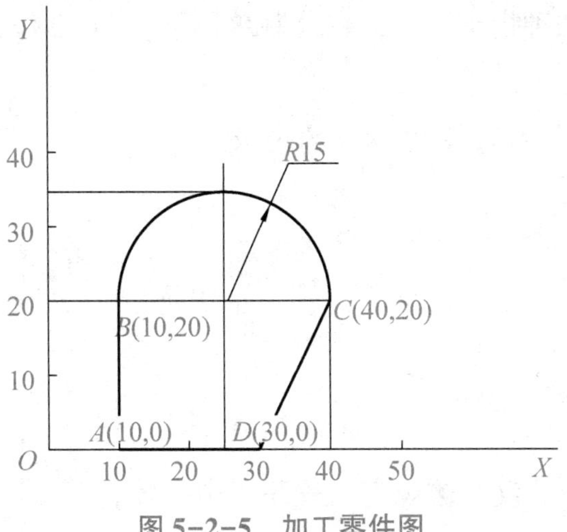

图 5-2-5　加工零件图

解：用 G90 指令编程（此时 G90 可以不写出），程序如下：

```
D1;                                          程序名
N01  G92  X0  Y0;                            确定加工程序起点O点
N02  G01  X10.000  Y0;                       O—A
N03  G01  X10.000  Y20.000;                  A—B
N04  G02  X40.000  Y20.000   I15.0  J 0;     B—C
N05  G01  X30.000  Y0;                       C—D
N06  G01  X0  Y0;                            D—O
N07  M02;                                    程序结束
```

用 G91 指令编程，程序如下：

```
D2;                                          程序名
N01  G92  X0  Y0;
N02  G91;                                    以下为增量尺寸编程
N03  G01  X10.000  Y0;
N04  G02  X0  Y20.000  I15.000  J0;
N05  G01  X30.000  Y0;
N06  G01  X-10.000  Y-20.000;
N07  G01  X-30.000  Y0;
N08  M02;
```

5. 暂停指令 G04

功能与目的：执行完该指令的上一个程序段之后，暂停一定的时间，再执行下一个程序段。

指令格式：

```
G04 X {数据};
```

详细说明如下：

（1）X 后面的数据为暂停时间，单位为 s，最大值为 99 999. 99 s。

（2）X 后面的数据有两种指定形式，在公制单位下，1 000 作为 1 s 处理；在英制单位下，10 000 作为 1 s 处理。

【例 5-2-2】指定程序执行暂停 35. 8 s 的表示。

解：公制单位下的程序为

```
G04 X35.8;或 G04 X35800;
```

英制单位下的程序为

```
G04 X35.8;或 G04 X358000;
```

（3）G04 为非模态指令，仅在被规定的程序段中有效。

6. 图形镜像，*X*、*Y* 轴交换，取消镜像、交换指令 G05、G06、G07、G08、G09

功能与目的：

（1）图形镜像是指定各轴按指令相反的方向运动指定的距离；

（2）*X*、*Y* 轴交换是指 *X* 轴指令值与 *Y* 轴指令值交换；

（3）取消镜像、交换指令是对程序指定的镜像、交换的模态取消。

指令格式：单独作为程序段。

例如：

```
G05;
G00X10.0Y20.0;
```

详细说明如下：

（1）G05 指令定义 *X* 轴镜像；G07 指令定义 *Z* 轴镜像；G08 *X* 轴镜像，*Y* 轴镜像；G11 *Y* 轴镜像，*X* 轴镜像，*X*、*Y* 轴交换；G12 消除镜像。

（2）这里所说的镜像，是将原程序中镜像轴的数值变号后所得到的图形。执行一个轴的镜像指令后，移动、插补的方向将改变。例如，“G00 X-30.0;”变为“G00 X30.0”；“G00 Y-25.0;”变为“G00 Y25.0;”；“G02”变为“G03”；“G03”变为“G02”；

（3）两轴可以同时镜像，与代码的先后次序无关，如“G05 G06”与“G06 G05”结果相同。

（4）图形 *X*、*Y* 轴交换，即程序中的 *X* 轴实际执行程序 *Y* 轴坐标，程序中的 *Y* 轴实际执行程序 *X* 轴坐标。如果指定了 G07 代码，则“G00 X20.0”变为“G00 Y20.0”。

（5）使用图形镜像，*X*、*Y* 轴交换这组代码时，程序中的轴坐标值不能忽略。

（6）编程时使用镜像、交换这组代码时，应注意分清楚镜像、交换的轴，并及时指定 G09 这些功能。

7. 图形旋转指令 G26、G27

功能与目的：指定编程轨迹绕 G54 坐标系原点旋转一定的角度（G26）。

指令格式：单独作为程序段。

例如：

```
RA60;
G26;
```

详细说明如下：

（1）G26 为图形旋转取消指令。

（2）由 RA 直接给出旋转角度，单位为（°）。

8. 尖角过渡指令 G28、G29

功能与目的：用于切割外角时保证其尖角的策略。

指令格式：单独作为程序段。

详细说明如下：

（1）G28为尖角圆弧过渡指令，在尖角处加一个过渡圆，默认为G28，即开机后自动设为圆弧过渡。

（2）尖角直线过渡，在尖角处加3段直线，以避免尖角损伤。

（3）如果补偿为0，则尖角策略无效。

9. 延长距离指令G30、G31

功能与目的：在G01的直线段的终点按该直线方向延长给定距离。

指令格式：

```
G31 X{距离值};或 G30{加工程序段;}
```

例如：

```
G01 X0;
G41 H00;
G31 X1.0;
G01 X10.0 Y10.0;
…
G30 G01 X0;
```

详细说明如下：

（1）当在程序的起始处增加“G31 X0;”，则对于直线及圆弧均不进行内角/外角的特殊处理。如果程序中无“G31 X {距离值} ;”，则自动进行内角/外角的默认处理，这样所加工工件会有较明显的痕迹，但不影响尺寸精度及表面粗糙度，其尖角比较好。在程序中如无G31，则用默认处理方式。

（2）G30用于取消G31功能。

10. 回坐标原点指令G25

功能与目的：用于回到指定的坐标原点。

指令格式：单独作为程序段。

详细说明：坐标原点指的是所用坐标系最近一次所设定的零点。例如，写程序段

```
G54;
G25;
```

即可回到G54坐标系所设定的零点。回零顺序为 X、Y、U、V 轴。

11. 单位选择指令G20、G21

功能与目的：指定程序中尺寸值的单位是英制（in）还是公制（mm）。

指令格式：单独作为程序段。

详细说明如下：

（1）G20 为英制，有小数点为 in，否则为 10^{-4} in；G21 为公制，有小数点为 10^{-3} mm。

（2）它们属于模态指令，通常在程序的开头部分指定，以决定整个程序为同一尺寸单位。

（3）数控电火花线切割加工机床出厂前的尺寸单位一般设为公制。

12. 跳段指令 G11、G12

功能与目的：决定对段首有“/”的程序段是否忽略，即跳过。

指令格式：单独作为程序段。

例如：

```
G11
/G01X-10.0;
G01X-20.0;
```

详细说明如下：

（1）当用 G11 指令时，表示要跳过段首有“/”的程序段，不去执行该程序段；

（2）当用 G12 指令时，表示忽略段首的“/”，照常执行程序段。

13. 平面选择指令 G17、G18、G19

功能与目的：选择坐标平面。

指令格式：单独作为程序段或与其他指令组合使用。

例如：

```
G17 G02 X50.0 Y20.0 I20.0;
```

详细说明如下：

（1）G17 指 *XOY* 平面，G18 指 *XOZ* 平面，G19 指 *YOZ* 平面。

（2）圆弧插补、轴镜像等功能都需要指定坐标平面。如果没有指定，则默认为 *XOY* 平面。坐标平面的指定符合右手笛卡儿定则。

（3）数控电火花线切割加工一般是使用 *XOY* 平面。

14. 减速加工指令 G34、G35

功能与目的：自 G01/G02/G03 结束前 3 mm 处开始减速加工直到该程序段结束。

指令格式：单独作为程序段。

详细说明如下：

（1）G34 指令表示自 G01/G02/G03 结束前 3 mm 处开始减速加工直到该程序段结束。

（2）G35 指令表示取消 G34 减速加工。

（3）若程序中无 G34/G35 指令，则默认为取消减速加工。

15. 拐点延长指令 G36、G37

功能与目的：自动进行清角处理，所加工工件会有较明显的痕迹，但不影响尺寸精度和表面粗糙度，其尖角比较好。

指令格式：

（1）G36：单独作为程序段。

（2）G37：G37程序段格式如下：

```
G37{距离值};或 G37{距离值}T{暂停时间};
```

详细说明如下：

（1）G37指令表示在G01、G02、G03程序段产生过切，但只在*X*、*Y*两轴加工并具有补偿功能的程序中起作用。

内角：沿拐角的角平分线方向向外延长给定距离。

外角：当外角为钝角时，沿直线端的终点方向或圆弧切线方向延长给定距离。

（2）G35指令表示取消G34减速加工。

（3）若程序中无G34/G35指令，则默认为取消减速加工。

16. 偏移补偿指令G40、G41、G42

G41为左偏移补偿指令，其程序段格式为

```
G41  D;
```

G42为右偏移补偿指令，其程序段格式为

```
G42  D;
```

程序段中的D表示偏移补偿量，其计算方法与前面相同。左、右偏移是从加工方向来看的，电极丝在加工图形左边为左偏移；电极丝在加工图形右边为右偏移，如图5-2-6所示。G40为取消偏移补偿指令。

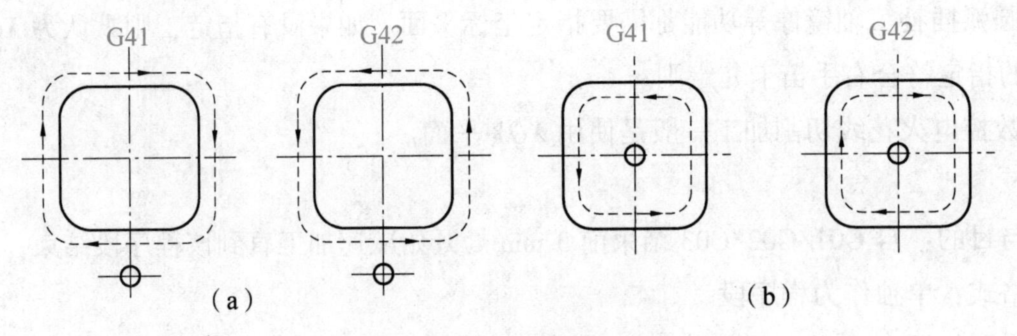

图5-2-6　偏移补偿指令

（a）凸模加工；（b）凹模加工

17. 锥度加工指令G50、G51、G52

在目前的一些数控电火花线切割机床上，锥度加工都是通过装在上导轮部位的*U*、*V*附加轴工作台实现的。加工时，控制系统驱动*U*、*V*附加轴工作台，使上导轮相对于*X*、*Y*坐标轴工作台平移，以获得所要求的锥角。用此方法可以解决凹模的漏料问题。

G51 为锥度左偏指令，G52 为锥度右偏指令，G50 为消除锥度指令。

程序段格式为

```
G51(G52)  A;
```

程序段中的 A 表示锥度值。

例如，图 5-2-7 中的凹模锥度加工指令的程序段格式为“G51　A0.5;”。加工前还需输入工件及工作台参数指令 W、H、S。

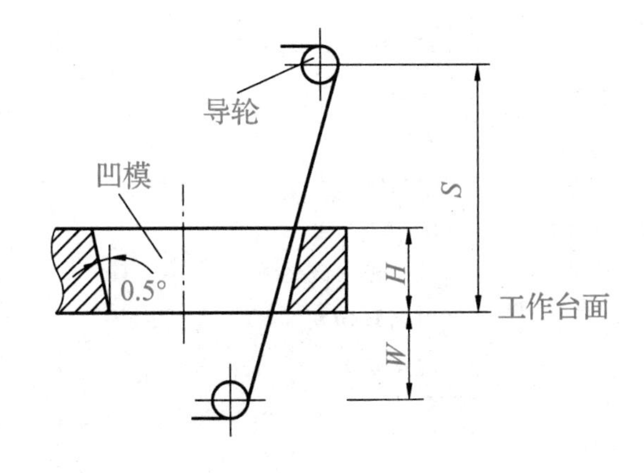

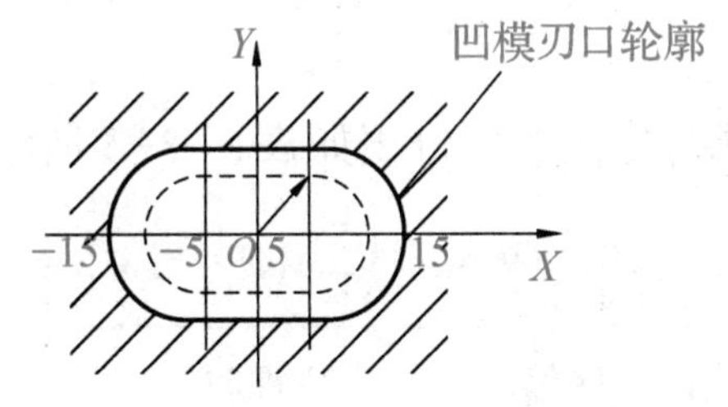

图 5-2-7　凹模锥度加工

任务实施

任务实施过程如下：

(1) 建立坐标系并按图样尺寸计算轮廓交、切点坐标，圆心坐标，并确定其偏移距离。加工轨迹如图 5-2-8 所示。

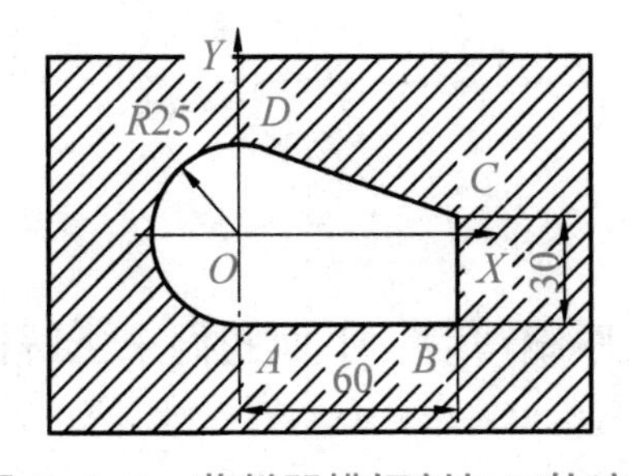

图 5-2-8　落料凹模切割加工轨迹图

（2）D 点坐标（弧 AD 与直线 CD 的切点）为（8.456，23.526）。

（3）偏移距离：$F_{凹}=R+\delta=$（0.16/2+0.01）mm＝0.09 mm。

（4）选 O 点为加工起点（穿丝孔在该处），其加工顺序为 $O—A—B—C—D—A—O$。

（5）ISO 代码编程加工程序：

```
P01;                              程序名
G92 X0 Y0;                        定起点
G41 D90;                          确定偏移,应放于切入线之前
G01 X0 Y -25000;                  O—A
G01 X60000 Y-25000;               A—B
G01 X60000 Y5000;                 B—C
G01 X8456 Y23526;                 C—D
G03 X0 Y-25000 I8456 J23526;      D—A
G40;                              放于退出线之前
G01 X0 Y0;                        回到起切点
M02;                              程序结束
```

任务评价

凹模零件 ISO（或 G）代码程序编写任务评价表如表 5-2-3 所示。

表 5-2-3　凹模零件 ISO（或 G）代码程序编写任务评价表

<table>
<tr><td colspan="2">任务名称</td><td>凹模零件 ISO 代码程序编写</td><td>课时</td><td colspan="4"></td></tr>
<tr><td colspan="2">任务评价成绩</td><td></td><td>任课教师</td><td colspan="4"></td></tr>
<tr><td>类别</td><td>序号</td><td>评价项目</td><td>结果</td><td>A</td><td>B</td><td>C</td><td>D</td></tr>
<tr><td rowspan="2">基础知识</td><td>1</td><td>加工路径选择</td><td></td><td></td><td></td><td></td><td></td></tr>
<tr><td>2</td><td>加工点位计算</td><td></td><td></td><td></td><td></td><td></td></tr>
<tr><td>操作</td><td>3</td><td>编写程序</td><td></td><td></td><td></td><td></td><td></td></tr>
<tr><td colspan="2">总结</td><td colspan="6"></td></tr>
</table>

知识拓展

掌握了 ISO（或 G）代码的程序编写后，下面我们来了解锥度（LG）编程技术。

1. 锥度加工格式及其定义

锥度编程采用绝对坐标（单位为 μm），上、下平面图形统一的坐标系，编程时每一直纹面为一段。直纹面是由上、下平面的直线段或圆弧段与对应的下平面的直线段或圆弧段组成

的、母线均为直线的特殊曲面。编程时要求出这些直线段或圆弧段的起点和终点，而且上、下平面的起点和终点一一对应。

指令格式：

```
(1) x1    y1                  上平面起点坐标
(2) x2    y2                  上平面终点坐标
(3) L(或C)                     L为直线,C为圆弧
(4) x3    y3                  下平面起点坐标
(5) x4    y4                  下平面终点坐标
(6) L(或C)
(7) A(或Q)                     A为段之间的分隔符,Q为程序结束符
```

如果第3行或第6行为“C”，则在第3行与第4行（或第6行与第7行）之间加入两行：

```
3')    x0    y0               圆心坐标
3")   C(或W)                   C为逆圆,W为顺圆
```

注意：LG编程时穿丝切入一般采用垂直切入法；所采用的坐标系为固定坐标系，所求的数值有正负（与3B程序中的随动坐标系，数值为绝对值不同）；数值单位依然采用μm。

2. 编程举例

【例5-2-3】编制图5-2-9所示四棱锥台的加工程序，上面外形尺寸为20 mm×12 mm，倒角圆弧 R=1 mm，下面外形尺寸为16 mm×10 mm，倒角圆弧 R=1 mm，加工工艺路线上平面为0—0′—3—2—1—8—7—6—5—4—0′—0，下平面为0—0″—3′—2′—1′—8′—7′—6′—5′—4′—0″—0。

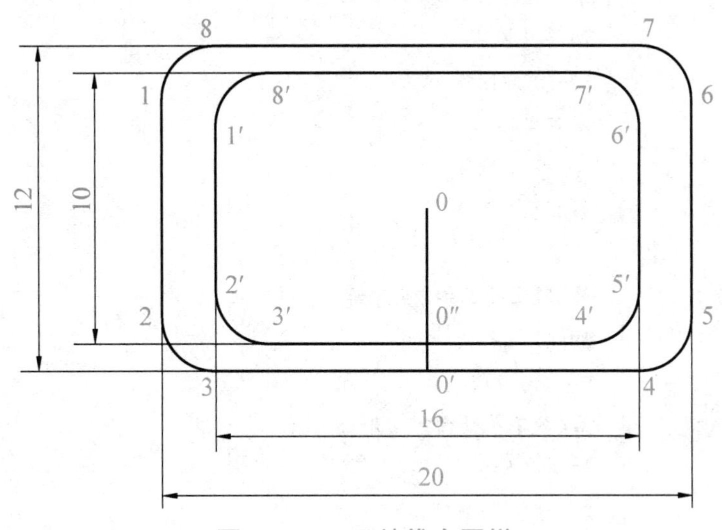

图5-2-9　四棱锥台图样

解：加工程序如下：

```
上平面为  0—0′—3—2—1—8—7—6—5—4—0′—0
下平面为  0—0″—3′—2′—1′—8′—7′—6′—5′—4′—0″—0
(1)
    0 0                          0点坐标，上平面由0点开始
    0 -6000                      切到0′点
    L                            0—0′为直线
    0 0                          0点坐标，上平面由0点开始
    0 -5000                      切到0″点
    L                            0—0″为直线
    A                            第1段完毕
(2)
    0   -6000                    第2段上平面由0′点开始
    -9000  -6000                 切到3
    L                            0′—3为直线
    0 -5000                      第2段下平面由0″点开始
    -7000 -5000                  切到3′点
    L                            0″—3′为直线
    A                            第2段完毕
(3)
    -9000 -6000                  第3段上平面由3点开始
    -10000 -5000                 切到2点
    C                            3—2为圆弧
    -9000 -5000                  圆心坐标
    W                            3—2为顺圆
    -7000 -5000                  第3段下平面由3′点开始
    -8000 -4000                  切到2′点
    C                            3′—2′为圆弧
    -7000 -4000                  圆心坐标
    W                            3′—2′为顺圆
    A                            第3段完毕
(4)
    -10000   -5000               第4段上平面由2点开始
    -10000 -5000                 切到1点
    L                            2—1为直线
    -8000  -4000                 第4段下平面由2′点开始
    -8000 4000                   切到1′点
    L                            2′—1′为直线
    A                            第4段完毕
(5)
    -10000   5000                第5段上平面由1点开始
```

```
    -9000   6000          切到8点
    C                     1—8为圆弧
    -9000 5000            圆心坐标
    W                     1—8为顺圆
    -8000 4000            第5段下平面由1′点开始
    -7000 5000            切到8′点
    C                     1′—8′为圆弧
    -7000 4000            圆心坐标
    W                     1′—8′为顺圆
    A                     第5段完毕
(6)
    -9000 6000            第6段上平面由8点开始
    9000   6000           切到7点
    L                     8—7为直线
    -7000   5000          第6段下平面由8′点开始
    7000    5000          切到7′点
    L                     8′—7′为直线
    A                     第6段完毕
(7)
    9000   6000           第7段上平面由7点开始
    10000   5000          切到6点
    C                     7—6为圆弧
    9000   5000           圆心坐标
    W                     7—6为顺圆
    7000   5000           第7段下平面由7′点开始
    8000   4000           切到6′点
    C                     7′—6′为圆弧
    7000   4000           圆心坐标
    W                     7′—6′为顺圆
    A                     第7段完毕
(8)
    10000   5000          第8段上平面由6点开始
    10000   -5000         切到5点
    L                     6—5为直线
    8000   4000           第8段下平面由6′点开始
    8000   -4000          切5′点
    L                     6′—5′为直线
    A                     第8段完毕
(9)
    1000   -5000          第9段上平面由5点开始
    9000   -6000          切到4点
```

```
    C               5—4为圆弧
    9000  -5000     圆心坐标
    W               5—4为顺圆
    8000  -4000     第9段下平面由5′点开始
    7000  -5000     切到4′点
    C               5′—4′为圆弧
    7000  -4000     坐标圆心
    W               5′—4′为顺圆
    A               第9段完毕
(10)
    9000  -6000     第10段上平面由4点开始
    0-6000          切到0′点
    L               4—0′为直线
    7000  -5000     第10段下平面由4′点开始
    0-5000          切到0″点
    L               4′—0″为直线
    A               第10段完毕
(11)
    0  -6000        第11段上平面由点0′开始
    0  0            切到0点
    L               0′—0为直线
    0-5000          第11段下平面由0″点开始
    00              切到0点
    L               0″—0为直线
    Q               程序结束
```

【例5-2-4】编制图5-2-10所示“天圆地方”的加工程序。上面外形尺寸为ϕ14. 14 mm，下面外形尺寸为10 mm×10 mm，加工工艺路线上平面为0—0′—1—2—3—4—0′—0，下平面为0—0″—1′—2′—3′—4′—0″—0。

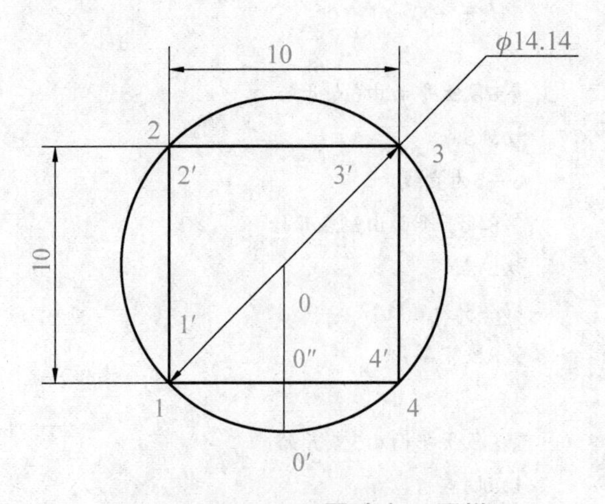

图5-2-10　“天圆地方”图样

解：加工程序如下：

```
上平面为0—0′—1—2—3—4—0′—0
下平面为0—0″—1′—2′—3′—4′—0″—0
(1)
    0       0              0点坐标,上平面由0点开始
    0       -7070          切到0′点
    L                      0—0′为直线
    0       0              0点坐标,下平面由0点开始
    0-5000                 切到0″点
    L                      0—0″为直线
    A                      第1段完毕
(2)
    0       -7070          0′点坐标,第2段上平面由0′点开始
    -5000   -5000          切到1点
    C                      0′—1为圆弧
    0       -5000          0″点坐标,第2段下平面由0″点开始
    -5000   -5000          切到 1′点
    L                      0″—1′为直线
    A                      第2段完毕
(3)
    -5000   -5000          第3段上平面由1点开始
    -5000   5000           切到2点
    C                      1—2为圆弧
    0       0              圆心坐标
    W                      1—2为顺圆
    -5000     -5000        第3段下平面由1′开始
    -5000     5000         切到2′点
    L                      1′—2′为直线
    A                      第3段完毕
(4)
    -5000   50000          第4段上平面由2点开始
    5000    5000           切到3点
    C                      2—3为圆弧
    0       0              圆心坐标
    W                      2—3为顺圆
    -5000   5000           第4段下平面由2′点开始
    5000    5000           切到3′点
    L                      2′—3′为直线
    A                      第4段完毕
(5)
    5000    5000           第5段下平面由3点开始
```

```
    5000    -5000              切到4点
    C                          3—4为圆弧
    0       0                  圆心坐标
    W                          3—4为顺圆
    5000    5000               第5段下平面由3′点开始
    5000    -5000              切到4′点
    L                          3′—4′为直线
    A                          第5段完毕
(6)
    5000    -5000              第6段下平面由4点开始
    0       -7070              切到0′点
    C                          4—0′为圆弧
    0       0                  圆心坐标
    W                          4—0′为顺圆
    5000    -5000              第6段下平面由4′开始
    0       -5000              切到0″点
    L                          4′—0″为直线
    A                          第6段完毕
(7)
    0     -7070                第7段下平面由0′开始
    0       0                  切到0点
    L                          0′—0为直线
    0       -5000              第7段下平面由0″开始
    0       0                  切到0点
    L                          0″—0为直线
    Q                          程序结束
```

任务三　电火花线切割自动编程技术（CAXA线切割）

任务导入

零件如图5-3-1所示，现需利用CAXA线切割软件来完成零件线切割加工程序的编写。

知识要点

一、CAXA数控电火花线切割概述

CAXA线切割是一个面向线切割机床的数控编程系统，它是线切割加工行业的计算机辅助

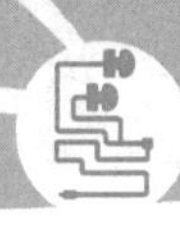

自动编程工具软件。CAXA 线切割是一个三位一体的编程系统，有 CAD 模块、编程模块和传输模块。其中，CAD 模块是 CAXA 电子图板。

CAXA 线切割可以为各种线切割加工提供快速、高效率、高品质的数控编程代码，极大简化了数控编程人员的工作内容，对于在传统编程方式下很难完成的工作，CAXA 线切割可以快速、准确地完成；CAXA 线切割提高了数控编程人员的工作效率；CAXA 线切割可以交互式绘制需要切割的图形，生成带有复杂形状轮廓的两轴线切割加工轨迹；CAXA 线切割支持快走丝线切割机床，可输出 3B/4B 代码；CAXA 线切割软件提供计算机与线切割机床通信接口，可以把计算机与线切割机床连接起来，直接将生成的 3B/4B 代码输入机床。

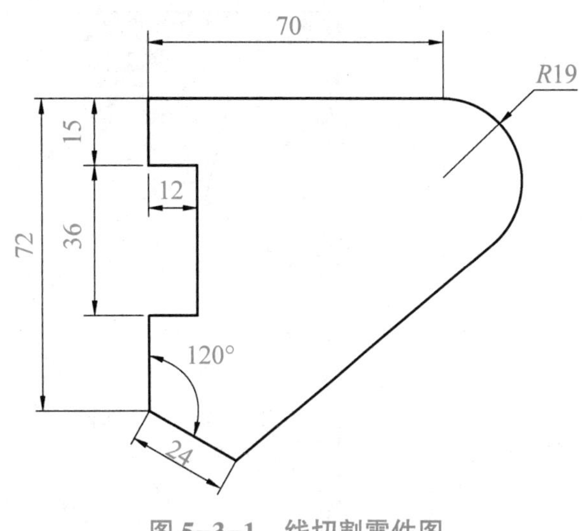

图 5-3-1　线切割零件图

二、CAXA 数控电火花线切割鼠标和键盘的应用

1. 鼠标的应用

CAXA 数控电火花线切割的鼠标左键用来选择与执行命令；鼠标右键用来结束与重复上次的命令；鼠标中键用来滚动实现缩放，按住可实现平移。

2. 键盘的应用

CAXA 数控电火花线切割键盘的基本用法与普通 CNC 微型计算机的用法一致；〈F1〉~〈F12〉键实现各类热键功能，其中〈F1〉键使用帮助，〈F2〉键切换显示当前坐标/相对移动距离，〈F3〉键显示全部，〈F4〉键指定参考点，〈F5〉键切换坐标系，〈F6〉键动态导航，〈F7〉键三视图导航，〈F8〉键开关鹰眼，〈F9〉键全屏显示；方向键可以帮助实现图形的移动；空格键实现捕捉功能与删除选择功能。

三、CAXA 数控电火花线切割图形的绘制

CAXA 线切割中的 CAD 模块是 CAXA 电子图板，具有易学易用的特点，采用图标式操作及立即菜单切换选择，状态栏提示人机对话等方式使绘图变得很简单。CAXA 线切割绘图界面如图 5-3-2 所示。

1. 绘图风格的设定

在绘制图纸前，应该根据企业的习惯制订界面、系统配置、快捷键、标注风格等模板文件，以实现绘图的标准化，提高绘图效率。

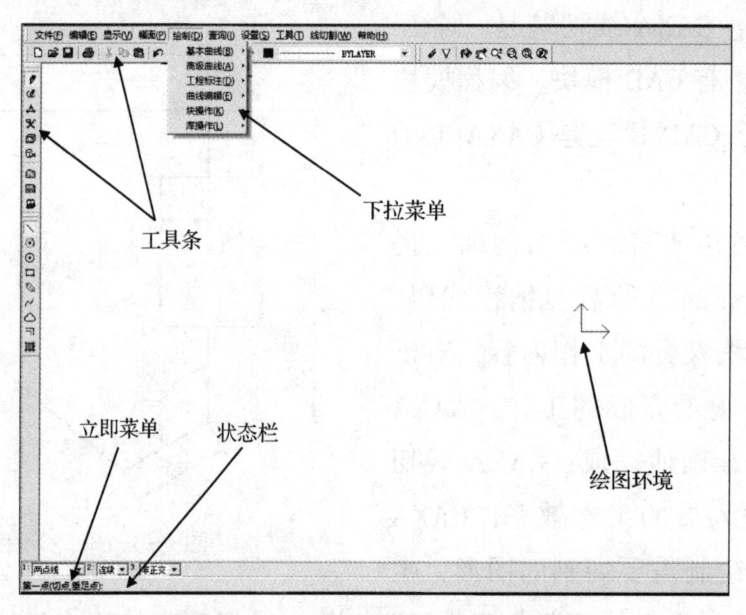

图 5-3-2 CAXA 线切割绘图界面

（1）新、旧面孔的切换。

CAXA 电子图板提供新、旧两种面孔，以贴近不同用户的使用习惯。单击“工具”→“界面操作”中的“恢复老面孔（显示新面孔）”实现两种面孔的切换。

（2）定制常用工具条。

单击“工具”→“自定义操作”，弹出“自定义”对话框选择“工具栏”，单击“新建”，在“工具条名称”下方输入“标准工具条”，单击“确定”；在对话框中选择“命令”，并选择合适的命令图标，将其拖到“标准工具条”中，定制自己的常用工具条，如图 5-3-3 所示。

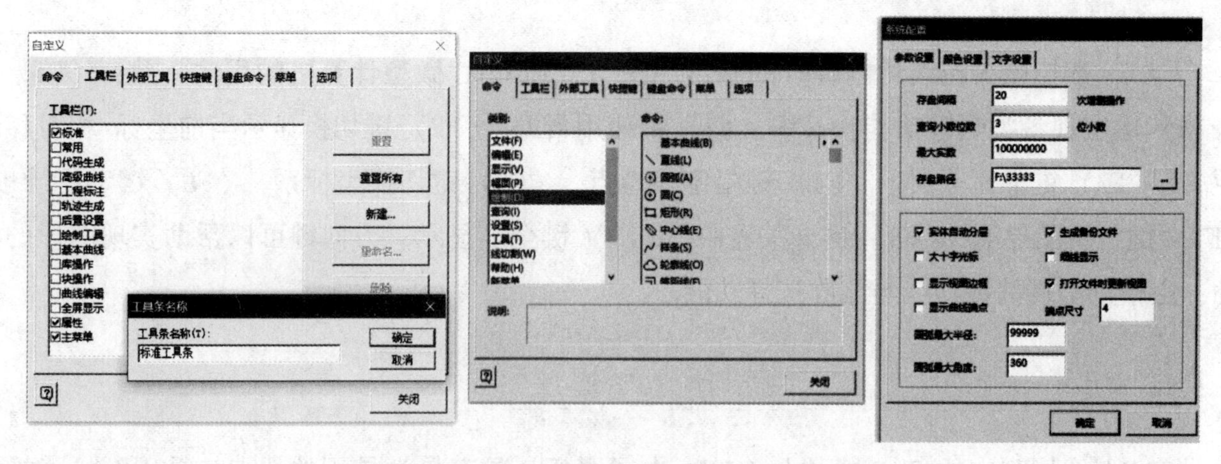
图 5-3-3 CAXA 线切割常用工具条的定制

（3）界面的配置。

在“自定义”对话框中的“工具栏”里调出常用工具条，将其移到合适的位置；在“工具”→“界面操作”中选择“保存界面配置”，定制企业标准界面文件；其他计算机如需加载不同的配置，可选择“加载界面配置”，将保存好的文件调入，即可完成标准界面风格的引用。

（4）系统的配置。

单击“工具”→“选项”，弹出“系统配置”对话框，在对话框中可实现“存盘间隔”“行文件路径”“文字设置”等基本配置。

（5）快捷键的定制。

单击“工具”→“自定义操作”，选择“键盘命令”；选择“绘图”→“直线”，弹出“自定义”对话框，“输入新的键盘命令”为“ll”，单击“指定”，完成快捷键的定制；此时输入键盘命令“ll”，右击（或按〈Enter〉键），即可执行绘制直线命令，如图 5-3-4 所示。

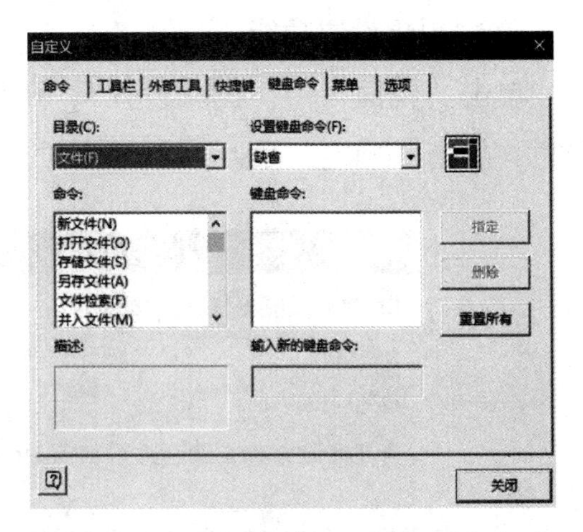

图 5-3-4　CAXA 线切割快捷键的定制

（6）绘图模板的定制。

单击“格式”，依次选择“层控制”“线型”“颜色”“文本风格”“标注风格”“剖面图案”“点样式”，在弹出的对话框中选定合适的参数，设定企业标准的绘图风格；选择“文件”→“另存文件”，在弹出的对话框中选择保存类型为“模板文件＊.tpl”，选择路径为软件安装目录下的“support\chs”（以简体版软件为例），输入模板名称得到企业标准绘图模板，如图 5-3-5 所示。

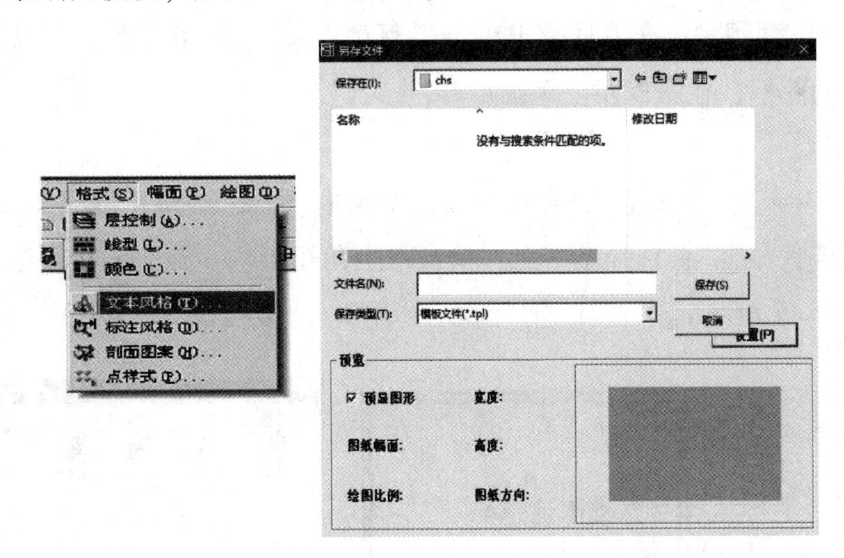

图 5-3-5　CAXA 线切割绘图模板的定制

2. 零件图绘图功能介绍

通过练习掌握 CAXA 线切割技术要点。其技术要点主要包括：基本绘图命令（状态栏的引导）的使用；键盘命令的使用；立即菜单的选择切换方法（按〈Alt+数字〉键）；智能、导航等捕捉方式的应用；直线、圆弧、圆、矩形、样条线、点、椭圆、公式曲线、等距线等绘图命令的应用；删除、平移、旋转、镜像、缩放，裁剪、过渡、齐边、打断等；工程标注：基本标注、连续标注、基准标注、公差标注等修改命令的应用；图库类型（标准件库、构件库、技术要求库）、图符调用与修改等图库操作。

3. 图幅模板的定制

CAXA 电子图板提供国标图框、标题栏、明细表等标准模板。我们也可以按照企业标准定制模板。

（1）图幅设置功能。

单击“幅面”→“图幅设置”，在弹出的对话框中选择合适的图纸幅面、比例、图框、标题栏，单击“确定”，即可调入需要的图幅，如图 5-3-6 所示。

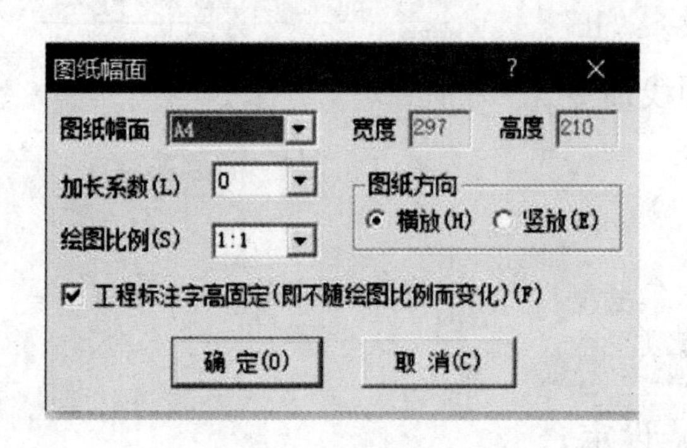

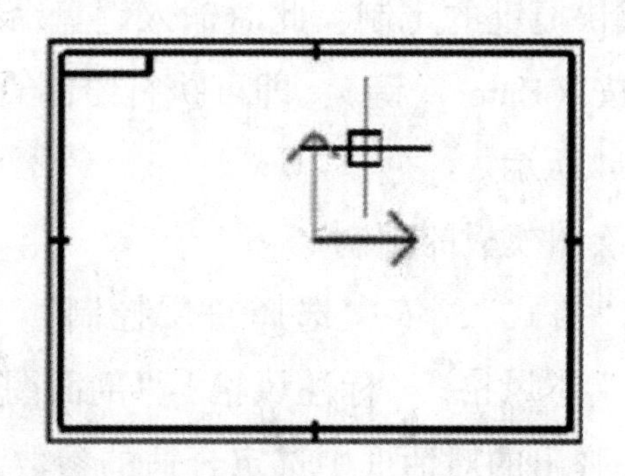

图 5-3-6　CAXA 线切割绘图图幅的设置

（2）绘制定义的图框。

在工具条中单击“拾取过滤设置”，在拾取设置的“实体”中选择“全有”；拾取标题栏，按〈Delete〉键删除；在工具条中单击“打散”，拾取图框，将其打散；修改图形以绘制企业标准的图框，在图框左上角画矩形。

（3）定义图框。

单击“幅面”→“定义图框”，框选拾取整个图框，右击确定；按〈Alt+1〉键将立即菜单切换为“带图样代号框”；选择基准点；单击左上角矩形内一点，输入图框文件名称，单击“确定”，如图 5-3-7 所示。

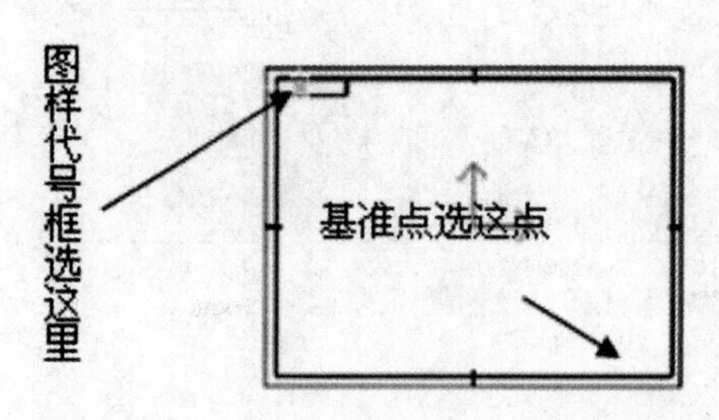

图 5-3-7　CAXA 线切割绘图图框的定义

（4）定义标题栏。

调入标题栏并打散，以之为基础绘制企业标准的标题栏（包括线条和文字）；单击“幅面”→“定义标题栏”，框选拾取此标题栏，右击确定，依次拾取要填写的区域，弹出“定义

标题栏表格单元”对话框，在“表格单元名称”下选择（或输入）名称，“表格单元默认内容”下方输入要填写的默认内容，右击确定即可定制标题栏模板；此时选择“填写标题栏”可填写自定义的标题栏，如图 5-3-8 所示。

（5）定义明细表表头。

单击“幅面”→“明细表”→“定制明细表”，在弹出的对话框中定制合适的表头，同样设置好明细表的文本及其他；单击“存储文件”，即可把标准明细表表头作为模板文件共享使用，如图 5-3-9 所示。

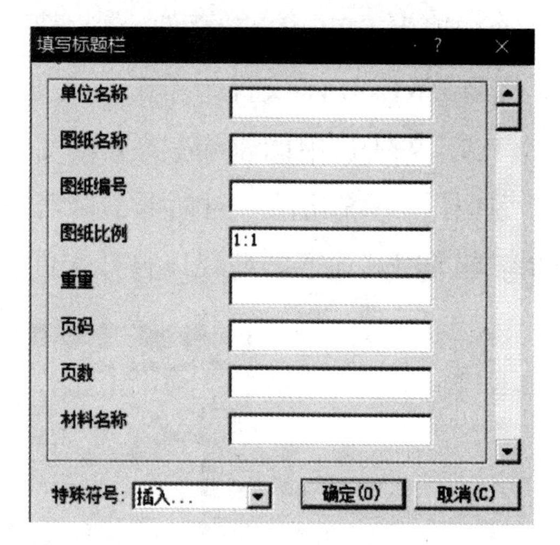

图 5-3-8　CAXA 线切割绘图标题栏的定义

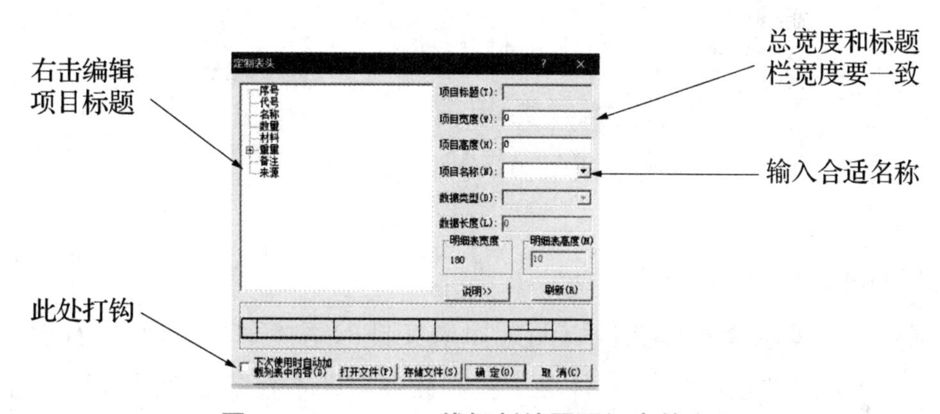

图 5-3-9　CAXA 线切割绘图明细表的定义

（6）生成明细表并输出。

调入装配图，在工具条中单击“生成序号”，单击“关联数据库”，指定一个 XLS 表格，单击“输出数据”，即可把明细表输出。

4. 数据接口

CAXA 电子图板具有强大的数据接口，支持 DWG/DXF、IGES、HPGL、WMF 等格式文件的输入、输出；对 DWG/DXF 文件还提供批转换器，实现整批图纸的转换，如图 5-3-10 所示。

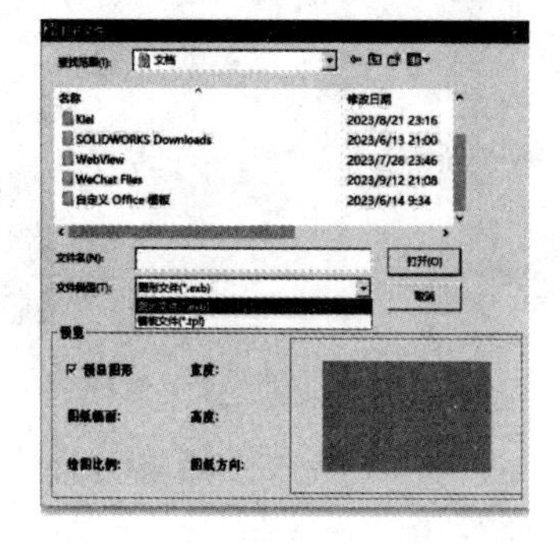

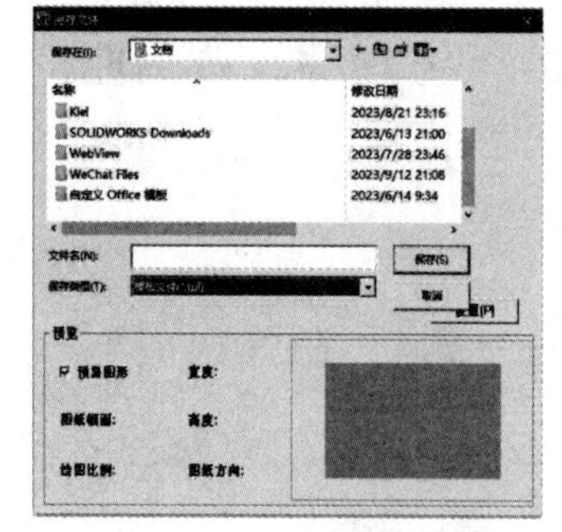

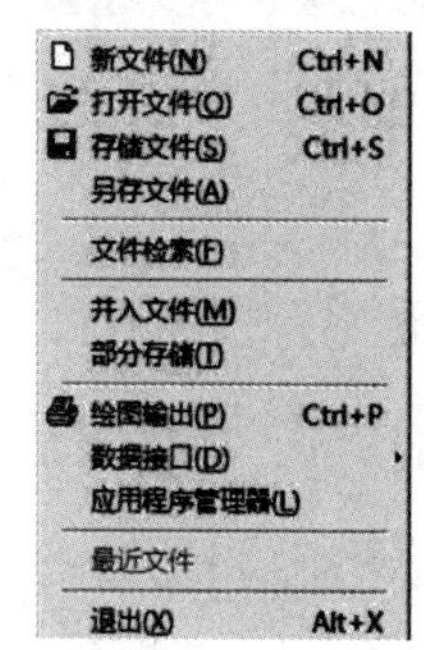

图 5-3-10　数据接口界面

（1）输入 DWG/DXF 文件。

打开 DWG/DXF 文件。单击“文件”→“打开文件”，在弹出的对话框的文件类型中选择 DWG/DXF 文件“中间轴部件 .dwg”；若某些文件打开失败，则可以单击“工具”→“选项”，弹出“系统配置”对话框，取消勾选“DWG 接口设置”，此时软件会把某些不能识别的字体忽略，用其他字体替代以打开文件，如图 5-3-11 所示。

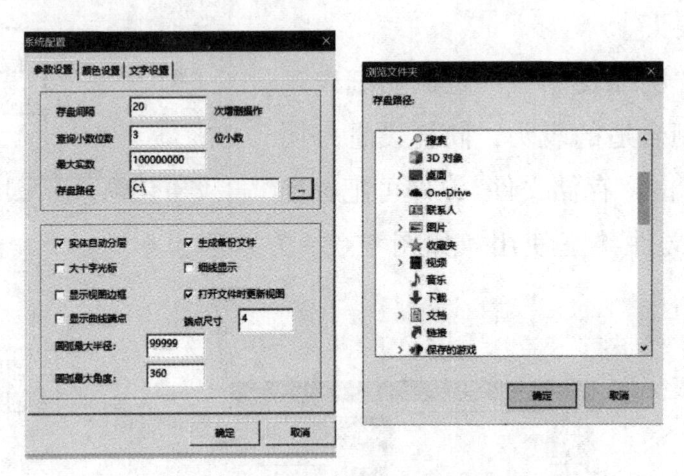

图 5-3-11　DWG/DXF 文件的打开

（2）形文件问题。

此时弹出对话框，要求查找形文件以匹配原来文件的字体。只要把对应的形文件复制到软件安装目录下的 Fonts 或 UserFonts 文件夹中，则软件自动查找此形文件以得到合适字体，也可以在系统配置中设置形文件的路径。

（3）拾取过滤。

拾取轮廓线，右击，在弹出的快捷菜单中选择“属性查询”，查看线条图层是 ACAD-27（或者是 ACAD-32）；在工具条中单击“拾取过滤设置”，根据实体、线型、图层、颜色 4 种过滤方式配合过滤，如图 5-3-12 所示。

（4）更改线型。

框选拾取整张图纸，右击，在弹出的快捷菜单中选择“属性修改”，将图层修改为 0 层、线型修改为粗实线、颜色修改为白色，即可把轮廓线改为粗实线。

（5）打印输出。

在工具条中单击“绘图输出”，在弹出的对话框中设置打印输出如图 5-3-13 所示。

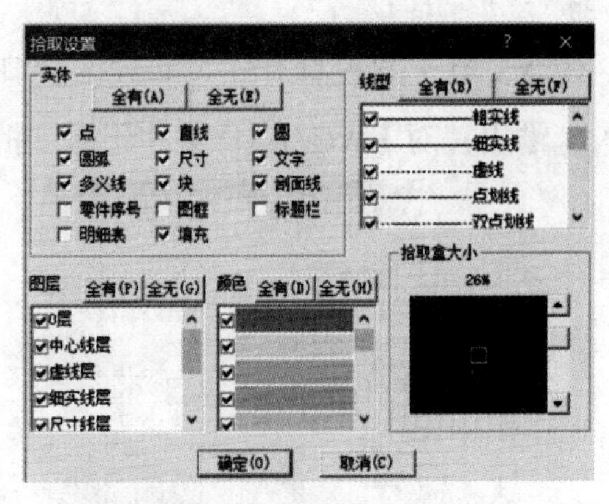

图 5-3-12　拾取过滤的设置

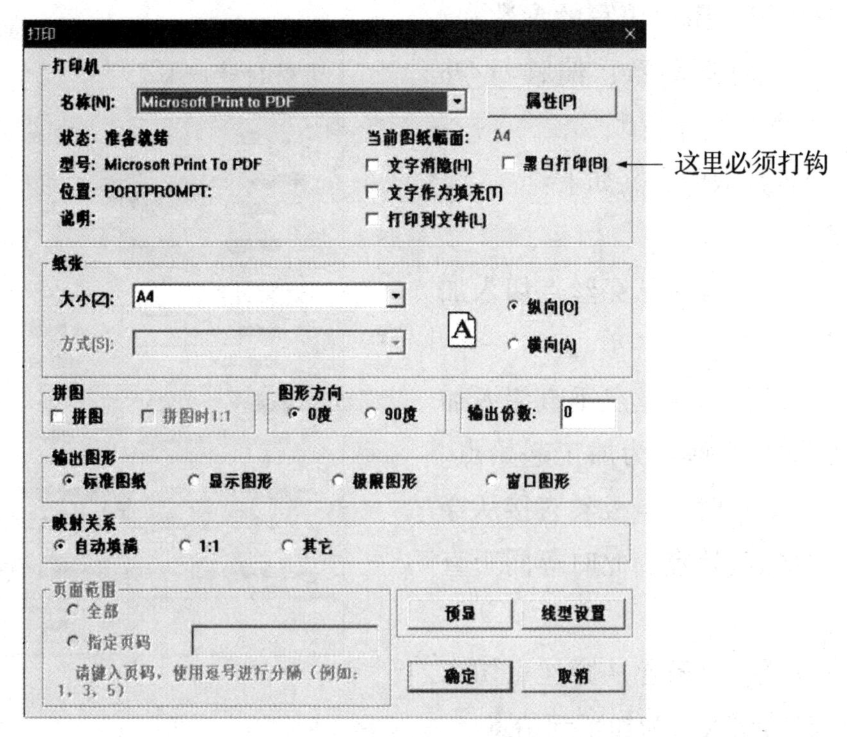

图 5-3-13　打印输出的设置

（6）线型的设置。

单击“线型设置”，在弹出的对话框中设定合适的打印线条粗细，如图 5-3-14 所示。

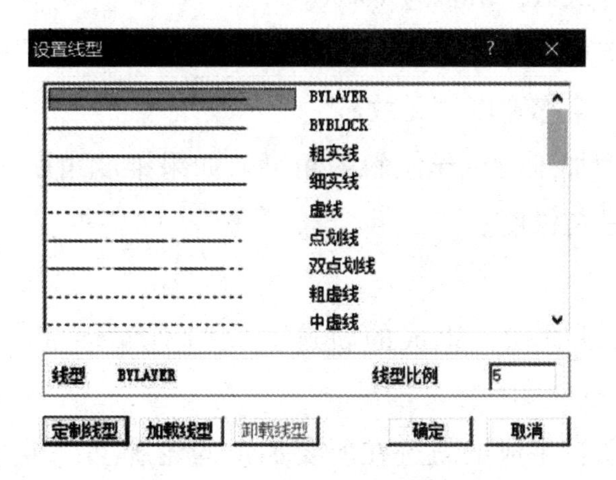

图 5-3-14　线型输出的设置

四、CAXA 数控电火花线切割 CAM 轨迹的生成

1. 轨迹生成

给定被加工的轮廓及加工参数，生成线切割加工轨迹，具体步骤如下：

操作步骤 1：单击“轨迹生成”菜单条，弹出如图 5-3-15 所示的对话框。

此对话框是一个需要用户填写的参数表。参数表的内容包括：切割参数、偏移量/补偿值。

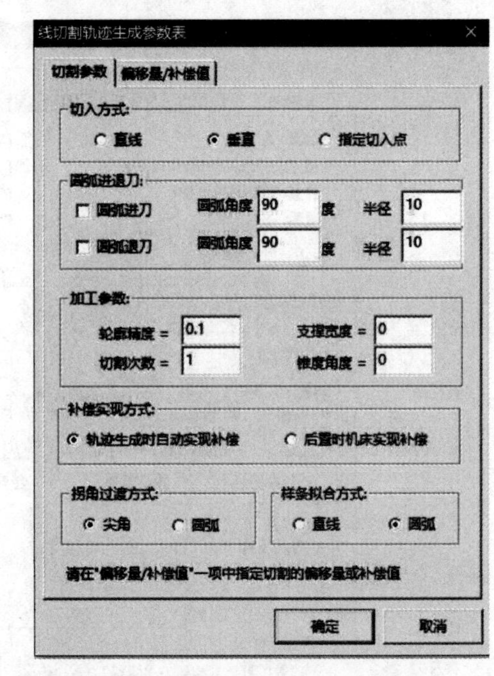

图 5-3-15 “线切割轨迹生成参数表”对话框

“切割参数”中各参数的含义如下：

（1）切入方式。

①直线方式：电极丝直接从穿丝点切入加工起始段的起始点。

②垂直方式：电极丝从穿丝点垂直切入加工起始段，以起始段上的垂点为加工起始点。当在起始段上找不到垂点时，电极丝直接从穿丝点切入加工起始段的起始点，此时等同于直线方式切入。

③指定切入点方式：电极丝从穿丝点切入加工起始段，以指定的切入点为加工起始点。

（2）加工参数。

①轮廓精度：轮廓有样条时的离散误差，对由样条曲线组成的轮廓系统，将按给定的误差把样条离散成直线段或圆弧段，用户可按需要来控制加工的精度。

②切割次数：加工工件次数，最多为 10 次。

③支撑宽度：进行多次切割时，指定每行轨迹的起始点之间保留的一段没被切割部分的宽度。当切割次数为一次时，支撑宽度值无效。

④锥度角度：进行锥度加工时，丝倾斜的角度。如果锥度角度大于 0°，则关闭对话框后用户可以选择是左锥度还是右锥度。

（3）补偿实现方式。

①轨迹生成时自动实现补偿：生成的轨迹直接带有偏移量，实际加工中即沿该轨迹加工。

②后置时机床实现补偿：生成的轨迹在所要加工的轮廓上，通过在后置处理生成的代码中加入给定的补偿值来控制实际加工中所走的路线。

（4）拐角过渡方式。

①尖角：轨迹生成过程中，轮廓的相邻两边需要连接时，各边在端点处沿切线延长后相交形成尖角，以尖角的方式过渡。

②圆弧：轨迹生成过程中，轮廓的相邻两边需要连接时，以插入一段相切圆弧的方式过渡。

（5）拟合方式。

①直线：用直线段对待加工轮廓进行拟合。

②圆弧 ：用圆弧和直线段对待加工轮廓进行拟合。

③每次切割所用的偏移量或补偿值在“偏移量/补偿值”中指定。当采用“轨迹生成时自动实现补偿”方式时，指定的是每次切割所生成的轨迹距轮廓的距离；当采用“后置时机床实现补偿”方式时，指定的是每次加工所采用的补偿值，该值可能是机床中的一个寄存器变量，也可能是实际的偏移量，要看实际情况而定。

操作步骤 2：单击“偏移量/补偿值”，弹出偏移量或补偿值设置对话框，如图 5-3-16 所示。

在此对话框中可对每次切割的偏移量或补偿值进行设置，对话框内共显示了 10 次可设置的偏移量或补偿值，但并非每次都能设置。例如，当切割次数为 2 时，只能设置两次的偏移量或补偿值，其余各项均无效。

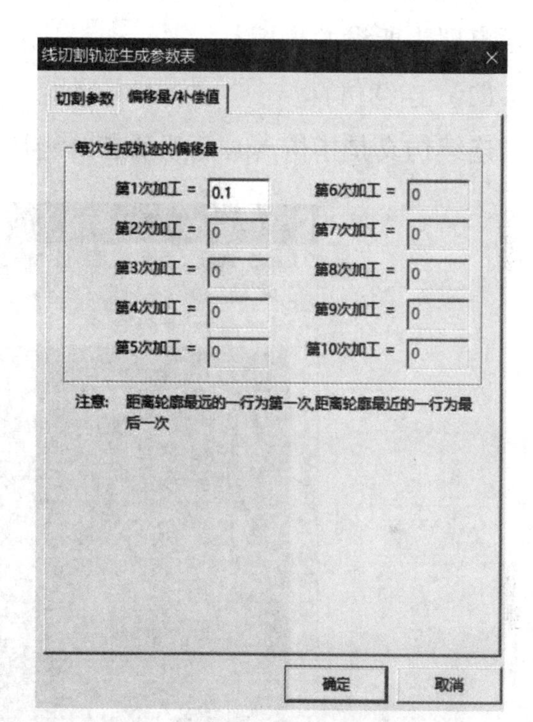

图 5-3-16　偏移量或补偿值设置对话框

注意：对以下几种加工条件的组合，系统不予支持。

①多次切割（切割次数大于 1），锥度角度大于 0°，且采用轨迹生成时实现补偿。

②多次切割，锥度角度大于 0°，支撑宽度大于 0。

③多次切割，支撑宽度大于 0，且采用机床补偿方式。

操作步骤 3：拾取轮廓线，在确定加工的偏移量后，系统提示“拾取轮廓”，此时可以利用轮廓拾取工具菜单，线切割的加工方向与拾取的轮廓方向相同。

操作步骤 4：选择加工侧边，即丝偏移的方向，生成的轨迹将按这一方向自动实现丝的补偿，补偿量即为指定的偏移量加上加工参数表里设置的加工余量。

操作步骤 5：指定穿丝点的位置及最终切到的位置，穿丝点的位置必须指定。

完成上述步骤后即可生成加工轨迹。

2. 轨迹跳步

选择“轨迹跳步”功能后，拾取多个加工轨迹，轨迹与轨迹之间将按拾取的先后顺序生成跳步线，被拾取的轨迹将变成一个加工轨迹。当生成加工代码时拾取该加工轨迹，可自动生成跳步模加工代码。

因为将选择的轨迹用跳步线连成一个加工轨迹，所以新生成的加工轨迹中只能保留一个轨迹的加工参数，系统中只保留第 1 个被拾取的加工轨迹中的加工参数。此时，如果各轨迹采用的加工锥度不同，则生成的加工代码中只有第 1 个加工轨迹的锥度角度。

3. 轨迹仿真

对已有的加工轨迹进行加工过程模拟，以检查其正确性。对系统生成的加工轨迹，仿真时用生成轨迹时的加工参数，即轨迹中记录的参数；对从外部反读进来的刀位轨迹，仿真时用系统当前的加工参数。

轨迹仿真分为连续仿真和静态仿真。仿真时可指定仿真的步长，其用来控制仿真的速度。当步长设为 0 时，步长值在仿真中无效；当步长大于 0 时，仿真中每一个切削位置之间的间隔距离即为所设的步长。

（1）连续仿真。

连续仿真是指仿真时模拟动态的线切割加工过程，如图 5-3-17 所示。

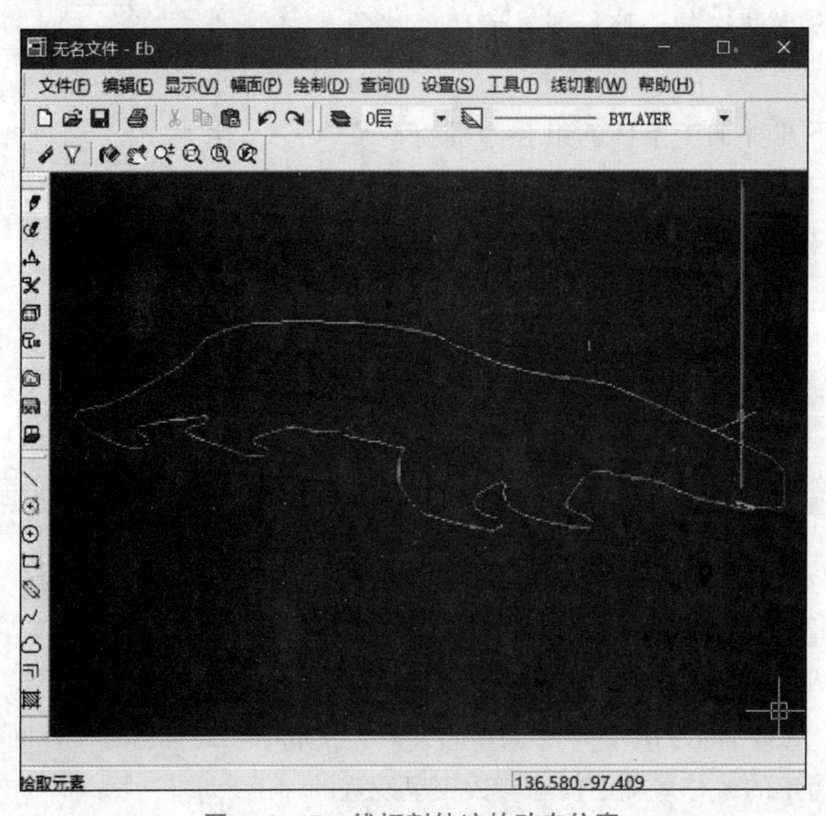

图 5-3-17　线切割轨迹的动态仿真

（2）静态仿真。

静态仿真是指显示轨迹各段的序号，且用不同的颜色将直线段与圆弧段区分开来，如图 5-3-18 所示。

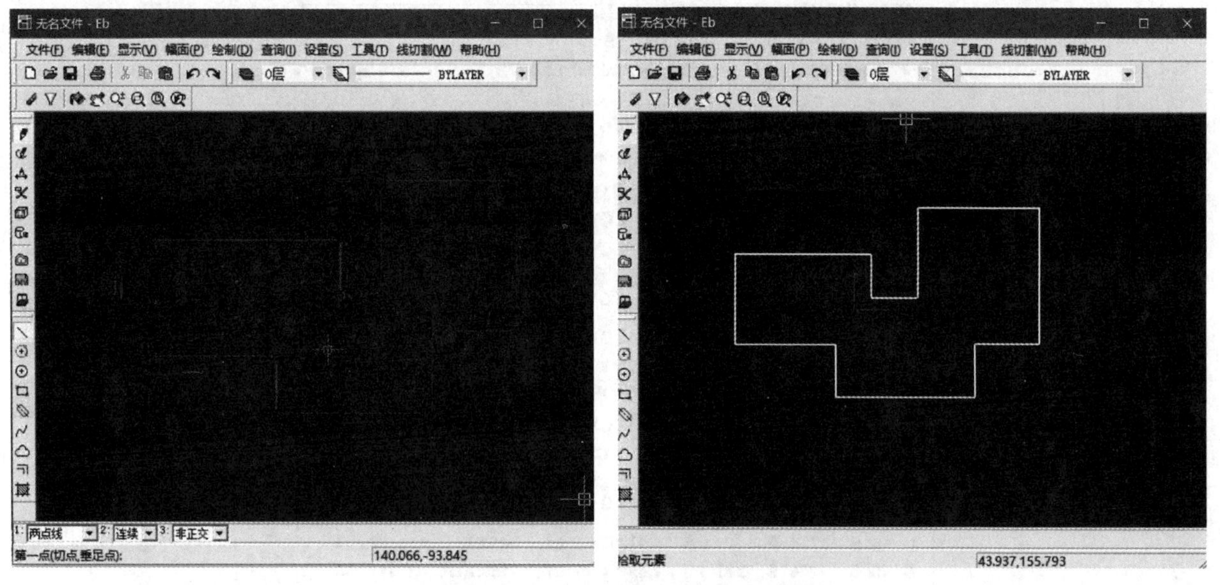

图 5-3-18　线切割轨迹的静态仿真

4. 切割面积的计算

系统根据加工轨迹和切割工件的厚度自动计算实际的切割面积，切割面积的计算公式如下：

切割面积=轨迹长度×工件厚度

操作说明：依照系统提示，用户先后拾取需计算的加工轨迹并给出工件厚度即可。

五、CAXA 数控电火花线切割程序的生成

1. 生成 3B 程序

生成轨迹后，单击生成 3B 代码图标，选择要生成程序的文件名，给定停机码和暂停码。然后拾取加工轨迹，右击或按〈Enter〉键结束拾取后，被拾取的加工轨迹即转化成 3B 加工程序。可根据需要选择不同的文件格式，如图 5-3-19 所示。

图 5-3-19　不同格式的 3B 程序

如图 5-3-20 所示为生成的详细校验型 3B 程序。

```
****************************************
CAXAWEDM -Version 2.0 , Name : 3(1).3B
Conner R= 0.00000        , Offset F= 2.00000 ,Le ngth=        274.380 mm
****************************************

Start Poi nt = -169.70491 ,     116.13441              X ,          Y
N   1: B      2 B   4889 B   4889 GY   L4 ;  -169.703 ,     111.245
N   2: B  22042 B  22041 B  22042 GX   L4 ;  -147.661 ,      89.204
N   3: B   7172 B      0 B   7172 GX   L1 ;  -140.489 ,      89.204
N   4: B      0 B   2171 B   2171 GY   L2 ;  -140.489 ,      91.375
N   5: B  24542 B  24542 B  24542 GY   L2 ;  -165.031 ,     115.917
N   6: B  19213 B  19213 B  19213 GY   L1 ;  -145.818 ,     135.130
N   7: B   9343 B      0 B   9343 GX   L3 ;  -155.161 ,     135.130
N   8: B  14542 B  14542 B  14542 GY   L3 ;  -169.703 ,     120.588
N   9: B  14541 B  14542 B  14542 GY   L2 ;  -184.244 ,     135.130
N  10: B   9343 B      0 B   9343 GX   L3 ;  -193.587 ,     135.130
N  11: B  19213 B  19213 B  19213 GY   L4 ;  -174.374 ,     115.917
N  12: B  24542 B  24542 B  24542 GY   L3 ;  -198.916 ,      91.375
N  13: B      0 B   2171 B   2171 GY   L4 ;  -198.916 ,      89.204
N  14: B   7172 B      0 B   7172 GX   L1 ;  -191.744 ,      89.204
N  15: B  22041 B  22041 B  22041 GY   L1 ;  -169.703 ,     111.245
N  16: B      2 B   4889 B   4889 GY   L2 ;  -169.705 ,     116.134
N 17: DD
```

图 5-3-20　详细校验型 3B 程序

2. 生成 4B/R3B 程序

可以按照生成 3B 程序的方法生成 4B 程序。

3. 校核 B 程序

把生成的 3B、4B/R3B 程序文件反读进来，生成线切割加工轨迹，以检查生成的 3B、4B/R3B 程序的正确性。

4. 查看/打印程序

（1）查看程序。

查看已生成加工程序文件的内容或其他文件的内容，可在选择文件对话框中选择要查看的文件类型，确定后系统将在记事本中显示出该文件的内容。

（2）打印程序。

选择记事本中的“文件”→“打印”，将已生成的加工程序文件通过 Windows 系统下安装的打印机打印出来。

六、CAXA 数控电火花线切割程序的传输

1. 传输参数的设置

按计算机与线切割机床的连接方式选择性地对传输参数进行设置，如图 5-3-21 所示。

2. 应答传输

（1）功能说明。

将生成的 3B 加工程序以模拟电报头读纸带的方式传输给线切割机床。

(2) 操作说明。

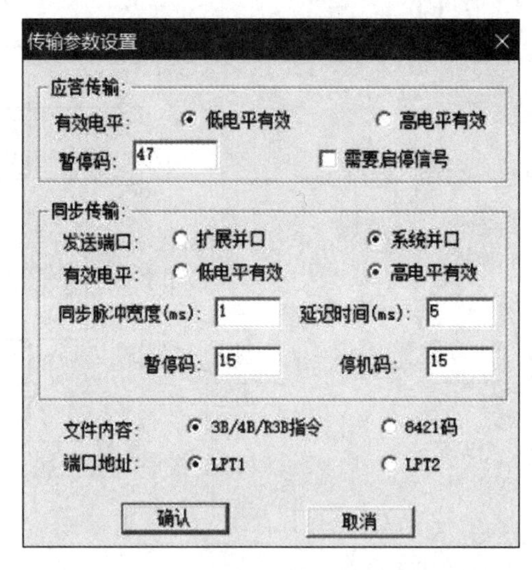

图 5-3-21　线切割传输参数的设置

在图 5-3-21 中选取“应答传输”功能项，弹出一个要求用户选取数控程序的对话框。

选取需要传输的程序文件后，按〈确定〉按钮；系统提示“回车或点鼠标键开始传输（ESC 键退出）”，在保证机床正确接收的情况下，按〈Enter〉键或单击，开始传输文件；文件传输过程中按〈Esc〉键可退出传输；系统提示“正在检测机床信号状态”，此时系统正在确定机床发出的信号的波形，并发送测试码。此时操作机床，让机床读入纸带，如果机床发出的信号状态正常，则系统的测试码被正确发送，即正式开始传输文件程序，并提示“正在传输”；如果机床的接收信号（读纸带）已经发出，而系统总处于检测机床信号的状态却不进行传输，则说明计算机无法识别机床信号，此时可按〈Esc〉键退出。传输过程中可随时按〈Esc〉键终止传输。如果传输过程中出错，则系统将停止传输，提示“传输失败”，并给出失败时正在传输的程序的行号和传输的字符。程序传输失败一般是由电缆上或电源的干扰造成的。

停止传输后，单击或按〈Esc〉键，可结束命令。

注意：执行传输程序前，连接计算机与机床的电缆要正确连接；插拔电缆前，一定要关闭计算机与机床的电源，并确保机床的输出电压为 5 V，否则有烧坏计算机的危险。

3. 同步传输

(1) 功能说明。

用计算机模拟编程机的方式，将生成的 3B /4B 加工程序快速、同步传输给线切割机床。

(2) 操作说明。

在图 5-3-21 中选取“同步传输”功能项，弹出“输入文件名”对话框，要求输入需要传输的 3B /4B 程序文件名。

输入文件名及正确的路径后，按〈确定〉按钮，系统提示“回车或点鼠标键开始传输（ESC 键退出）”，在保证机床正确接收的情况下，按〈Enter〉键或单击，开始传输；传输过程中按〈Esc〉键可退出传输。

停止传输后，单击或按〈Esc〉键，可结束命令。

任务实施

图 5-3-22 所示为角度样板图样，根据图样中的相关信息，对角度样板外轮廓进行数控编程。

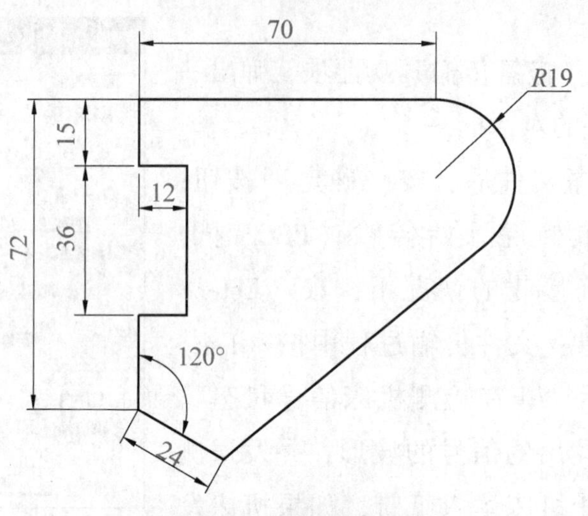

图 5-3-22　角度样板图样

CAXA 线切割中进行自动编程的步骤一般为绘图→生成轨迹→生成程序（3B 或 G 程序）→程序的传输。

一、绘图

利用 CAXA 线切割的 CAD 功能可以很方便地绘出加工零件图，为了方便作引入线，可把图形的左上角移到点（0，0），如图 5-3-23 所示。

二、生成轨迹

（1）单击“线切割”→“轨迹生成”，如图 5-3-24 所示。

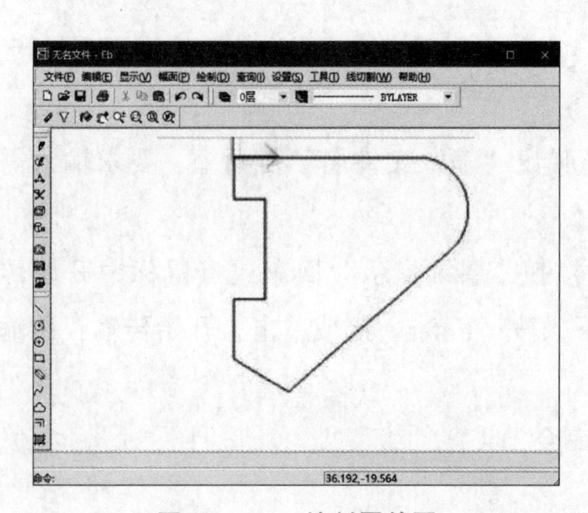

图 5-3-23　绘制零件图

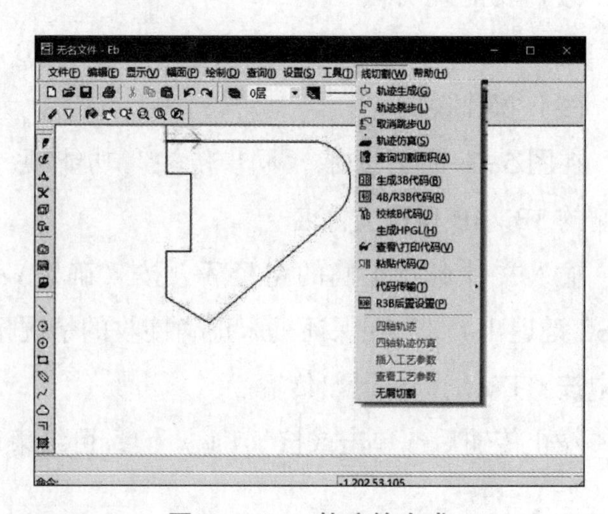

图 5-3-24　轨迹的生成

（2）系统弹出“线切割轨迹生成参数表”对话框。

切割参数“切入方式”有以下 3 种：

“直线”切入：电极丝直接从穿丝点切入加工起始点。

“垂直”切入：电极丝从穿丝点垂直切入起始段，以穿丝点在起始段上的垂点作为加工起始点。

“指定切入点”切入：此方式要求在轨迹上选择一个点作为加工的起始点，电极丝直接从穿丝点切入加工起始点。

其他切割参数可采用默认值。

已知电极丝的直径为 0.18 mm，单边放电间隙为 0.01 mm，则电极丝的偏移量为 0.1 mm。填写切割参数和偏移量，单击〈确定〉按钮，如图 5-3-25、图 5-3-26 所示。

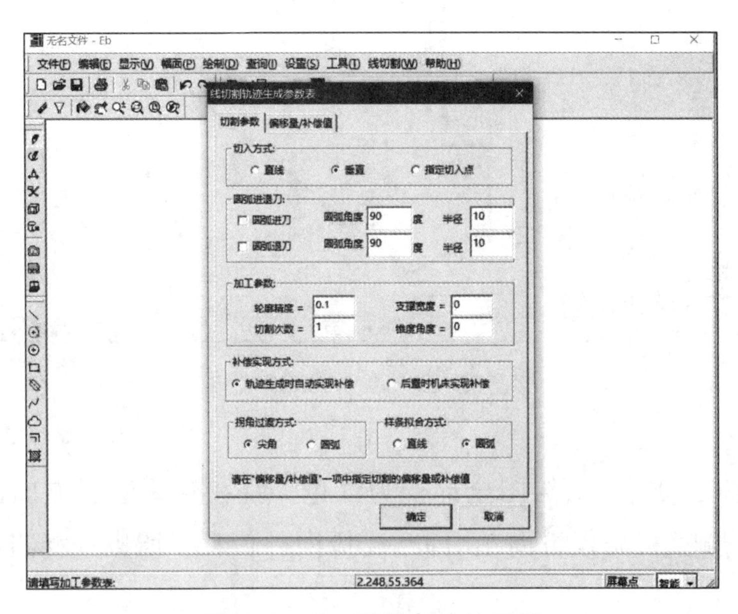

图 5-3-25　切割参数的设置

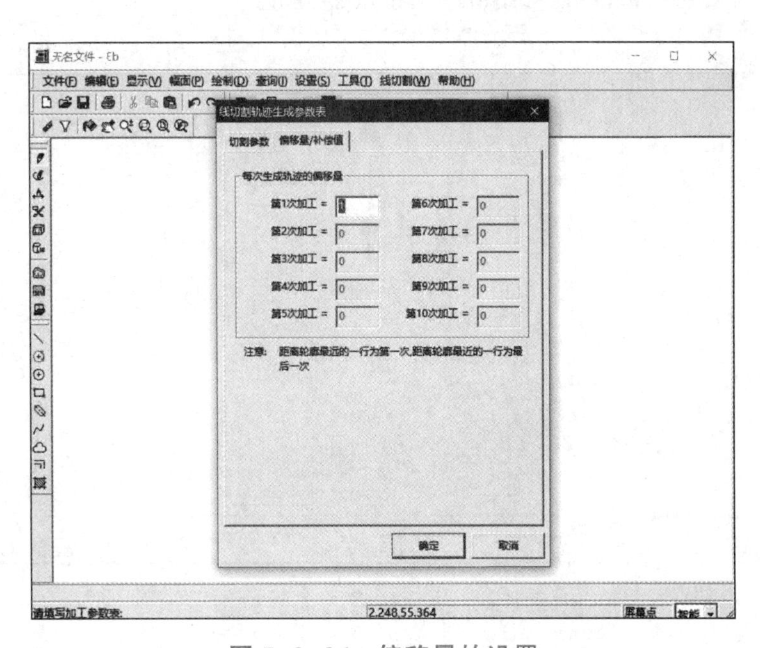

图 5-3-26　偏移量的设置

（3）系统提示“选择轮廓”，选取所绘图，如图 5-3-27 所示。被选取的图变为红色虚线，并沿轮廓方向出现一对反向箭头，系统提示“选取链拾取方向”，如果在工件左边装夹，则引入点可取在工件左上角，并选择顺时针方向箭头，使工件装夹面最后被切削。

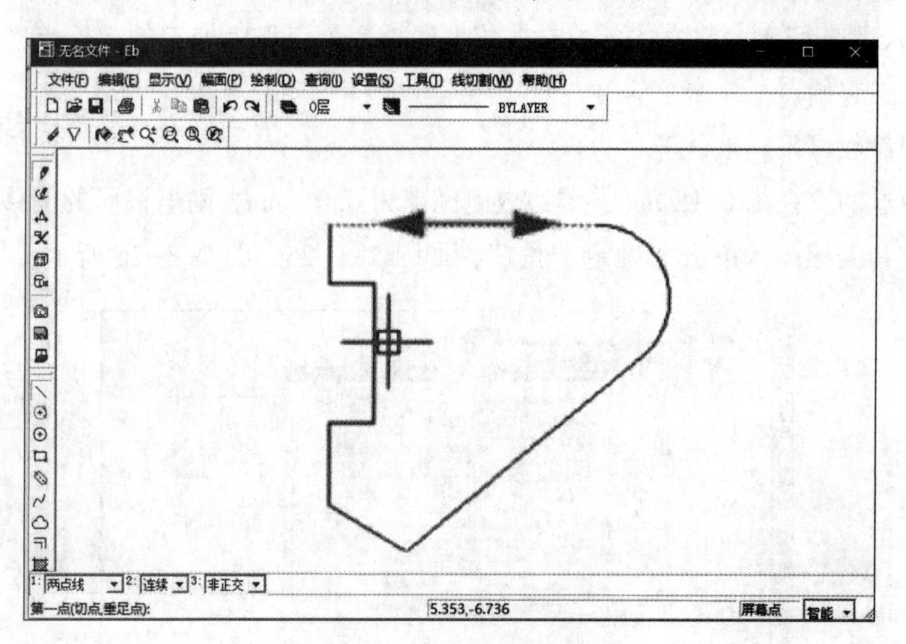

图 5-3-27　加工轮廓的选取

（4）选取链拾取方向后，所绘图全部变为红色，且在轮廓法线方向出现一对反向箭头，系统提示“选择切割侧边或补偿方向”，因凸模应向外偏移，所以选择指向图形外侧的箭头，如图 5-3-28 所示。

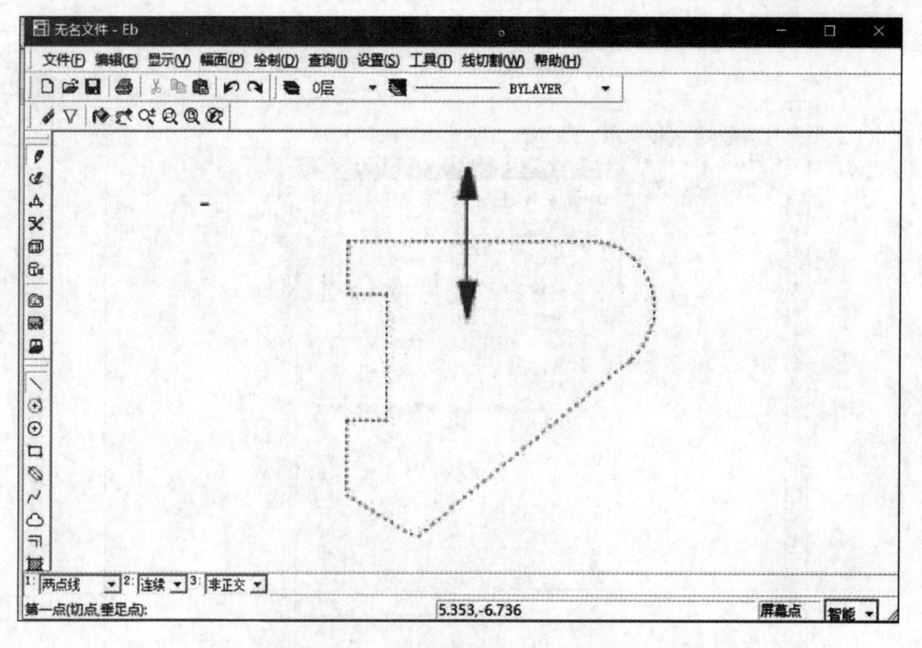

图 5-3-28　偏移方向的选取

（5）系统提示“输入穿丝点的位置”，输入“0，5”，即引入线长度取 5 mm，按〈Enter〉键，如图 5-3-29 所示。

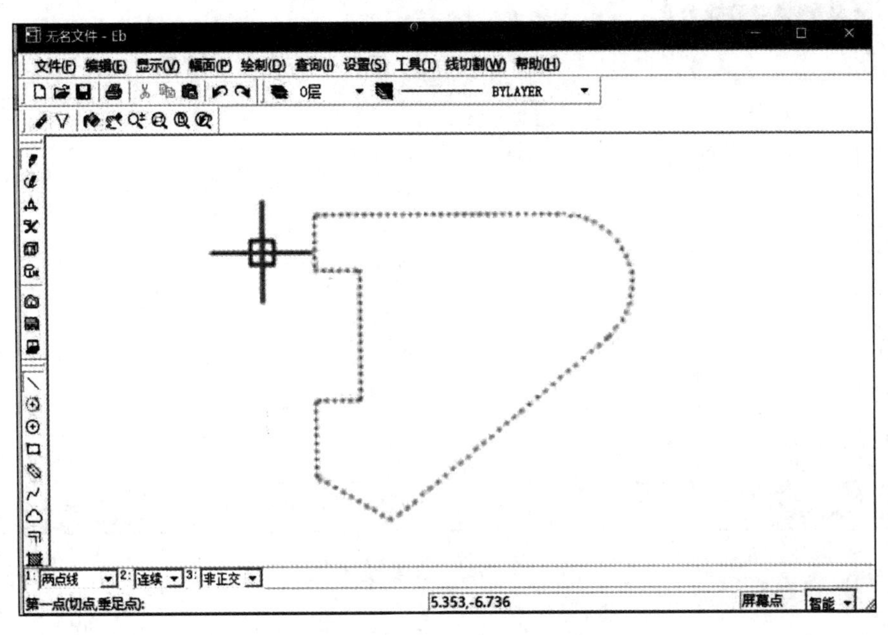

图 5-3-29　输入穿丝点

（6）系统提示“输入退出点（回车与穿丝点重合）”，直接按〈Enter〉键，穿丝点与退出点重合，系统按偏移量 0.1 mm 自动计算出加工轨迹，如图 5-3-30 所示。凸模类零件的轨迹线在轮廓线外面，如图 5-3-31 所示。

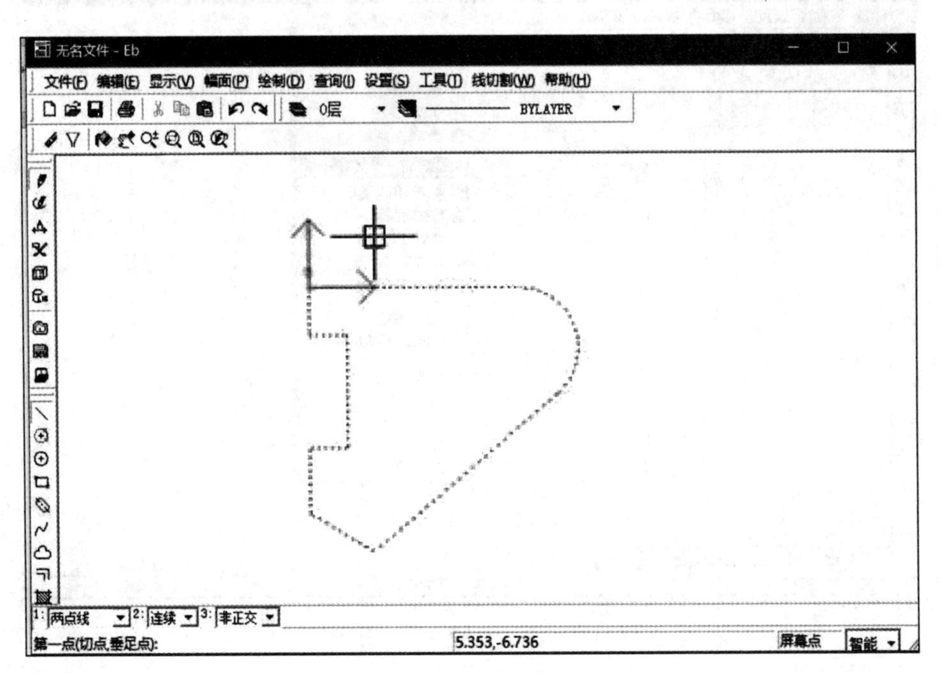

图 5-3-30　输入退出点

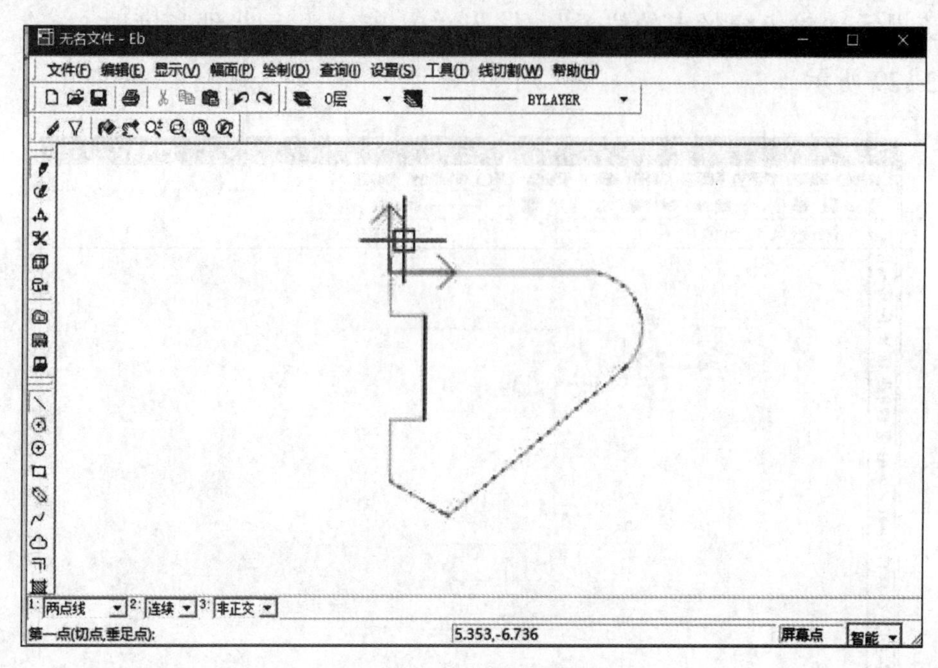

图 5-3-31　凸模轨迹图

三、生成程序

（1）单击“线切割”→“生成 3B 代码”，如图 5-3-32 所示。

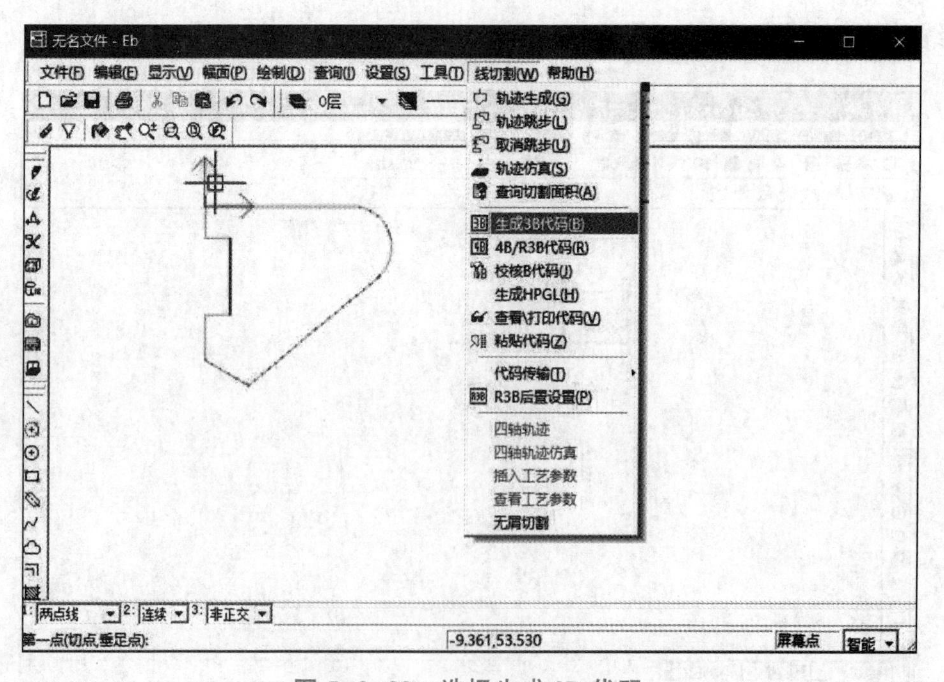

图 5-3-32　选择生成 3B 代码

（2）系统弹出“生成 3B 加工代码”对话框，要求用户输入文件名，选择存盘路径，单击〈保存〉按钮，如图 5-3-33 所示。

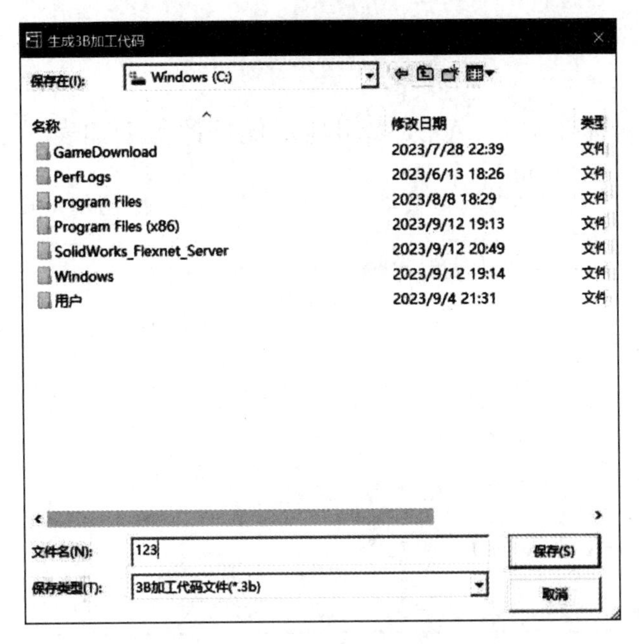

图 5-3-33　程序的存盘

（3）系统出现新菜单，并提示“拾取加工轨迹”，选择绿色的加工轨迹，右击结束轨迹拾取，系统自动生成3B程序，并在本窗口中显示程序内容，如图5-3-34所示。

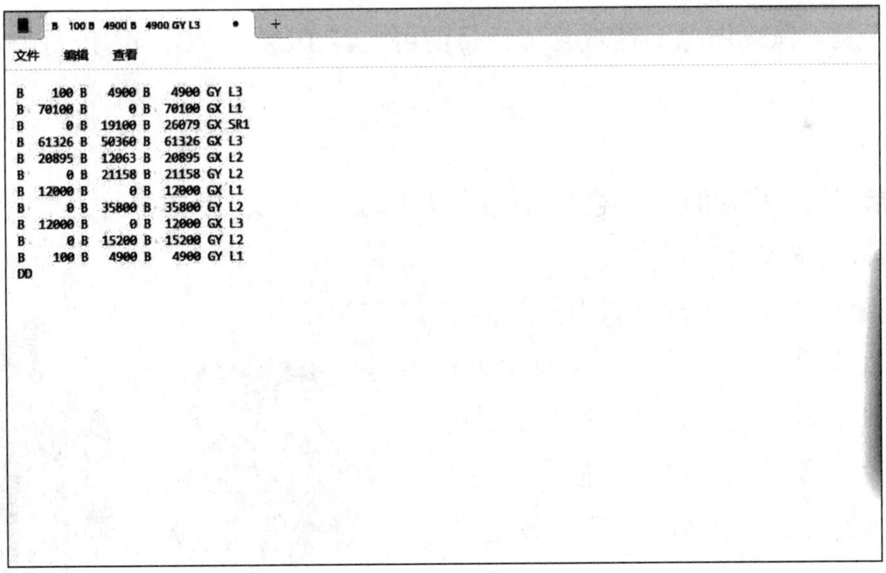

```
文件  编辑  查看

B   100 B  4900 B  4900 GY L3
B 70100 B     0 B 70100 GX L1
B     0 B 19100 B 26079 GX SR1
B 61326 B 50360 B 61326 GX L3
B 20895 B 12063 B 20895 GX L2
B     0 B 21158 B 21158 GY L2
B 12000 B     0 B 12000 GX L1
B     0 B 35800 B 35800 GY L2
B 12000 B     0 B 12000 GX L3
B     0 B 15200 B 15200 GY L2
B   100 B  4900 B  4900 GY L1
DD
```

图 5-3-34　3B程序内容

四、程序的传输

程序的传输是将数控代码从计算机传输到数控机床上，这解决了手工键盘输入程序的烦琐和易出错等问题，节约了程序输入的时间。

任务评价

电火花线切割自动编程技术（CAXA 线切割）任务评价表如表 5-3-1 所示。

表 5-3-1　电火花线切割自动编程技术（CAXA 线切割）任务评价表

任务名称		电火花线切割自动编程	课时				
任务评价成绩			任课教师				
类别	序号	评价项目	结果	A	B	C	D
基础知识	1	图形绘制					
	2	加工路径选择					
操作	3	生成代码与传输程序					
总结							

知识拓展

下面我们来学习 CAXA 数控电火花线切割位图的矢量化。

1. 功能说明

该功能用于提取灰度图像的区域轮廓，目前可支持 PCX、JPG、BMP、GIF 几种图像文件格式。

2. 操作说明

用户可以指定位图像素的实际宽度，用于调整所生成轮廓与原图像的大小比例。图 5-3-35 所示为 BMP 格式的矢量化图形。

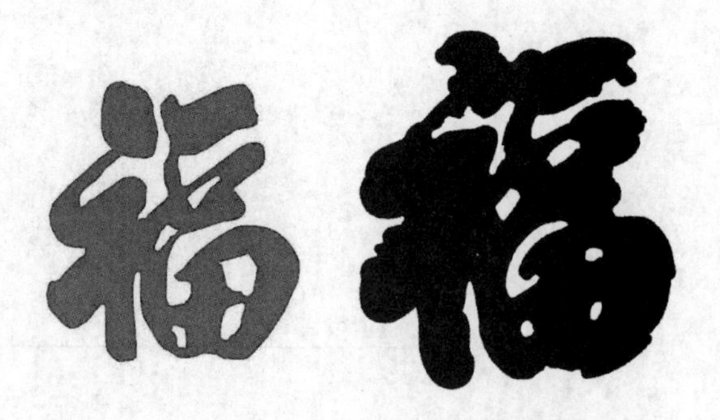

图 5-3-35　BMP 格式的矢量化图形

可以采用直线和圆弧两种方式对边界点进行拟合，采用直线拟合方式时所生成的轮廓只包含直线段；采用圆弧拟合方式时所生成的轮廓则由圆弧和直线段组成，并可根据具体情况指定拟合精度级别（分为精细、正常、较粗略、粗略 4 种）。

拟合精度级别越高，轮廓形状越精细，但拟合精度级别较高时生成的轮廓可能会出现较多的锯齿。适当降低拟合精度，可以消除锯齿，但拟合精度过低会使轮廓形状出现较大偏差。

还可以选择提取深色区域或浅色区域的边界（两种情况下生成的轮廓会有一些差别）。当图像颜色较深而背景颜色较浅时，选择“描暗色域边界”选项；当图像颜色较浅而背景颜色较深时，选择“描亮色域边界”选项。默认情况下，系统通过计算位图灰度值（一个 0~255

的数值，用于表示图像的明暗程度或亮度）的最大值、最小值，并取其平均值作为临界灰度值。系统将自动描出亮度等于该临界灰度值的图像区域的边界。当背景灰度较为均匀，且与图形灰度对比较为明显时，将临界灰度值设为背景的灰度值效果较好，此时整个图像的外框也将被描绘出来；反之，当图形灰度较为均匀，且与背景灰度对比较为明显时，将临界灰度值设为图形的灰度值效果较好。

为获得较理想的轮廓，可对比原图像和生成结果，调整参数，多试几次。图 5-3-36 所示为通过 CAXA 线切割中的位图矢量化功能读入，并通过相关设置后生成的加工轨迹。

图 5-3-36　矢量化图形读入后生成的轨迹图

拓展提升

智能制造是指通过信息技术、物联网、人工智能等先进技术的应用，实现制造过程的数字化、网络化、智能化、服务化，从而实现制造业的高效、灵活和可持续发展的一种新型制造模式。其核心理念是从传统的“人-机-料-法-环”五元素生产模式向“人-机-物-环-能”五元素生产模式转变。

智能制造的主要特点如下：

数字化制造：通过数字化技术实现生产过程的数字化管理和优化，从而提高生产效率和质量。

网络化制造：通过物联网技术实现设备、工件、工人等之间的信息共享和协同，实现智能制造系统的互联互通。

智能化制造：通过人工智能技术和智能设备实现生产过程的自动化、智能化和高效化。

服务化制造：通过服务化思想实现对客户需求的快速响应和个性化生产，提高客户满意度。

智能制造的应用领域涵盖了传统制造业、高新技术产业、服务业等广泛领域，其优势在于提高生产效率和质量、降低生产成本、提高竞争力和客户满意度等，对于企业的发展和国家的经济发展都有重要的意义。

要实现智能制造，需要加强技术创新和产业转型升级，加强人才培养和管理创新，建设数字化、智能化的制造环境和供应链管理系统，同时要加强标准的制定和产业政策的支持，共同推动智能制造的发展。

练习题

项目六

电火花线切割机床典型零件加工

学习目标

知识目标

1. 掌握齿轮的设计要求与工艺参数。
2. 掌握多个零件加工顺序的排布。

技能目标

1. 完成角度样板的加工。
2. 完成齿轮零件的加工。
3. 完成跳步类零件的加工。

素养目标

有创新精神，养成查阅资料的习惯，提升与人沟通交流的技巧，贯彻环保理念。

情景描述

线切割是各种制造业中广泛使用的加工工艺。以下是如何在实际生产中使用电火花线切割的一些示例。

航空航天工业：电火花线切割广泛用于航空航天工业，用于加工高精度、生产复杂的部件。例如，涡轮叶片和叶片等飞机发动机部件通常使用电火花线切割加工制造，因为它能够切割复杂的形状并实现严格的公差。

医疗行业：电火花线切割用于医疗行业，主要用于生产医疗设备和植入物的高精度组件。例如，电火花线切割可为骨螺钉和牙科植入物等组件创建复杂的形状。

汽车行业：电火花线切割通常用于汽车行业，以生产具有复杂几何形状和严格公差的零件。例如，电火花线切割可用于制造铸造发动机气缸体和其他汽车部件的模具。

电子工业：电火花线切割在电子工业中用于生产电子设备的精密零件。例如，电火花线切割可用来制造用于连接器和开关等组件的塑料注射成型模具。

工具和模具行业：电火花线切割广泛用于工具和模具行业，以生产用于冲压和锻造等制造工艺的复杂、高精度的模具。

任务一 角度样板加工

任务导入

20××年8月初，天津现代职业技术学院特种加工车间接到某工厂外协生产任务：

(1) 加工材料为Cr12，毛坯尺寸为145 mm×80 mm，厚度为4 mm；

(2) 角度样板如图6-1-1所示；

(3) 加工数量50件，总计工时600 h；

根据厂家要求，完成本批工件的加工任务，编制出工件任务单。

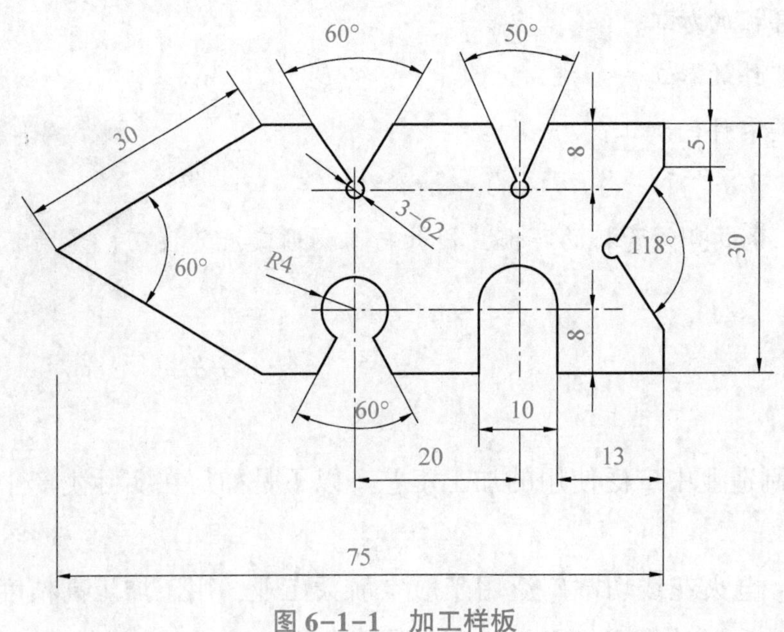

图 6-1-1 加工样板

知识要点

一、角度样板的主要用途

角度样板的各种用途如下：

（1）螺纹加工过程中，角度样板可用于螺纹刀具的安装，以保证螺纹基本牙型角的正确性。

（2）锥度工件加工过程中，角度样板用以测量锥角的正确性。

（3）角度样板在工具测量领域亦可成为一种较为常用的角度测量工具。

二、角度样板的常用加工方法及特点

角度样板的常用加工方法及特点如下：

（1）在传统加工中，常由工具钳工使用锯削、锉削等方法组合完成角度样板的加工。该方法要求操作者的钳工技艺熟练。角度样板的加工优点是加工方法简单，易于掌握；缺点是人为误差因素较多，精度掌握难度大。

（2）在现代加工中，常用数控电火花线切割加工技术予以完成加工。该方法要求操作者熟练掌握 CAD/CAM 自动编程与机床操作技术，掌握的知识面较为宽泛。其优点是加工精度高，加工角度十分准确；缺点是技术掌握难度大，加工效率低。

三、其他工艺事项

其他工艺事项如下：

（1）为了避免日后角度样板生锈变形，可选用 Cr12 板材加工。

（2）该角度样板的线切割加工属于外轮廓加工，切割时应考虑钼丝补偿，补偿量为钼丝半径与放电间隙之和。

（3）该角度样板采取一次切割成型，也可多次切割，但应设置一定的支撑宽度。

（4）为了保证角度样板的切割质量，可降低切割速度，加工电流控制在 2 A 左右。

（5）角度样板的图形绘制与加工程序均由 CAXA 线切割 XP 自动编程软件完成。

任务实施

一、数控电火花线切割角度样板的 CAD 图形设计

1. 图形的绘制

（1）启动 CAXA 线切割 XP 自动编程软件，工作界面如图 6-1-2 所示。

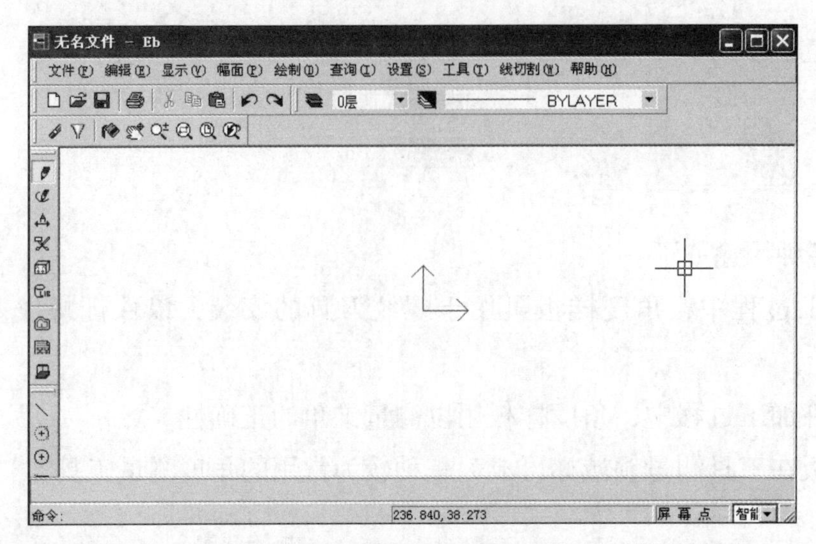

图 6-1-2　CAXA 线切割 XP 自动编程软件的工作界面

（2）绘制图形。

①单击“绘制”→“基本曲线”→“直线”。

②填写“直线”立即菜单为 1: 两点线 2: 连续 3: 正交 4: 点方式。

③利用“直线”功能和“等距线（偏移）”功能绘制角度样板轮廓线。

④利用“直线”功能中的“角度线”命令画出图形中的斜线。

⑤利用“圆”功能绘制出图形中的圆弧。

⑥通过上述操作绘制角度样板的基本轮廓，如图 6-1-3 所示。

2. 图形的编辑

（1）图形的裁剪：单击“绘制”→“曲线编辑”→“裁剪”，选择快速裁剪方式。系统提示拾取要裁剪的线段，单击拾取不要的曲线，如图 6-1-4 所示。

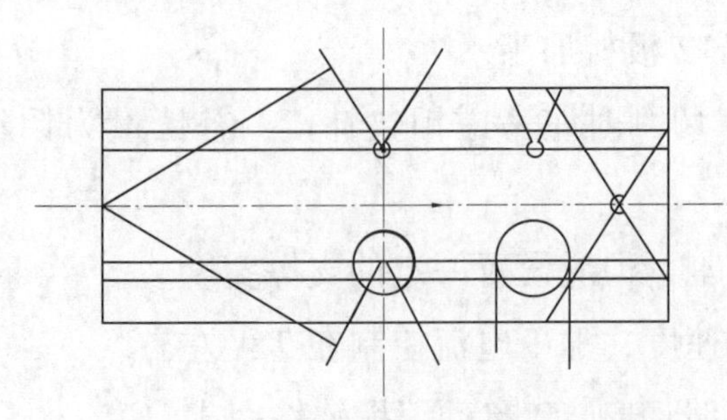

图 6-1-3　角度样板的基本轮廓

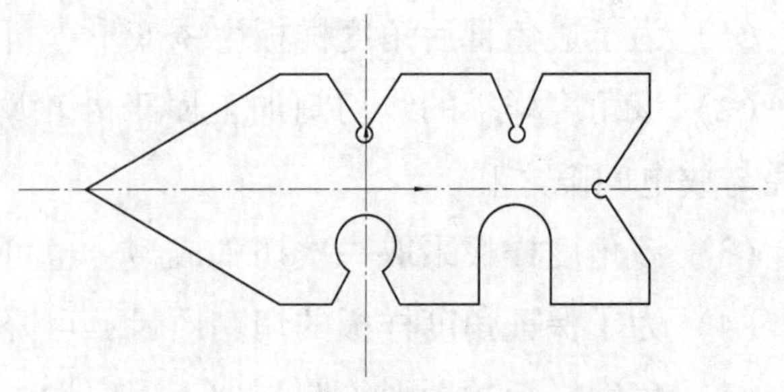

图 6-1-4　编辑以后的角度样板图

（2）在显示窗口将图形放大，保存文件为“角度样板 . exb”。

二、数控电火花线切割角度样板的 CAM 程序设计

1. 轨迹的生成

（1）线切割轨迹生成参数表的定义。

①单击“线切割”→“轨迹生成”，弹出“线切割轨迹生成参数表”对话框。

②依次完成“切割参数”与“偏移量/补偿值”的定义，如图 6-1-5 所示。

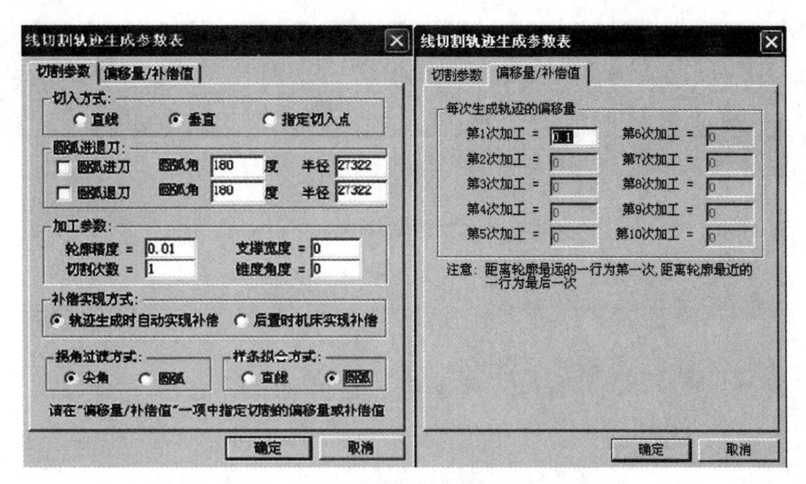

图 6-1-5　线切割轨迹生成参数表的定义

（2）加工轮廓方向及补偿方向的定义。

①系统提示“拾取轮廓”，单击外轮廓线，单击选取顺时针方向，如图 6-1-6 所示。

②系统提示“选择补偿方向”，本任务完成的是外模加工，因此补偿方向向外，依次选取向外的方向，如图 6-1-7 所示。

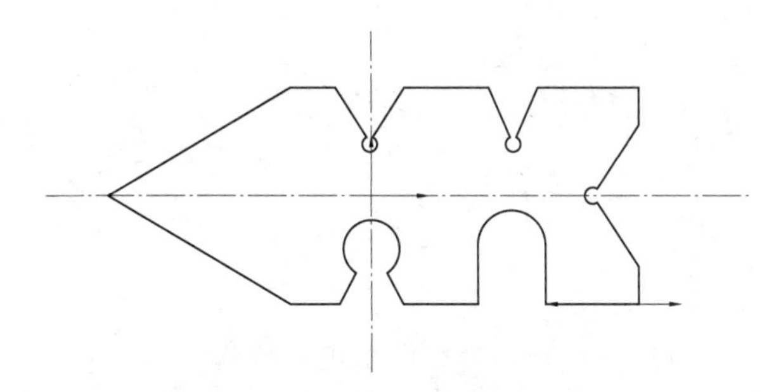

图 6-1-6　加工轮廓方向的定义

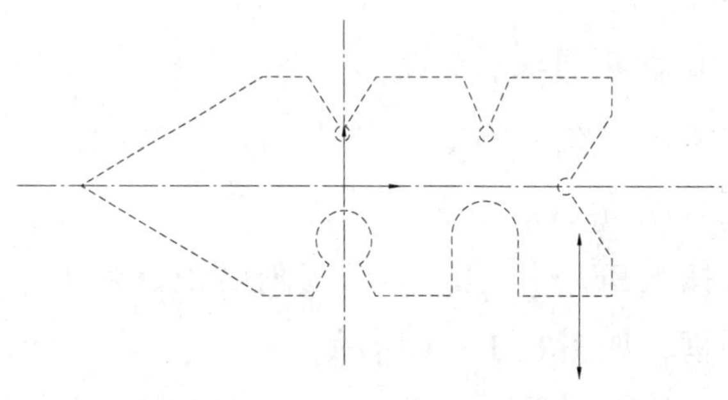

图 6-1-7　补偿方向的定义

（3）穿（退）丝点位置的定义。

①右击，系统提示“输入穿丝点位置”，输入点坐标（-45，15）并按〈Enter〉键。

②系统提示“输入退出点（回车则与穿丝点重合）”，按〈Enter〉键。

③生成外轮廓轨迹，如图 6-1-8 所示。

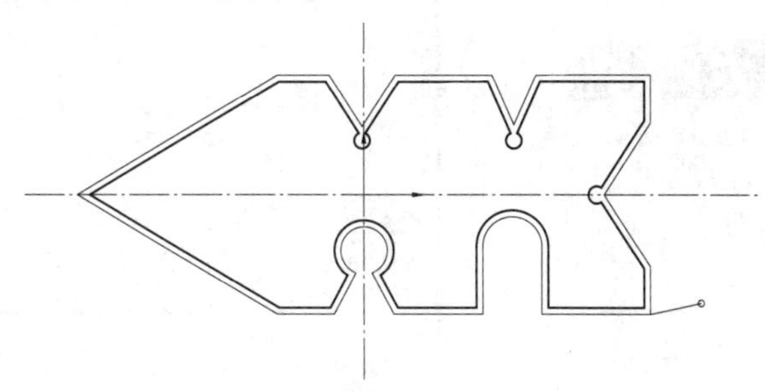

图 6-1-8　外轮廓轨迹的生成

2. 轨迹的仿真

（1）单击“线切割”→“轨迹仿真”，根据系统提示设置步长值，如图 6-1-9 所示。

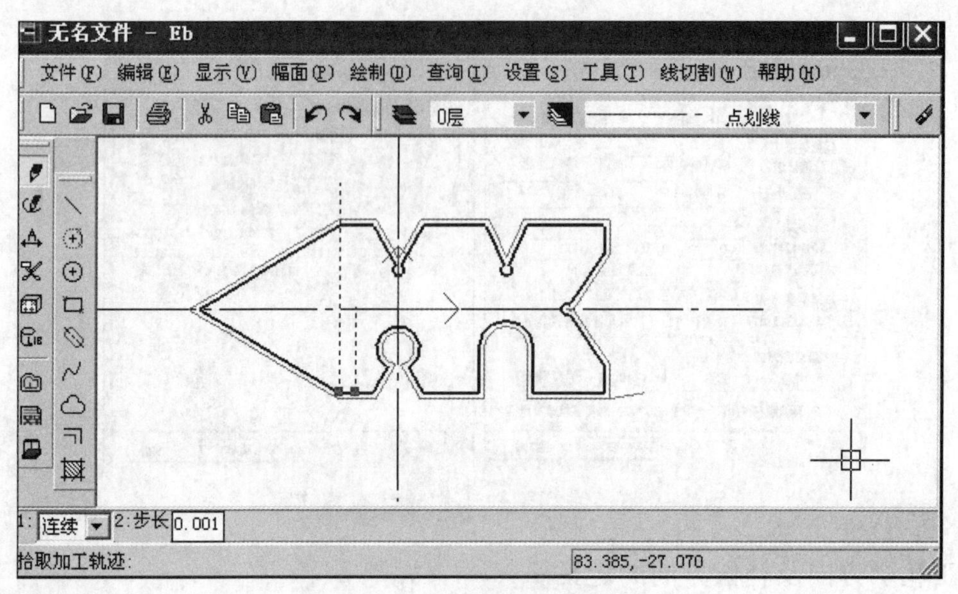

图 6-1-9　步长值的设置

（2）系统提示“拾取加工轨迹”，依次选取外轮廓轨迹，进行外轮廓轨迹的仿真，如图 6-1-10 所示。

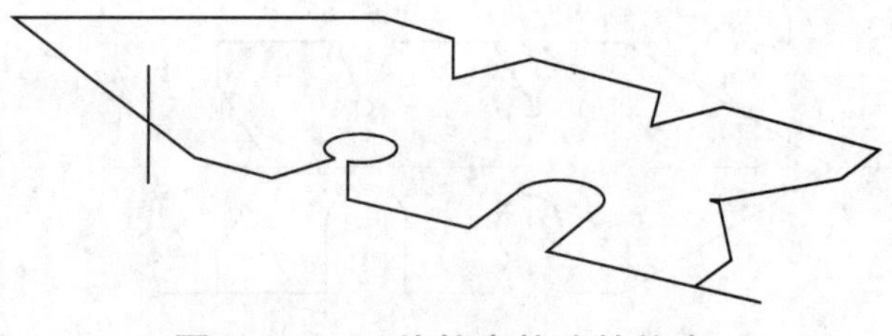

图 6-1-10　外轮廓轨迹的仿真

3. 切割面积的查询

单击“线切割”→“查询切割面积”，根据系统提示拾取加工轨迹，输入工件厚度，按〈Enter〉键，弹出切割面积计数值对话框，如图 6-1-11 所示。

4. 程序的生成

（1）单击“线切割”→“生成 3B 代码”，弹出“生成 3B 加工代码”对话框，选择合适的加工路径，输入加工程序文件名，单击〈保存〉按钮，如图 6-1-12 所示。

图 6-1-11　切割面积的查询

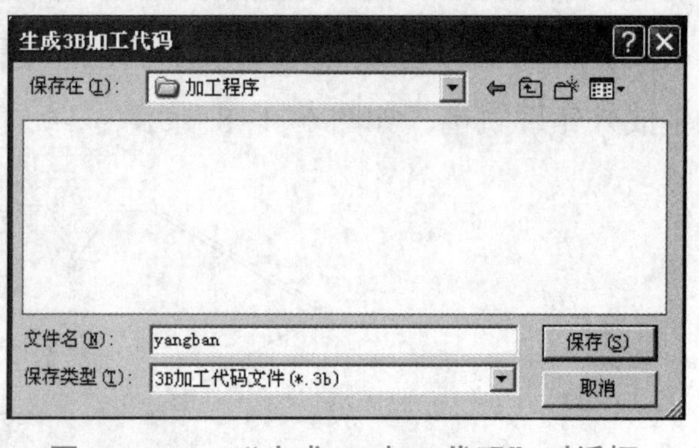

图 6-1-12　“生成 3B 加工代码”对话框

（2）根据系统提示，完成立即菜单的选择。

（3）系统提示“拾取加工轨迹”，依次选取外轮廓轨迹，如图 6-1-13 所示。

（4）右击，生成 3B 加工程序，如图 6-1-14 所示。

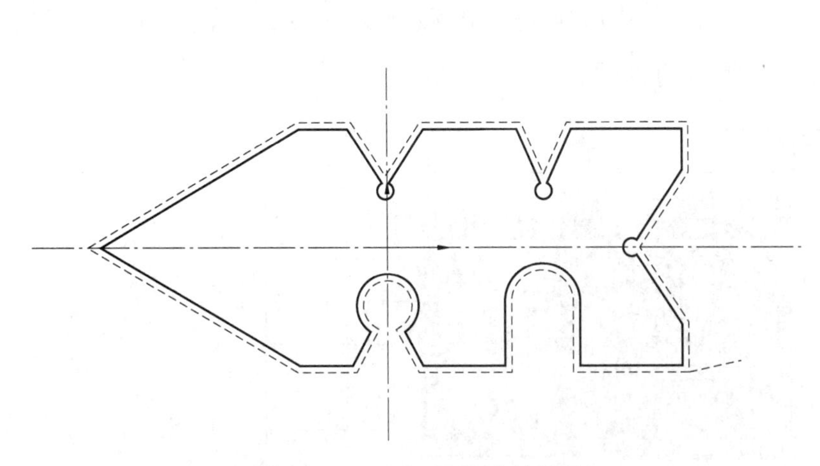

图 6-1-13　加工轨迹的选取

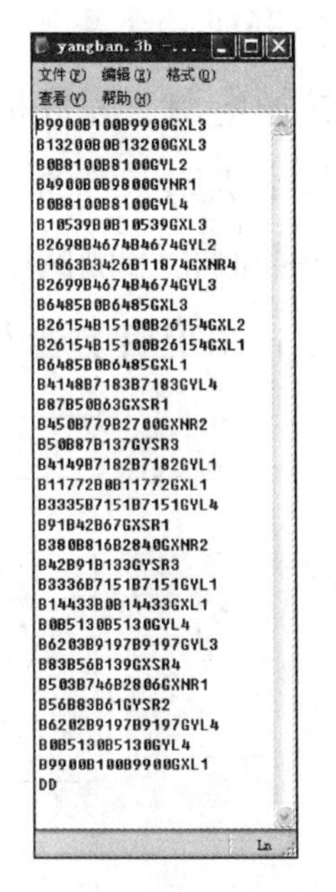

图 6-1-14　生成 3B 加工程序

5. 程序的反求（校核）

单击“线切割”→“校核 B 代码”，弹出“反读 3B/4B/R3B 加工代码”对话框，如图 6-1-15 所示；依据程序保存的路径，选择加工程序文件名，单击将其打开，生成反求的加工轨迹，如图 6-1-16 所示。至此，可以有效保证（校核）加工轨迹的正确性。

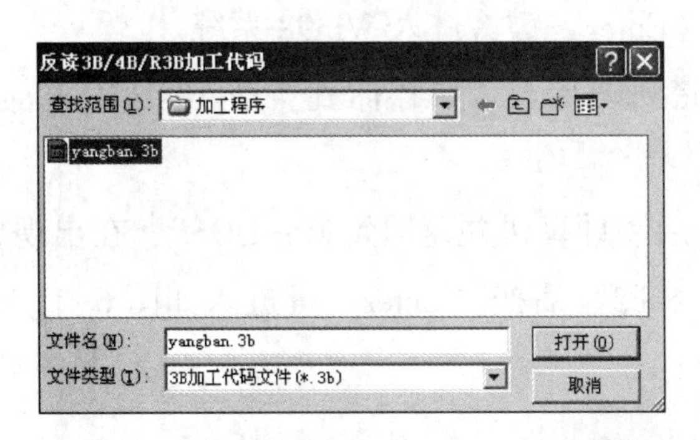

图 6-1-15　“反读 3B/4B/R3B 加工代码”对话框

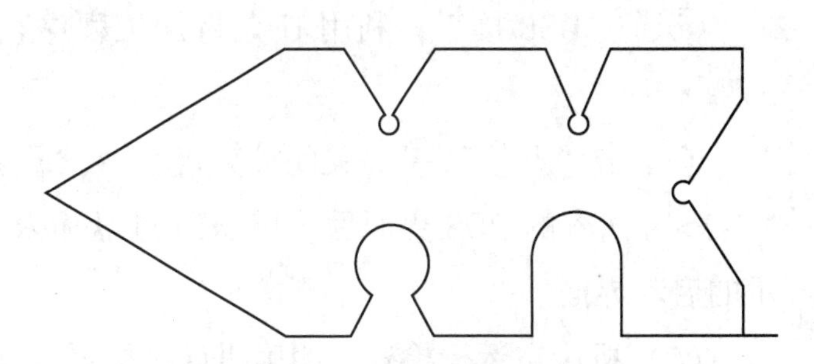

图 6-1-16　反求的加工轨迹

6. 程序的传输

将程序名修改为（应为英文字母）“yangban. nc”，然后存储到 U 盘；启动系统进入 Win98 平台，通过 USB 数据线导入加工磁盘。

三、数控电火花线切割角度样板的机床加工

数控电火花线切割角度样板的机床加工步骤如下：

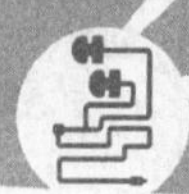

（1）数控电火花线切割工件的装夹与找正。

（2）机床的静态检查与润滑。

（3）数控电火花线切割机床的盘丝、穿丝与找正。

（4）开机。

①接通电源，完成机床与控制柜的上电。

②旋出机床床身的〈急停〉按钮。

③将控制柜下侧的电源总开关旋至“1”，然后旋开〈电源开关〉按钮，再按下〈主机开关〉按钮，系统启动进入如图6-1-17所示的界面。

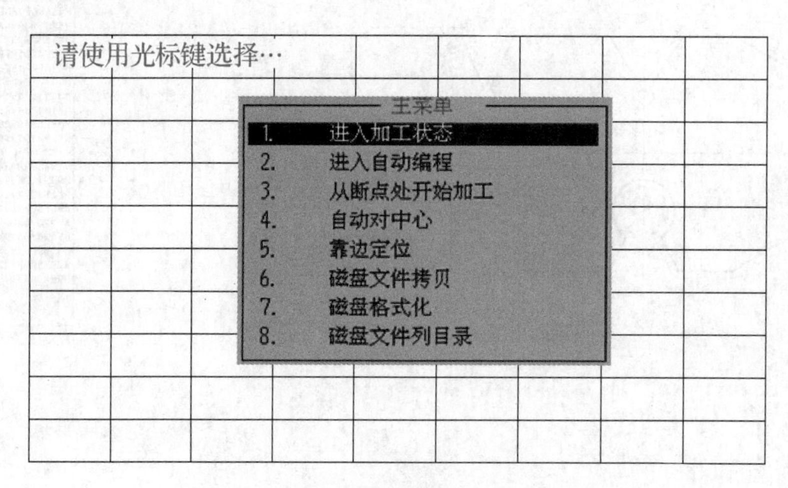

图6-1-17　控制柜开机启动界面

④在开机启动界面，通过键盘上的方向键选择“进入自动编程”，出现含有“C:\>”内容的DOS界面，此时通过键盘输入“win”后按〈Enter〉键，进入Win98系统。

⑤通过USB接口，利用U盘将加工程序存储到硬盘上，如存储到“C:\TCAD\yangban.nc”。

⑥单击“开始”→“关闭计算机”→“重新启动计算机并返回到MS-DOS”，在出现含有“C:\>”内容的DOS界面后，用MDI键盘输入“cnc2”后按〈Enter〉键进入如图6-1-17所示的启动界面。

（5）机床空运行检查，明确机床坐标系。

（6）编写或调入程序，并检查校核。

①调入程序，根据图6-1-18所示界面下方〈F3〉键的提示，选MDI键盘上的〈F3〉键，输入程序名字，如“C:\TCAD\yangban.nc”，将加工程序调入计算机的内存。

②图形显示。

点选〈F5〉键，用于对已调入的加工程序进行校验，以检查加工的图形是否与图纸相符。按〈Esc〉键图形消失。

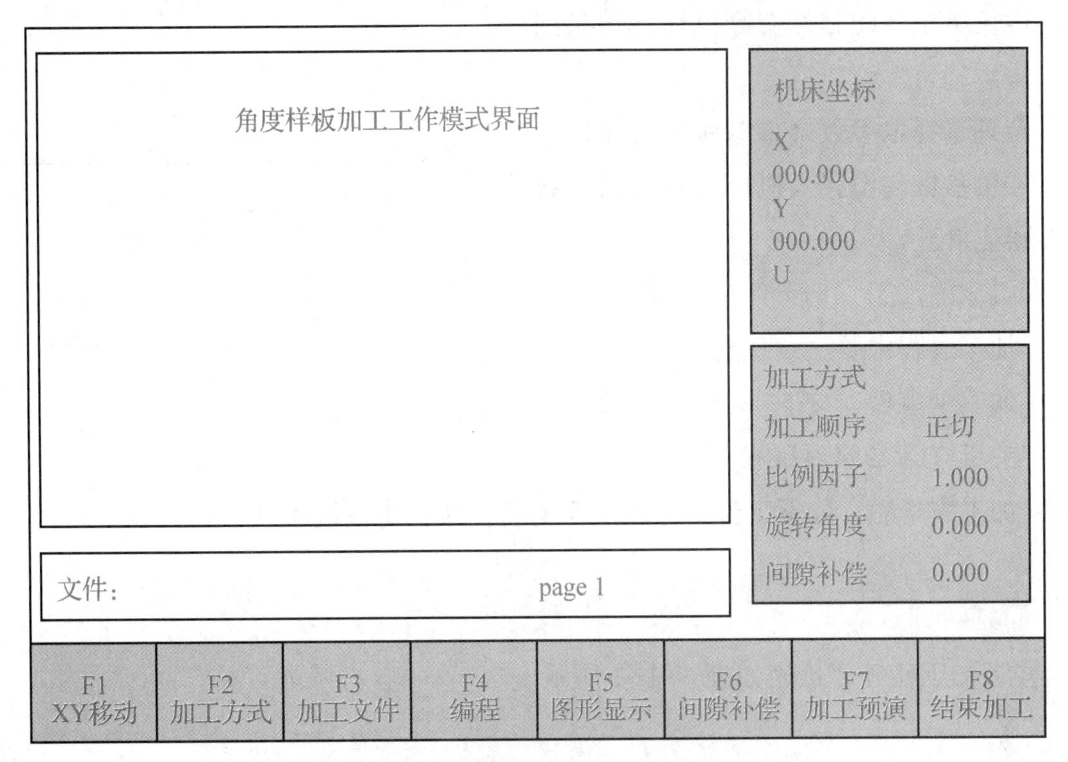

图 6-1-18　角度样板加工工作模式界面

③加工预演。

点选〈F7〉键，用于对已调入的加工程序进行模拟加工，系统不输出任何控制信号。点选〈F7〉键，屏幕显示如图 6-1-19 所示的画面及其图形加工预演过程，待加工完毕后出现如图 6-1-20 所示的提示信息窗。

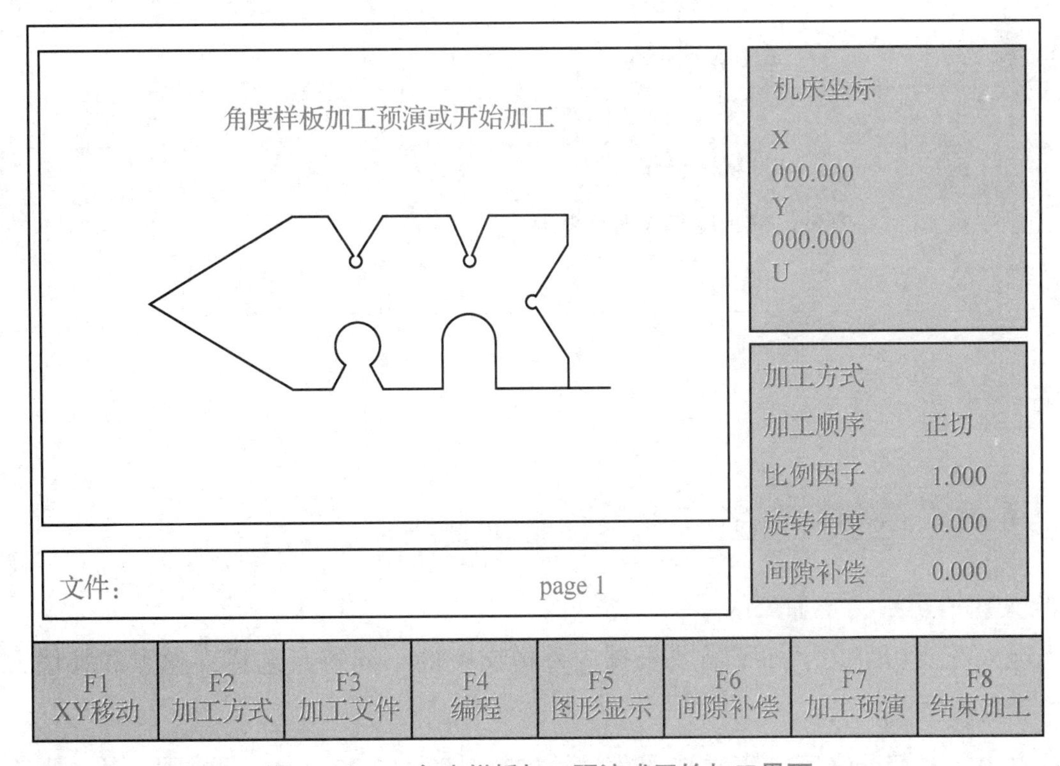

图 6-1-19　角度样板加工预演或开始加工界面

（7）确定电极丝的起始切割位置（请参照项目五）。

（8）合理选择电参数（请参照项目五）。

（9）加工参数的设置及机床后置补偿参数的输入（请参照项目五）。

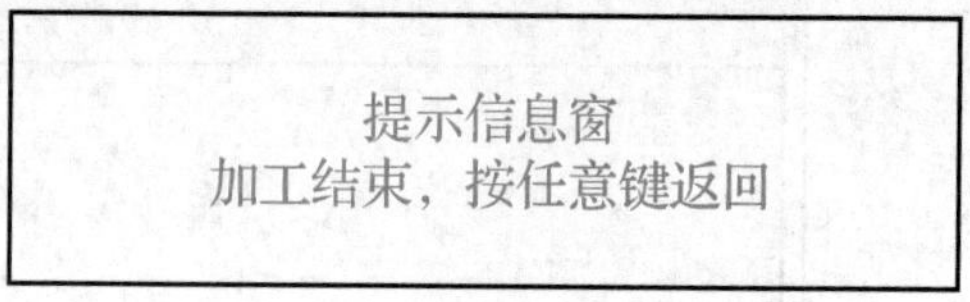

提示信息窗
加工结束，按任意键返回

图6-1-20　提示信息窗

（10）机床的加工（请参照项目五）。

（11）加工过程中要注意观察，如有异常，按下〈F2〉键暂停加工，排除异常后再加工。

（12）加工结束后，按下〈F8〉键，取下工件，检测。

（13）关机（请参照项目五）。

（14）加工完毕后，取下工件，擦去上面的乳化液，清理机床。

任务评价

角度样板加工任务评价表如表6-1-1所示。

表6-1-1　角度样板加工任务评价表

任务名称		角度样板加工	课时				
任务评价成绩			任课教师				
类别	序号	评价项目	结果	A	B	C	D
基础知识	1	程序编写					
	2	切入点选择					
	3	放电参数合理性					
操作	4	零件装夹					
	5	机床操作					
	6	零件尺寸精度与表面粗糙度					
总结							

知识拓展

一、电火花线切割文字的加工

1. 电火花线切割文字加工的知识解析

（1）电火花线切割文字加工需要根据内外模文字的不同特点选择穿丝点和补偿方向，切割时沿文字轮廓加工。

（2）电火花线切割文字加工常选择薄材，材料厚度为2~3 mm，薄材须平整，无毛刺，事

先加工好穿丝孔。切割加工中，选择电极丝损耗小的电参数，工作液浓度应稍浓些。

(3) 在加工外模文字时，可以较为随意加工。但在加工内模文字时，由于存在整体板料的布局问题，一般先进行图框（加工范围）的设计规划。

2. 电火花线切割文字的 CAD 图形设计

(1) 图形绘制。

①启动 CAXA 线切割 XP 软件，工作界面如图 6-1-21 所示。

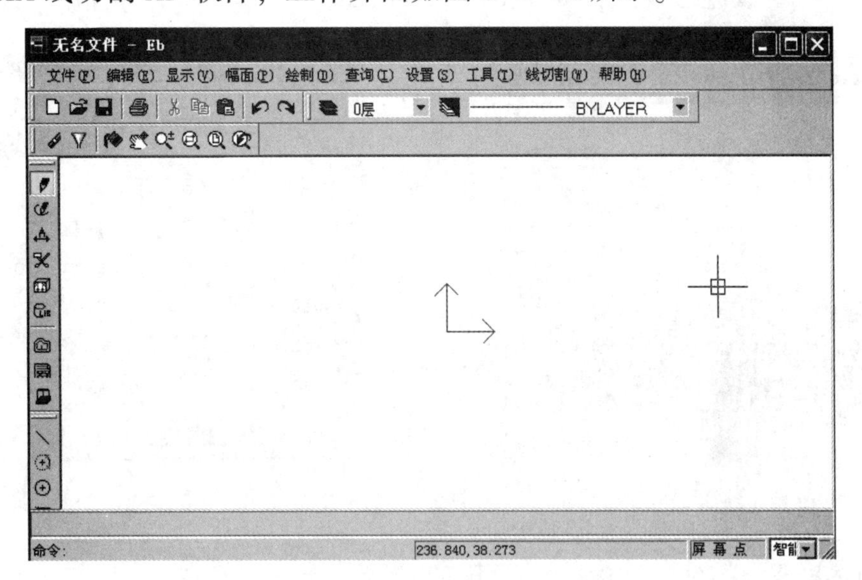

图 6-1-21　CAXA 线切割 XP 软件工作界面

②绘制图框，加工布局设计。

通过“直线”“等距线”“矩形”指令，进行图框（加工范围）绘制，完成各组的加工布局设计，如图 6-1-22 所示。

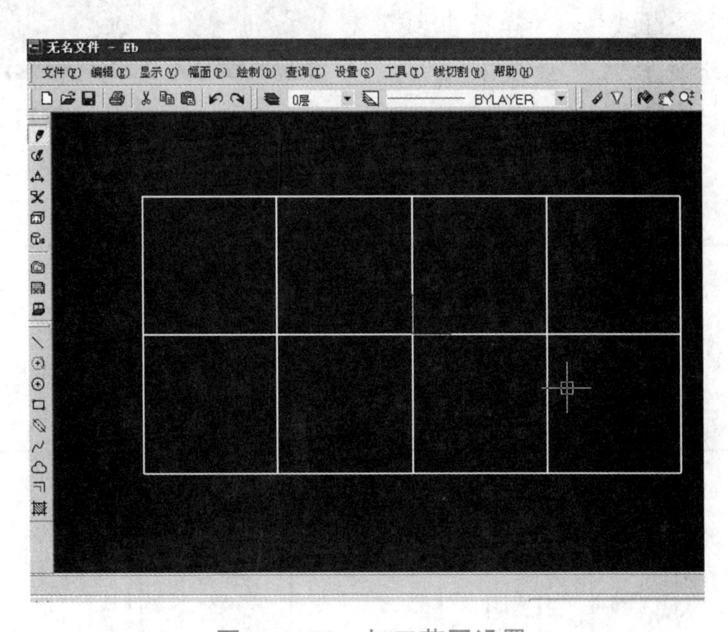

图 6-1-22　加工范围设置

③文字输入。

单击“绘制”→“高级曲线”→“轮廓文字”，软件左下角要求指定两点 1: 指定两点 指定标注文字的矩形区域第一角点: 。分别拾取图框小单元格对角两点确定文字区域 。

进行文字标注与编辑指令框，可直接在空白处输入文字。如图 6-1-23 所示，进入后单击“设置”指令对文字参数进行设置，如图 6-1-24 所示。

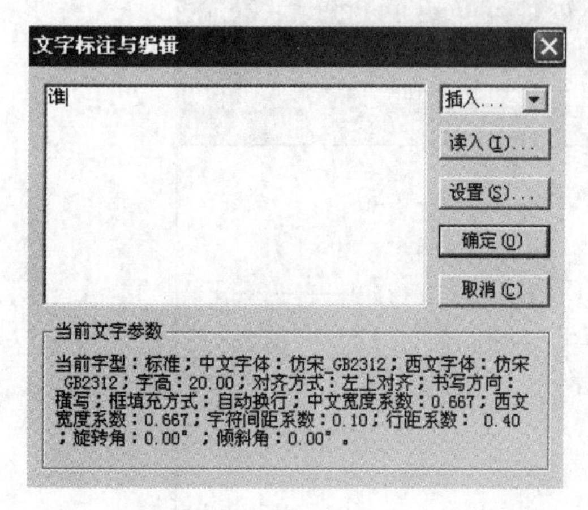

图 6-1-23　文字输入

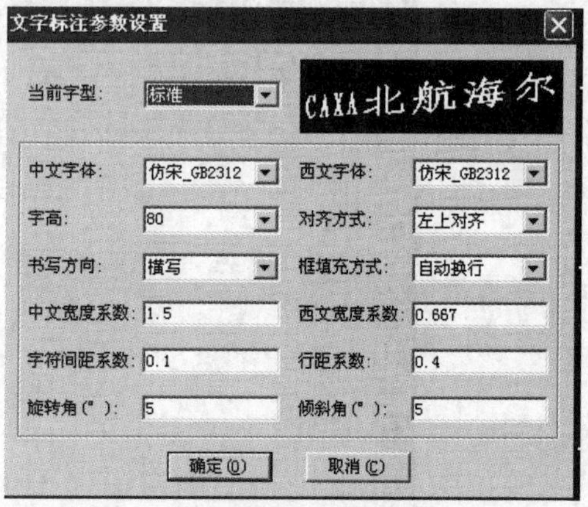

图 6-1-24　文字设置

（2）图形编辑。

①通过编辑功能，实现文字的修剪和调整，保证后续 CAM 的程序设计。

单击“绘制”→“曲线编辑”→“文字修剪”，选中要修剪的文字得到所需文字后，如有部分断点，可用“直线”“样条曲线”“裁剪”等命令进行连接操作，如图 6-1-25 所示。其他文字同上述步骤，最后得到如图 6-1-26 所示效果。

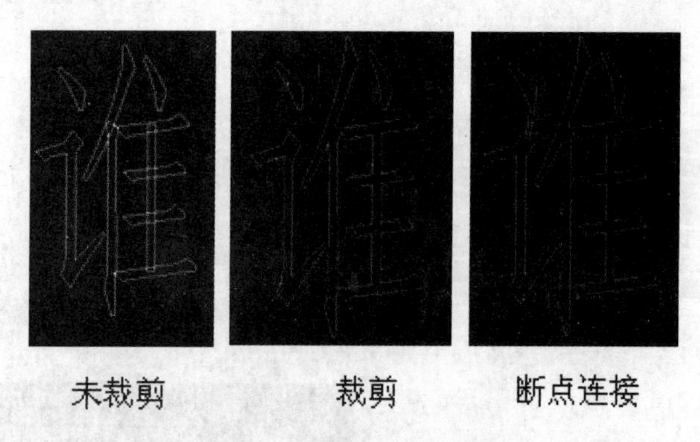

图 6-1-25　图形编辑

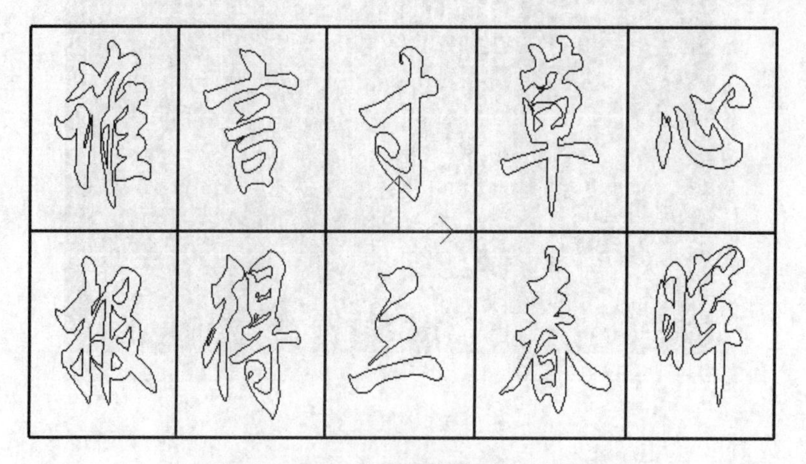

图 6-1-26　文字图形的最终设计

②在显示窗口将图形放大，保存文件为“文字加工.exb”。

二、电火花线切割文字的 CAM 程序设计

1. 轨迹生成

（1）线切割轨迹生成参数表定义。

①单击主菜单“线切割”→“轨迹生成”，弹出线切割轨迹生成参数表。

②依次完成“切割参数”与“偏移量/补偿值”的定义，如图 6-1-27 所示。

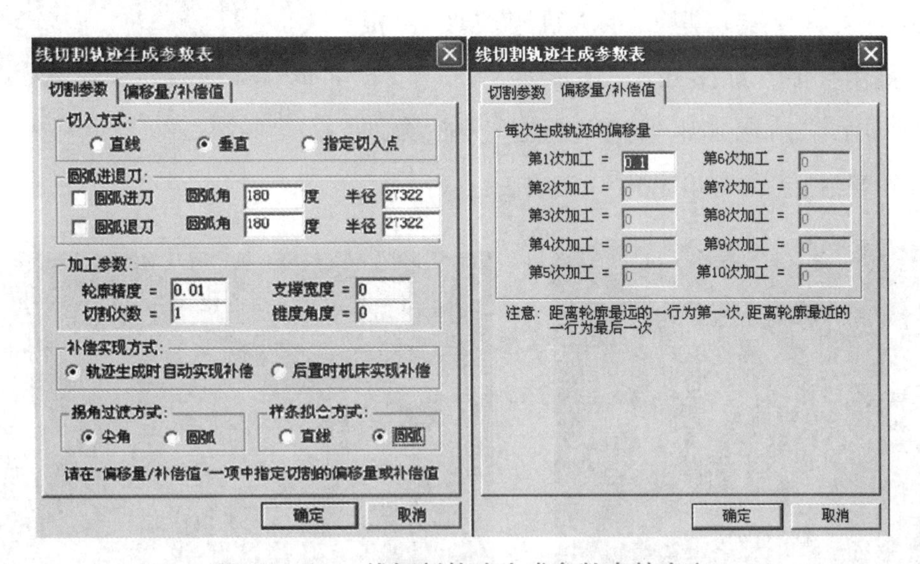

图 6-1-27　线切割轨迹生成参数表的定义

（2）加工轮廓方向及补偿方向定义。

①系统提示“拾取轮廓”，单击外轮廓线，点选顺时针方向，如图 6-1-28 所示。

②系统提示“选择补偿方向”，本项目完成的是外模加工，因此补偿方向向外，点选向外的方向，如图 6-1-29 所示。

图 6-1-28　加工轮廓方向

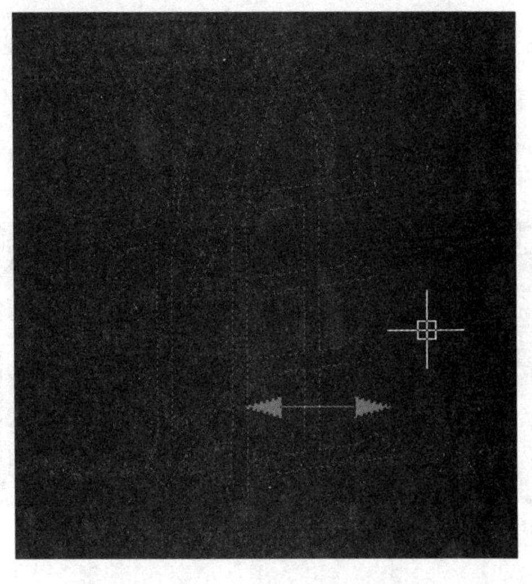

图 6-1-29　补偿方向

（3）穿（退）丝点位置定义。

①右击，系统提示“输入穿丝点位置”，按〈Enter〉键。

②系统提示“输入退出点（回车则与穿丝点重合）”，按〈Enter〉键。

③生成外轮廓加工轨迹，如图6-1-30所示。

图6-1-30　外轮廓加工轨迹生成

2. 轨迹仿真

（1）单击主菜单“线切割”→“轨迹仿真”，根据系统提示设置步长值，如图6-1-31所示。

（2）系统提示“拾取加工轨迹”，点选外轮廓加工轨迹，进行外轨迹仿真，如图6-1-32所示。

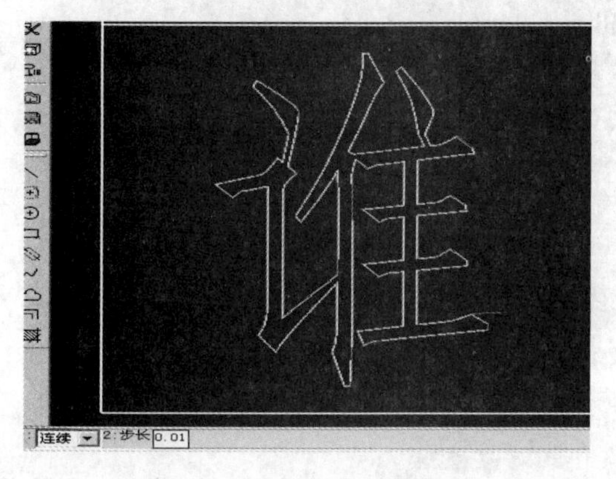

图6-1-31　设置步长值

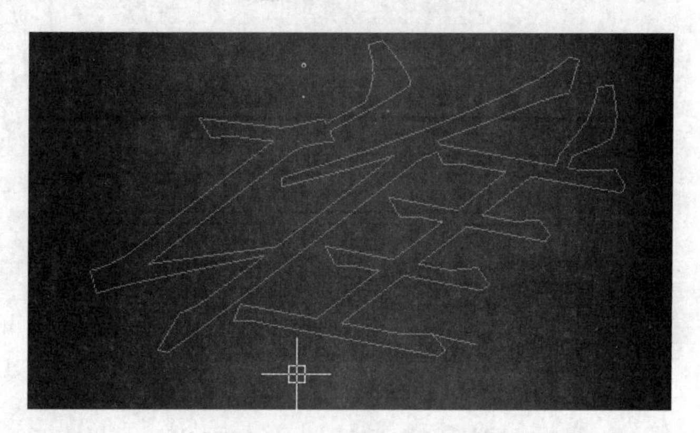

图6-1-32　廓轨迹仿真

3. 切割面积查询

单击主菜单“线切割”→“查询切割面积”，根据系统提示拾取加工轨迹，输入工件厚度，按〈Enter〉键，弹出切割面积计数值，如图6-1-33所示。

4. 代码生成

（1）单击主菜单“线切割”→“生成3B代码”，弹出“生成3B加工代码”对话框，选择合适的加工路径，输入加工程序文件名，单击〈保存〉按钮，如图6-1-34所示。

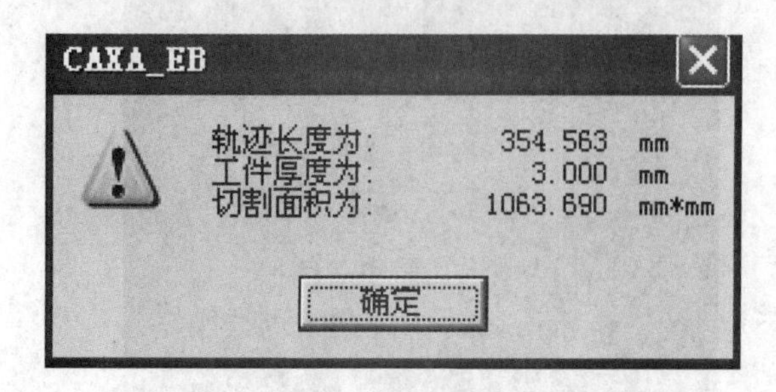

图6-1-33　切割面积查询

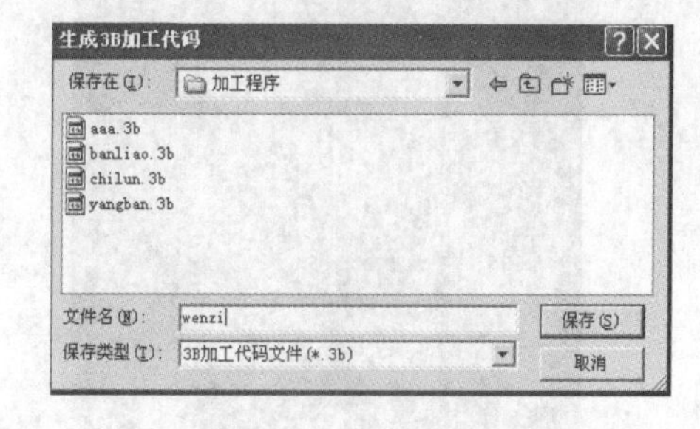

图6-1-34　生成3B加工代码

根据系统提示，完成立即菜单的选择：

1: 紧凑指令格式　2: 显示代码　3: 停机码 DD　4: 暂停码 D　5: 不传输代码

拾取加工轨迹:

系统提示“拾取加工轨迹”，依次选取外轮廓轨迹，如图 6-1-35 所示。

右击，生成 3B 加工代码，如图 6-1-36 所示。

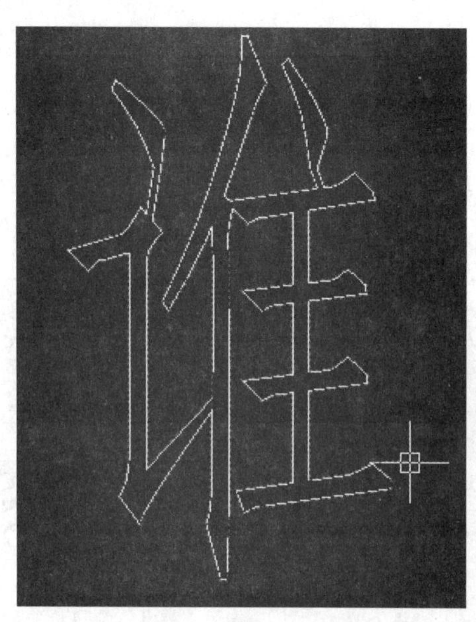

图 6-1-35　加工轨迹选取

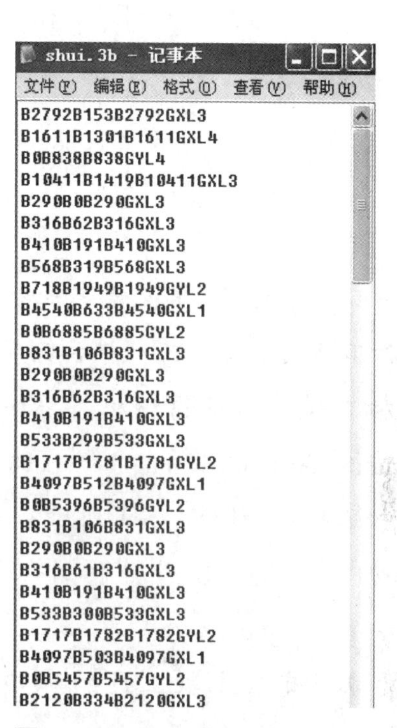

shui.3b - 记事本

文件(F)　编辑(E)　格式(O)　查看(V)　帮助(H)

```
B2792B153B2792GXL3
B1611B1301B1611GXL4
B0B838B838GYL4
B10411B1419B10411GXL3
B290B0B290GXL3
B316B62B316GXL3
B410B191B410GXL3
B568B319B568GXL3
B718B1949B1949GYL2
B4540B633B4540GXL1
B0B6885B6885GYL2
B831B106B831GXL3
B290B0B290GXL3
B316B62B316GXL3
B410B191B410GXL3
B533B299B533GXL3
B1717B1781B1781GYL2
B4097B512B4097GXL1
B0B5396B5396GYL2
B831B106B831GXL3
B290B0B290GXL3
B316B61B316GXL3
B410B191B410GXL3
B533B300B533GXL3
B1717B1782B1782GYL2
B4097B503B4097GXL1
B0B5457B5457GYL2
B2120B334B2120GXL3
```

图 6-1-36　生成 3B 加工代码

5. 代码反求（校核）

单击主菜单“线切割”→“校核 B 代码”，弹出“反读 3B/4B/R3B 加工代码”对话框，如图 6-1-37 所示；依据程序保存的路径，选择加工程序文件名，单击打开，生成反求加工轨迹，如图 6-1-38 所示。至此，可以有效保证（校核）加工轨迹的正确性。

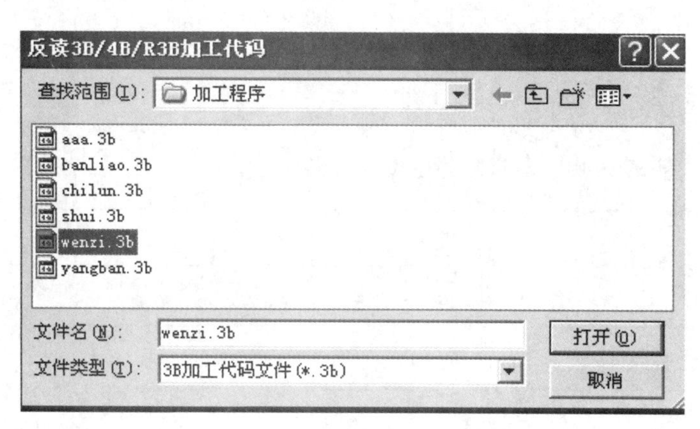

图 6-1-37　反读 3B 加工代码

图 6-1-38　反求的加工轨迹

6. 代码传输

将程序名修改为（应为英文字母）“wenzi. nc”，然后存储到 U 盘；启动系统进入 Win98 平台，通过 USB 数据线将程序导入加工磁盘。

任务二 齿轮加工

任务导入

20××年 3 月初，天津现代职业技术学院特种加工车间准备加工一批齿轮：

（1）加工材料为不锈钢板，毛坯尺寸为 500 mm×500 mm×4 mm；

（2）加工样件如图 6-2-1 所示；

（3）加工数量 20 件，总计工时 50 h。

根据要求，完成本批工件的加工任务，编制出工件任务单。

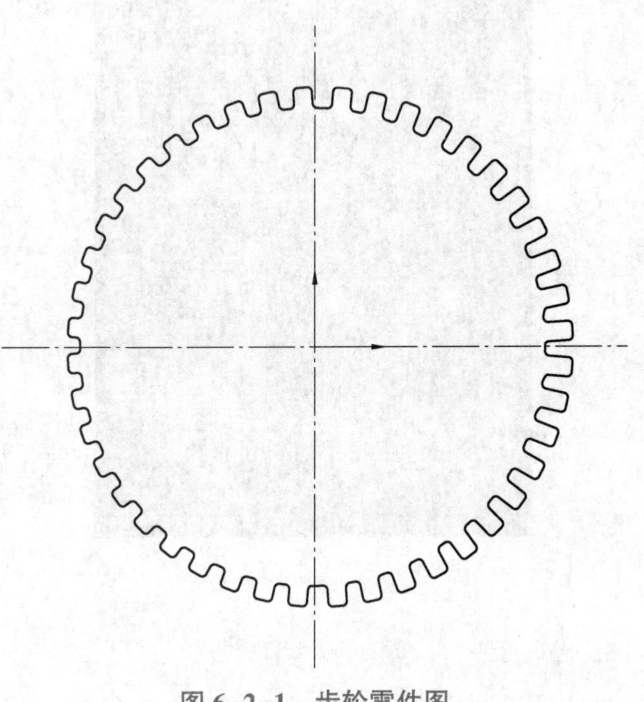

图 6-2-1　齿轮零件图

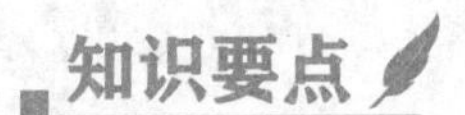

知识要点

一、齿轮的设计要求

齿轮的设计要求如下。

（1）本齿轮参数：$m=1$；$z=45$；α（压力角）$=20°$；齿顶高系数为 1；齿顶隙系数 $c^*=0.25$。

（2）渐开线标注齿轮的标准如表 6-2-1 所示。

表 6-2-1　渐开线标注齿轮的标准（基本参数：z，α，m，h_a^*，c^*）

名称	符号	公式
分度圆直径	d	$d_1=mz_1$，$d_2=mz_2$
齿顶高	h_a	$h_a=h_a^*m$
齿根高	h_f	$h_f=(h_a^*+c^*)m$

续表

名称	符号	公式
全齿高	h	$h = h_a + h_f = (2h_a^* + c^*)m$
齿顶圆直径	d_a	$d_{a1} = d_1 \pm 2h_a = (z_1 \pm 2h_a^*)m$，$d_{a2} = d_2 \pm 2h_a = (z_2 \pm 2h_a^*)m$
齿根圆直径	d_f	$d_{f1} = d_1 \mp 2h_f = (z \mp 2h_a^* \mp 2c^*)m$，$d_{f2} = d_2 \mp 2h_f = (z \mp 2h_a^* \mp 2c^*)m$
基圆直径	d_b	$d_{b1} = d_1\cos\alpha = mz_1\cos\alpha$，$d_{b2} = d_2\cos\alpha = mz_2\cos\alpha$
齿距	p	$p = \pi m$
齿厚	s	$s = \pi m/2$
槽宽	e	$e = \pi m/2$
中心距	a	$a = (d_1 \pm d_2)/2 = m(z_1 \pm z_2)/2$
顶隙	c	$c = c^* m$
基圆齿距	p_b	$p_n = p_b = \pi m\cos\alpha$
法向齿距	p_n	

二、工艺要求

电火花线切割加工中齿轮轮齿为渐开线形，应选择电极丝损耗小的电参数，工作液浓度低一些，工作台进给速度慢一些。

任务实施

一、数控电火花线切割齿轮的 CAD 图形设计

1. 图形的绘制

（1）启动 CAXA 线切割自动编程 XP 软件，工作界面如图 6-2-2 所示。

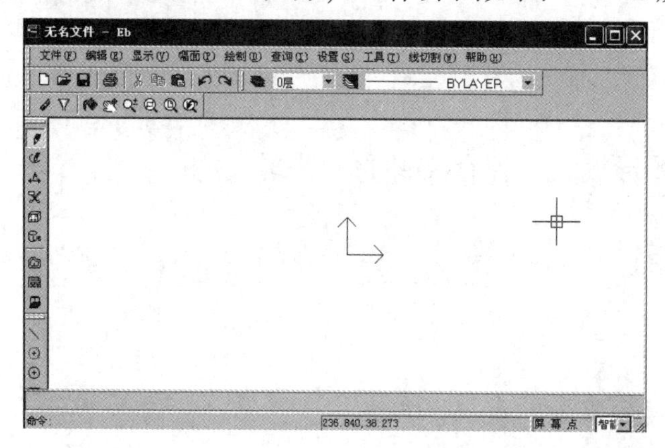

图 6-2-2　CAXA 线切割 XP 自动编程软件的工作界面

（2）绘制图形。

①单击“绘制”→“高级曲线”→“齿轮”。

②根据加工要求填写相应参数，如图 6-2-3 所示。

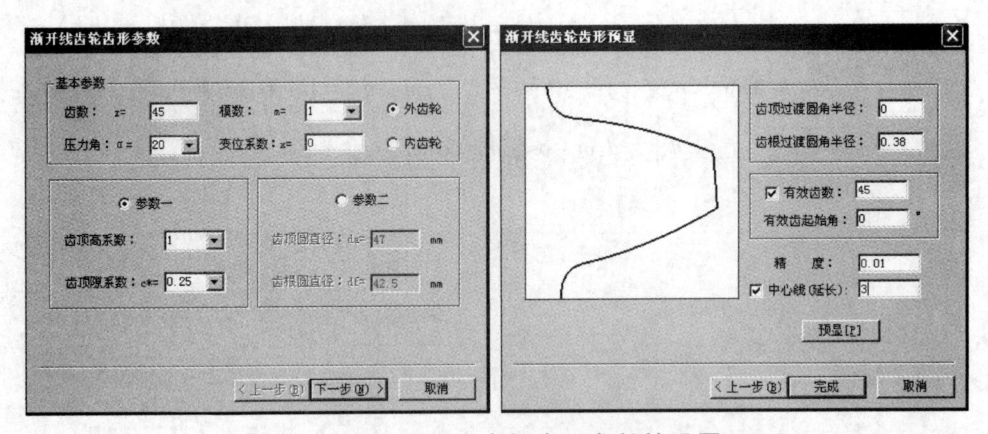

图 6-2-3　渐开线齿轮齿形参数的设置

2. 图形的编辑

（1）由于齿轮模块的特殊性，需进行“块打散”操作方可实现程序的设计。单击图形，图形变为红色，如图 6-2-4 所示。右击，在弹出的快捷菜单中选择“块打散”命令，从而实现齿轮模块的打散，如图 6-2-5 所示。

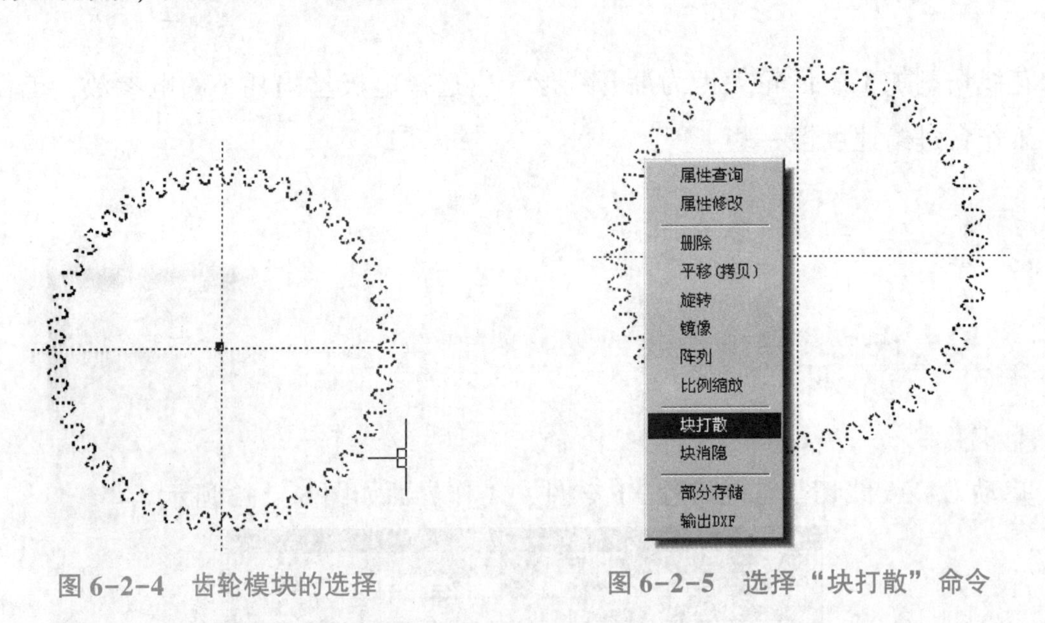

图 6-2-4　齿轮模块的选择　　　图 6-2-5　选择“块打散”命令

（2）在显示窗口将图形放大，保存文件为“齿轮 . exb”。

二、数控电火花线切割齿轮的 CAM 程序设计

1. 轨迹的生成

（1）线切割轨迹生成参数表的定义。

①单击“线切割”→“轨迹生成”，弹出“线切割轨迹生成参数表”对话框。

②依次完成“切割参数”与“偏移量/补偿值”的定义，如图 6-2-6 所示。

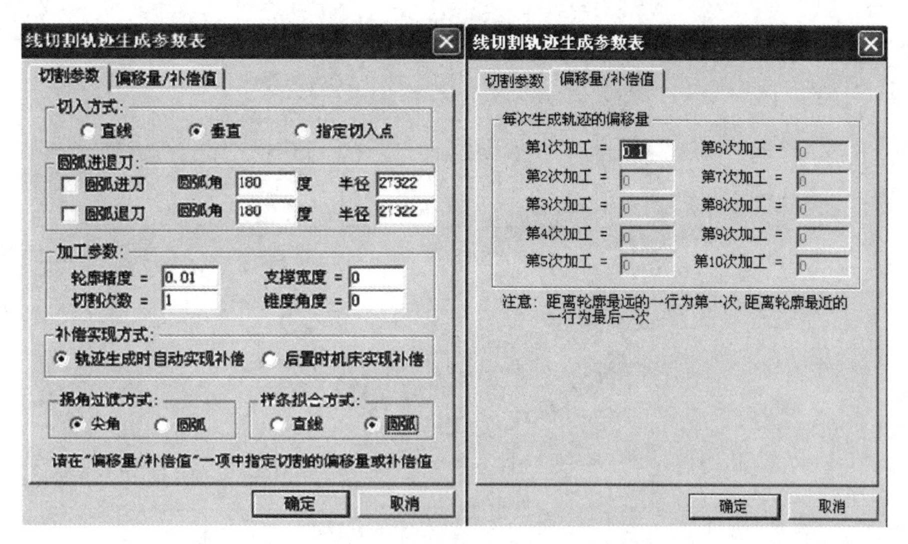

图 6-2-6　线切割轨迹生成参数表的定义

（2）加工轮廓方向及补偿方向的定义

①系统提示“拾取轮廓”，单击外轮廓线，单击选取顺时针方向，如图 6-2-7 所示。

②系统提示“选择补偿方向”，本任务完成的是外模加工，因此补偿方向向外，依次选取向外的方向，如图 6-2-8 所示。

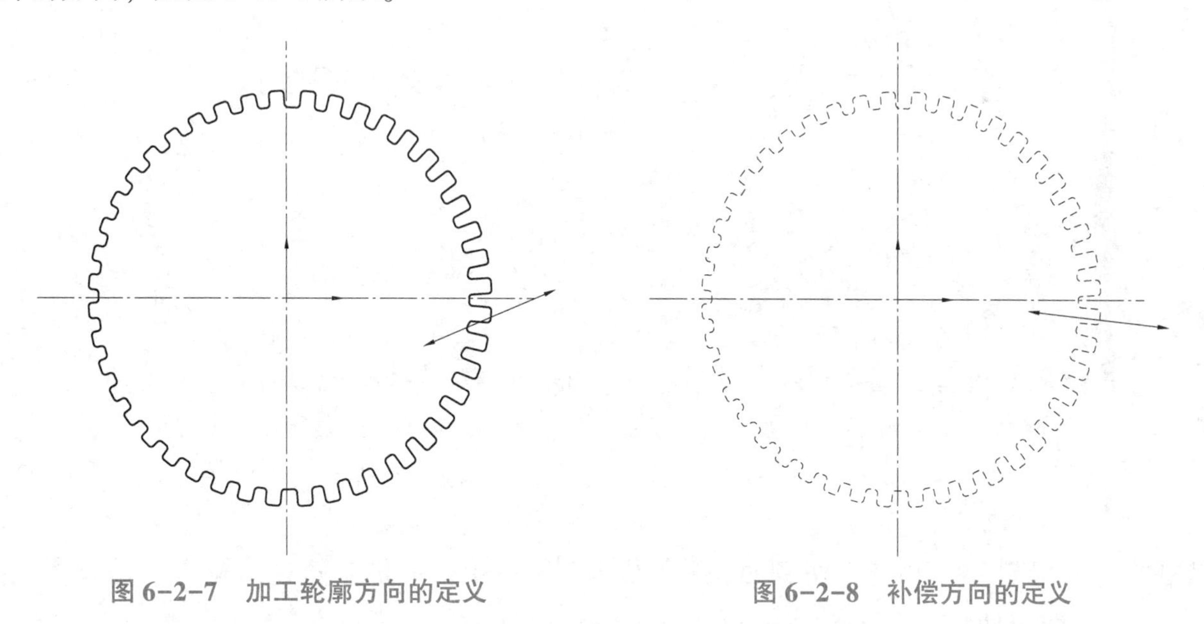

图 6-2-7　加工轮廓方向的定义　　图 6-2-8　补偿方向的定义

（3）穿（退）丝点位置的定义。

①右击，系统提示“输入穿丝点位置”，输入点坐标（30，2）并按〈Enter〉键。

②系统提示“输入退出点（回车则与穿丝点重合）”，按〈Enter〉键。

③生成外轮廓轨迹，如图 6-2-9 所示。

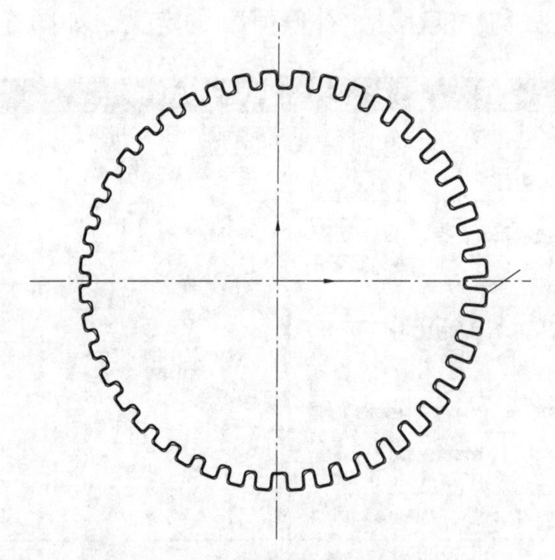

图6-2-9　外轮廓轨迹的生成

2. 轨迹的仿真

（1）单击“线切割”→“轨迹仿真”，根据系统提示设置步长值，如图6-2-10所示。

（2）系统提示“拾取加工轨迹”，依次选取外轮廓轨迹，进行外轮廓轨迹的仿真，如图6-2-11所示。

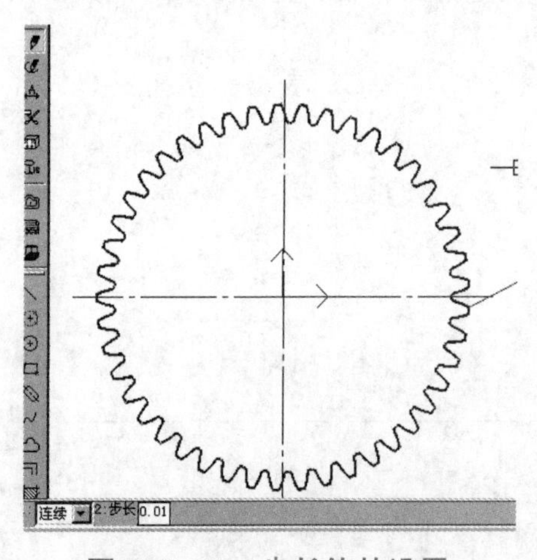

图6-2-10　步长值的设置

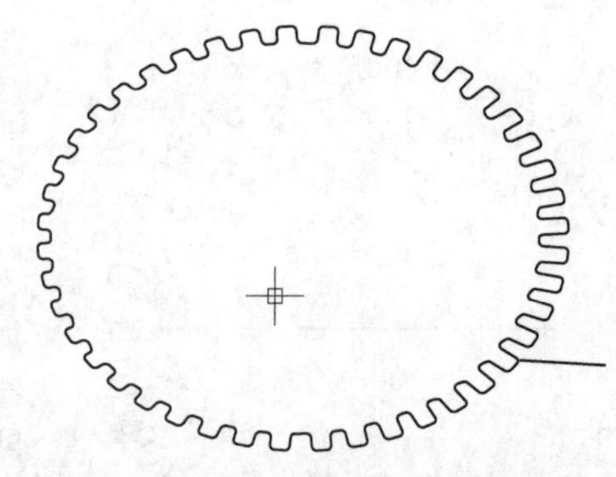

图6-2-11　外轮廓轨迹的仿真

3. 切割面积的查询

单击“线切割”→“查询切割面积”，根据系统提示拾取加工轨迹，输入工件厚度，按〈Enter〉键，弹出切割面积计数值对话框，如图6-2-12所示。

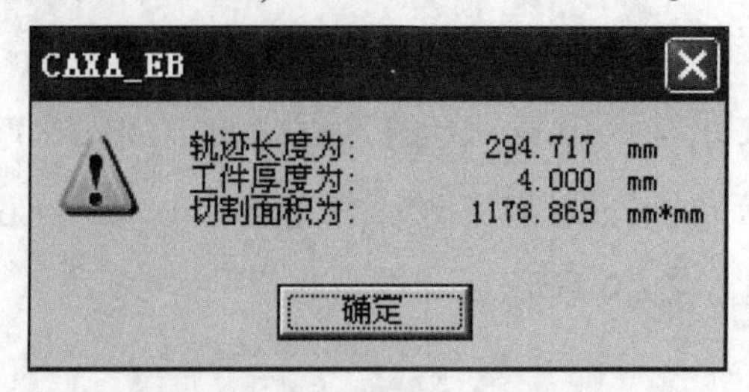

图6-2-12　切割面积的查询

4. 程序的生成

（1）单击“线切割”→“生成 3B 代码”，弹出“生成 3B 加工代码”对话框，选择合适的加工路径，输入加工程序文件名，单击〈保存〉按钮，如图 6-2-13 所示。

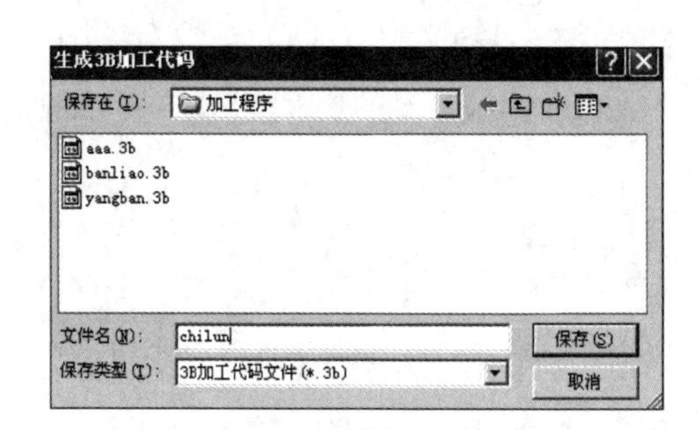

图 6-2-13　“生成 3B 加工代码”对话框

（2）根据系统提示，完成立即菜单的选择。

（3）系统提示“拾取加工轨迹”，如图 6-2-14 所示。

（4）右击，生成 3B 加工程序，如图 6-2-15 所示。

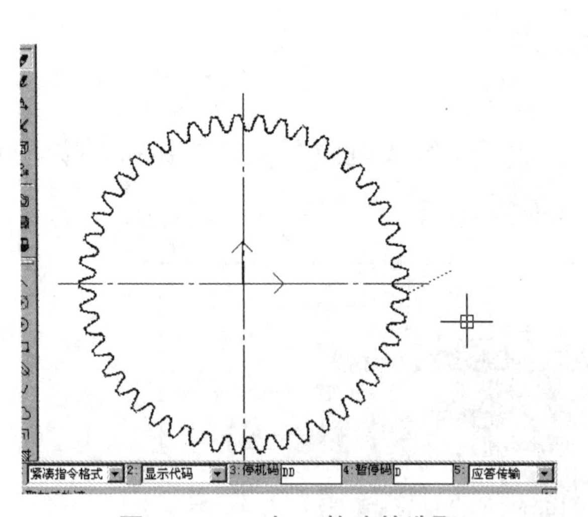

图 6-2-14　加工轨迹的选取

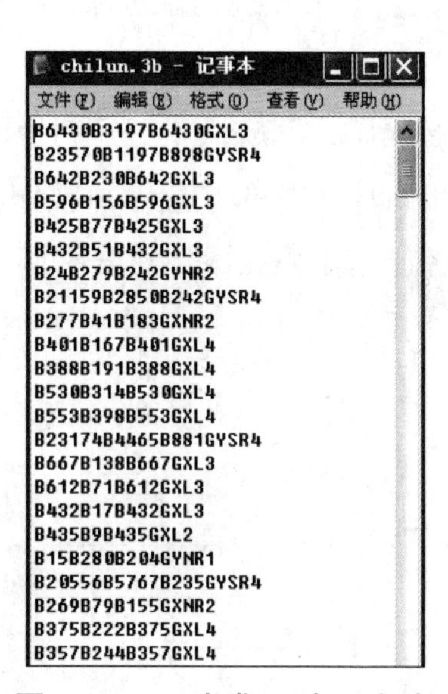

图 6-2-15　生成 3B 加工程序

5. 程序的反求（校核）

单击“线切割”→“校核 B 代码”，弹出“反读 3B/4B/R3B 加工代码”对话框，如图 6-2-16 所示，依据程序保存的路径，选择加工程序文件名，单击将其打开，生成反求的加工轨迹，如图 6-2-17 所示。至此，可以有效保证（校核）加工轨迹的正确性。

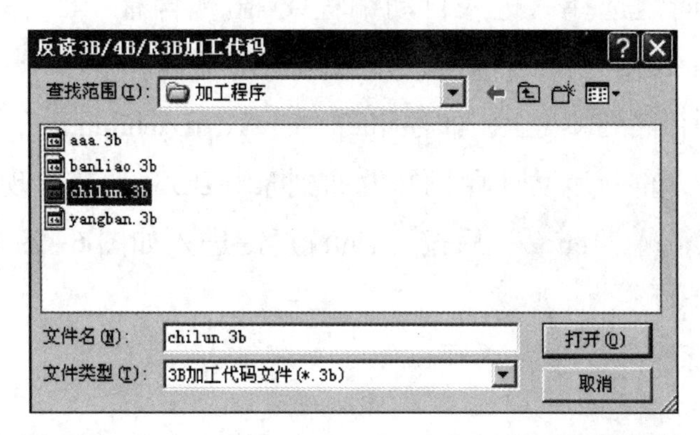

图 6-2-16　“反读 3B/4B/R3B 加工代码”对话框

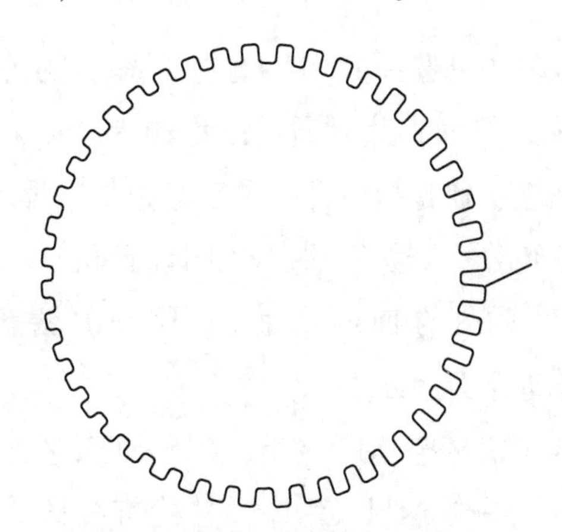

图 6-2-17　反求的加工轨迹

6. 程序的传输

将程序名修改为（应为英文字母）“chilun. nc”，然后存储到U盘；启动系统进入Win98平台，通过USB数据线将程序导入加工磁盘。

三、数控电火花线切割齿轮的机床加工

数控电火花线切割齿轮的机床加工步骤如下：

（1）数控电火花线切割工件的装夹与找正。

（2）机床的静态检查与润滑。

（3）数控电火花线切割机床的盘丝、穿丝与找正。

（4）开机。

①接通电源，完成机床与控制柜的上电。

②旋出机床床身的〈急停〉按钮。

③将控制柜下侧的电源总开关旋至“1”，然后旋开〈电源开关〉按钮，再按下〈主机开关〉按钮，系统启动进入如图6-2-18所示的界面。

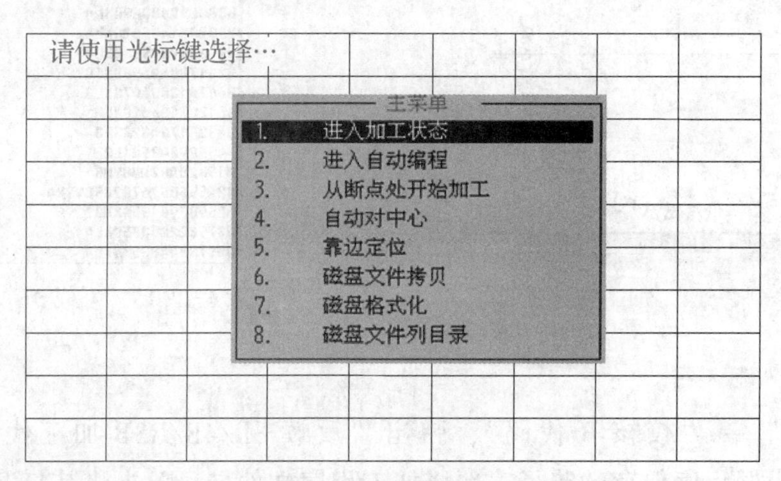

图6-2-18　控制柜开机启动界面

④在开机选择界面，通过键盘上的方向键选择“进入自动编程”，出现含有“C:\>”内容的DOS界面，此时通过键盘输入“win”后按〈Enter〉键，进入Win98系统。

⑤通过USB接口，利用U盘将加工程序存储到硬盘上，如存储到“C:\TCAD\chilun.nc”。

⑥单击“开始”→“关闭计算机”→“重新启动计算机并返回到MS-DOS”，在出现含有“C:\>”内容的DOS界面后，用MDI键盘输入“cnc2”后按〈Enter〉键进入如图6-2-18所示的启动界面。

（5）机床空运行检查，明确机床坐标系。

（6）编制或调入程序，并检查校核。

①调入程序，根据图6-1-18所示界面下方〈F3〉键的提示，单击MDI键盘上的〈F3〉

键，输入程序名字，如“C:\TCAD\chilun.nc”，将加工程序调入计算机的内存。

②图形显示。点选〈F5〉键，用于对已调入的加工程序进行校验，以检查加工的图形是否与图纸相符。按〈Esc〉键图形消失。

③加工预演。点选〈F7〉键，用于对已调入的加工程序进行模拟加工，系统不输出任何控制信号。按下〈F7〉键，屏幕显示如图6-2-19所示的画面及其图形加工预演过程，待加工完毕后出现如图6-2-20所示的提示信息窗。

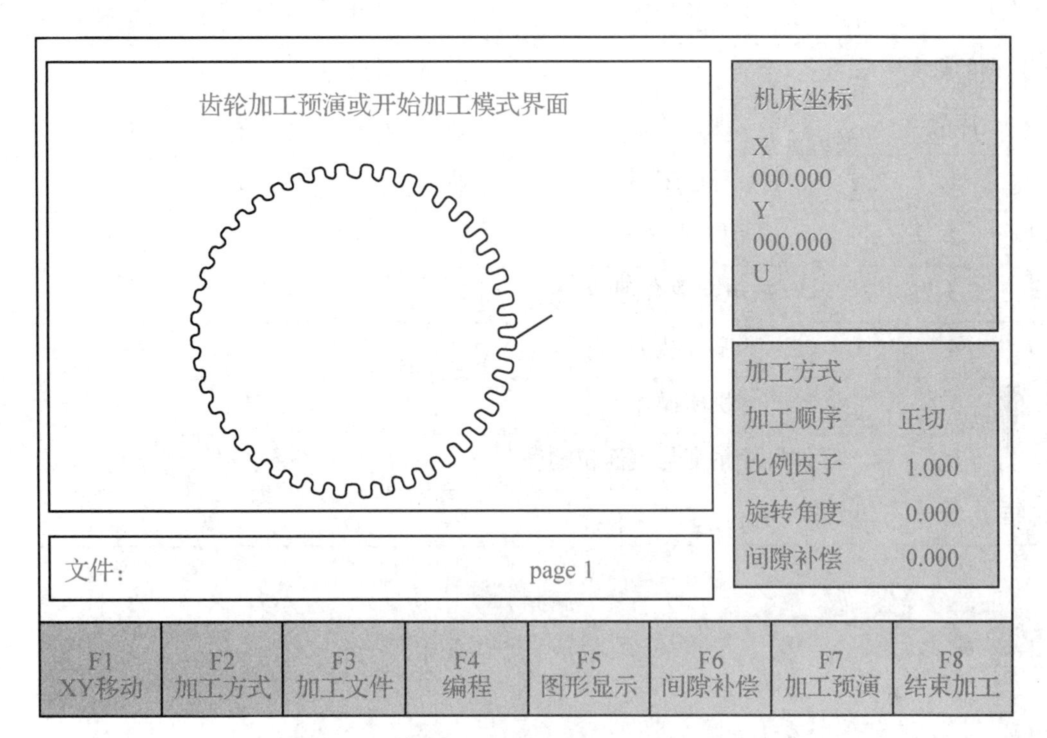

图6-2-19　齿轮加工预演或开始加工模式界面

提示信息窗
加工结束，按任意键返回

图6-2-20　提示信息窗

（7）确定电极丝的起始切割位置。

（8）合理选择电参数。

（9）加工参数的设置及机床后置补偿参数的输入。

（10）机床的加工。

（11）加工过程中要注意观察，如有异常，则按下〈F2〉键暂停加工，排除异常后再加工。

（12）加工结束，按下〈F8〉键，取下工件，检测。

（13）关机。

（14）加工完毕后，取下工件，擦去上面的乳化液，清理机床。

任务评价

齿轮加工任务评价表如表 6-2-2 所示。

表 6-2-2　齿轮加工任务评价表

任务名称		齿轮加工	课时				
任务评价成绩			任课教师				
类别	序号	评价项目	结果	A	B	C	D
基础知识	1	程序编写					
	2	切入点选择					
	3	放电参数合理性					
操作	4	零件装夹					
	5	机床操作					
	6	零件尺寸精度与表面粗糙度					
总结							

知识拓展

一、电火花线切割梅花锥的加工

图 6-2-21 所示零件的加工材料为 45 冷轧钢板，毛坯尺寸为 ϕ60 mm 的圆钢，厚度为 40 mm。

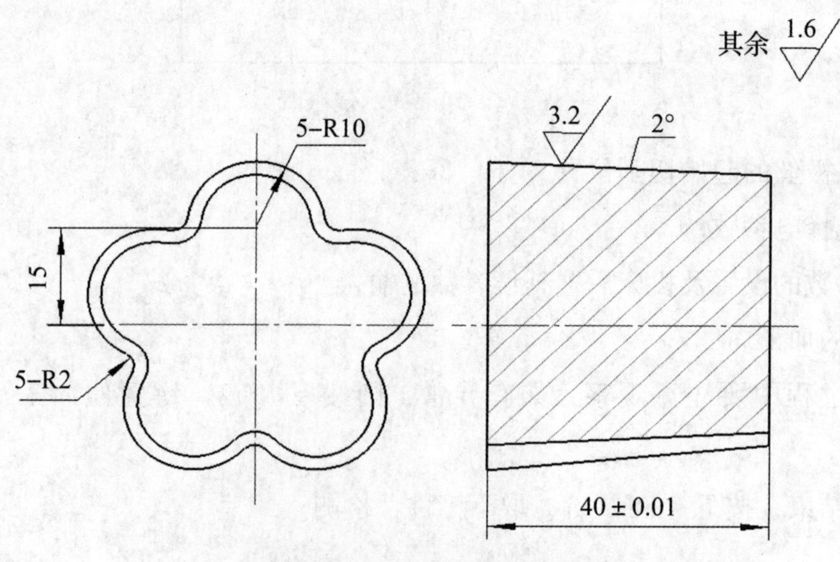

图 6-2-21　梅花锥零件工程图

电火花线切割梅花锥零件的加工知识解析：

（1）锥度零件的加工通常有两种类型，一种是尖（右）角锥度零件加工，另一种是恒（左）锥度零件加工。

（2）锥度零件加工时，需要采用四轴联动，即 X 轴、Y 轴、U 轴和 V 轴。切割锥度的大小应根据机床的最大切割锥度确定。

（3）锥度零件切割时，还应注意钼丝偏移的角度值，及沿切割轨迹方向上是左偏移还是右偏移，这决定了工件上、下表面的尺寸大小。倘若上表面尺寸大，则切割结束后工件下落时会将钼丝卡住，造成断丝情况。

（4）锥度零件切割时，往往工件比较厚，且钼丝存在扭曲情况，工作液的浓度应降低些，钼丝可选择粗丝，电参数选择大电流、长脉宽。

（5）本工件采用 DM-CUT 电火花线切割机床予以切割，轨迹生成需要遵循 DM-CUT 机床锥度加工准则，程序生成亦需要按照 DM-CUT 电火花线切割机床要求进行“. RES”文件转化。

（6）本项目案例为外模锥度工件，而内模锥度工件加工步骤、方法与外模相类似，唯一变化的是需要进行的穿丝方式演变成了内孔穿丝，仅仅改变穿丝点和起始切割点位置即可。

二、电火花线切割梅花锥的 CAD 图形设计

1. 图形绘制

（1）启动 CAXA 线切割 XP 软件，工作界面如图 6-2-22 所示。

（2）绘制圆。

①单击主菜单“绘制”→“基本曲线”→“圆”。

②填写“圆”立即菜单为 1: 圆心_半径 2: 半径。

③系统提示“输入圆心点”，输入圆心点坐标（0，15），按〈Enter〉键。

④系统提示“输入半径或圆上一点”，输入半径 10，按〈Enter〉键。右击，退出绘圆状态。

（3）绘制 5 个圆。

①单击主菜单“绘制”→“曲线编辑”→“阵列”。

②填写“阵列”立即菜单为 1: 圆形阵列 2: 旋转 3: 均布 4: 份数 5。

③系统提示“拾取元素”，单击拾取圆弧，右击确定。

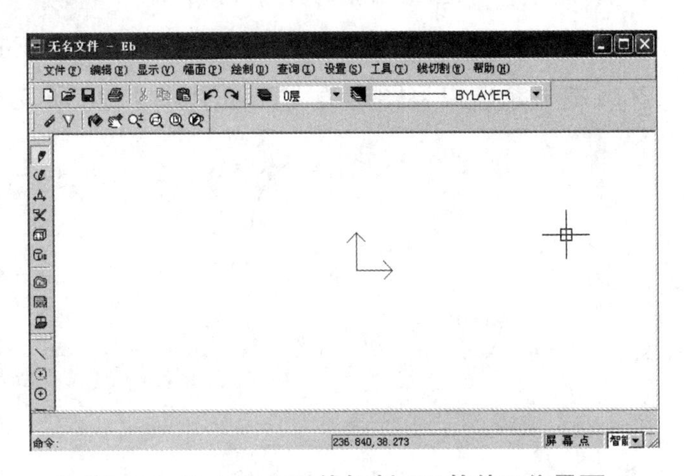

图 6-2-22　CAXA 线切割 XP 软件工作界面

④系统提示“输入中心点”，输入点坐标（0，0）并按〈Enter〉键。

⑤在显示窗口将图形放大，如图 6-2-23 所示。

2. 图形编辑

（1）裁剪编辑。

单击主菜单“绘制”→“曲线编辑”→“裁剪”，选择快速裁剪方式。

系统提示“拾取要裁剪的线段”，单击拾取不要的曲线，如图 6-2-24 所示。

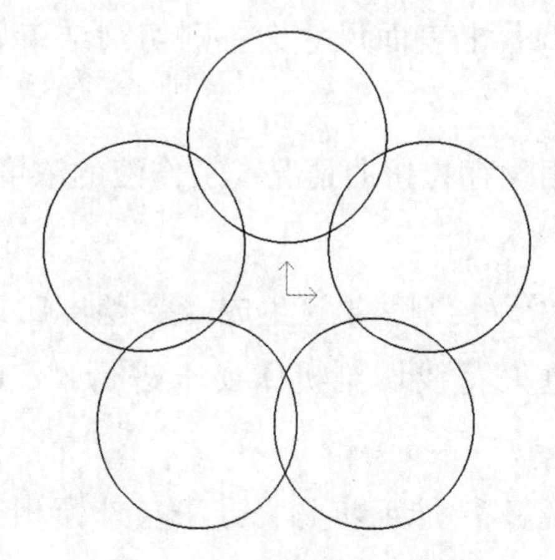

图 6-2-23　绘制 5 个圆

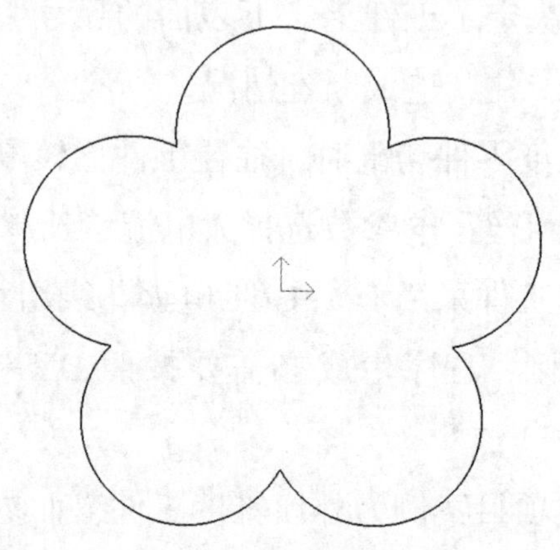

图 6-2-24　裁剪图形

（2）过渡编辑。

①单击主菜单“绘制”→“曲线编辑”→“过渡”。

②填写“过渡”立即菜单为 : 圆角 ▼ 2: 裁剪 ▼ 3:半径= 2 。

③按照系统提示依次选取过渡边，完成效果如图 6-2-25 所示。

（3）等距线编辑。

①单击主菜单“绘制”→“基本曲线”→“等距线”。

②填写“等距线”立即菜单为 1: 链拾取 ▼ 2: 指定距离 ▼ 3: 单向 ▼ 4: 空心 ▼ 5:距离 2 。

③按照系统选择向里的等距指引方向，按〈Enter〉键，此图全部做完。

④在显示窗口将图形放大，如图 6-2-26 所示，保存文件为“梅花锥 . exb”。

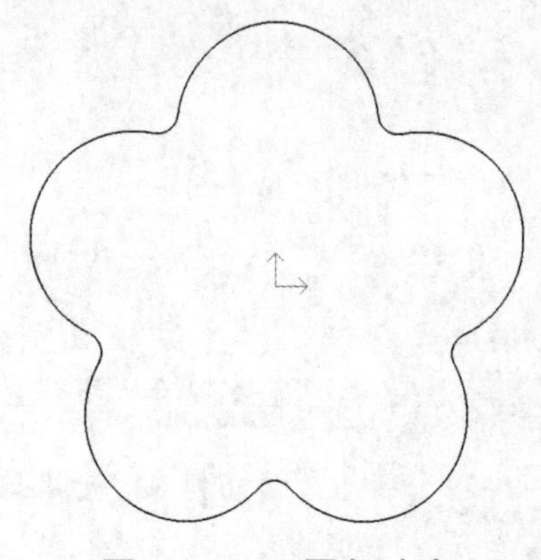

图 6-2-25　圆角过渡

图 6-2-26　完整设计图形

三、电火花线切割梅花锥的 CAM 程序设计

1. 轨迹生成

（1）线切割轨迹生成参数表定义。

①单击主菜单“线切割”→“轨迹生成”，弹出线切割轨迹生成参数表。

②依次完成“切割参数”与“偏移量/补偿值”的定义，如图 6-2-27 所示。

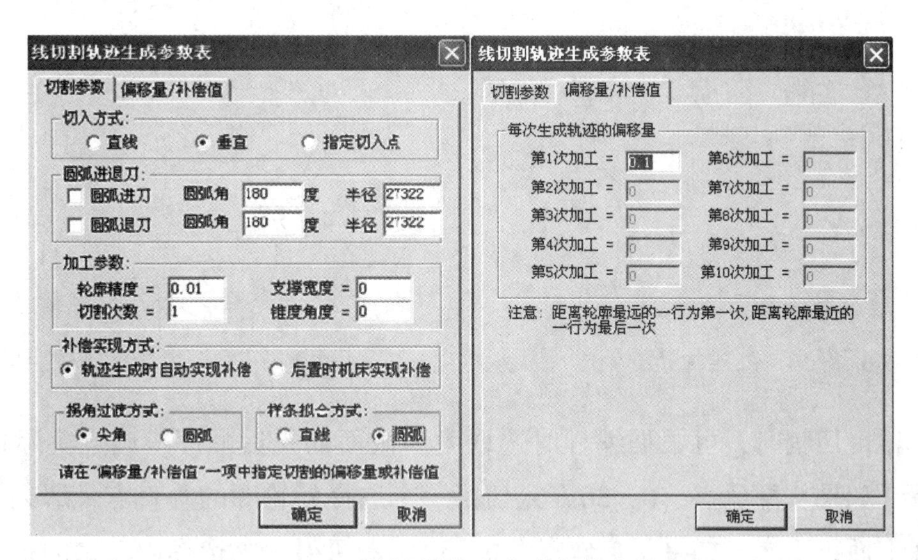

图 6-2-27　线切割轨迹生成参数表的定义

（2）加工轮廓方向及补偿方向定义。

①系统提示“拾取轮廓”，单击外轮廓线，点选顺时针方向，如图 6-2-28 所示。

②系统提示“选择补偿方向”，本项目完成的是外模加工，因此补偿方向向外，点选向外的方向，如图 6-2-29 所示。

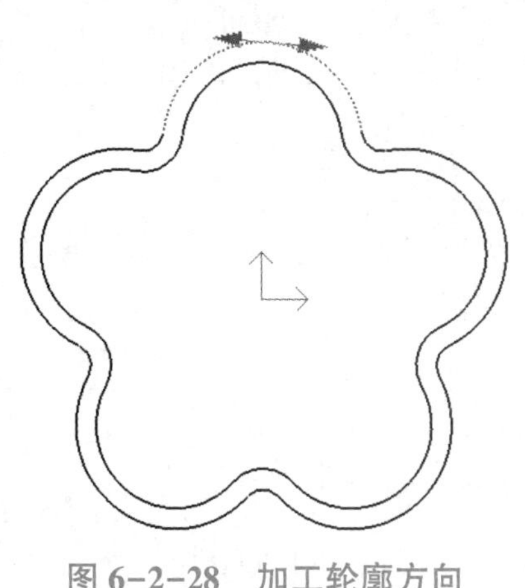

图 6-2-28　加工轮廓方向

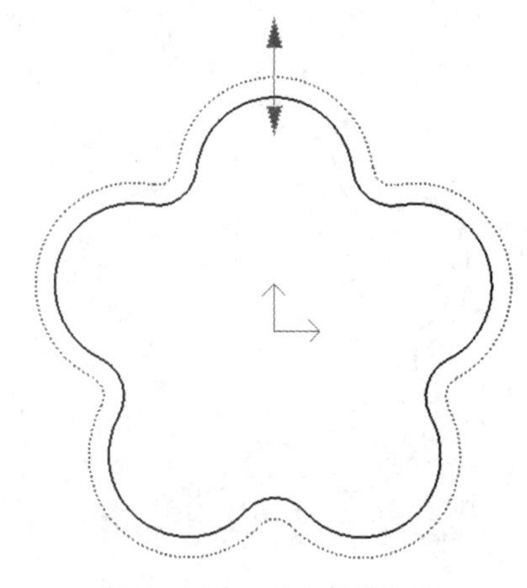

图 6-2-29　补偿方向

（3）穿（退）丝点位置定义。

①右击，系统提示“输入穿丝点位置”，输入点坐标（0，30）并按〈Enter〉键。

②系统提示“输入退出点（回车则与穿丝点重合）”，按〈Enter〉键。

③生成外轮廓加工轨迹，如图6-2-30所示。

（4）内轮廓轨迹生成。

①按照上述方法生成内轮廓轨迹，注意内外轮廓加工方向必须一致，内外轮廓补偿方向必须一致，必须选择同一个穿（退）丝点。内轮廓轨迹生成如图6-2-31所示。

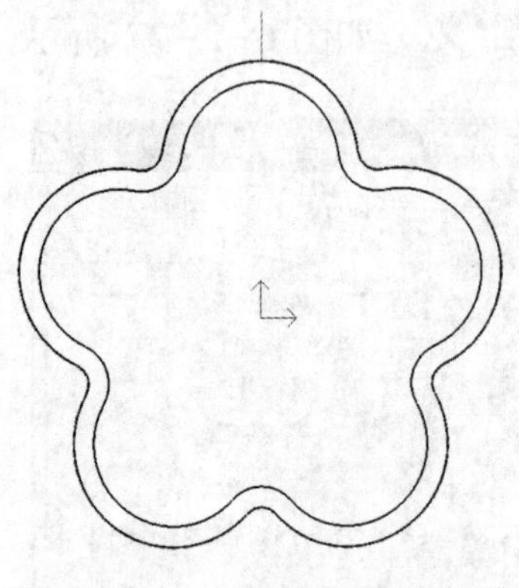

图6-2-30　外轮廓轨迹生成

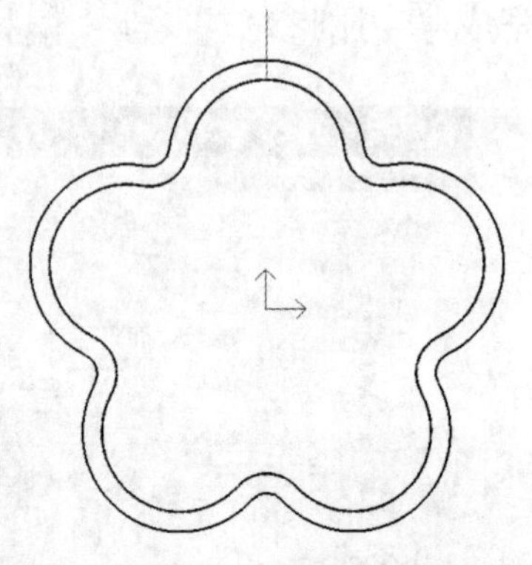

图6-2-31　内轮廓轨迹生成

②说明：锥度切割时，可根据编程时选取大小截面的先后顺序，确定实际切割时大小截面的上下位置。如果从穿丝点（0，30）入切第一个选择外轮廓的垂直点，那么切割出来的工件将大截面在上面；反之，如果从穿丝点（0，30）入切第一个选择内轮廓的垂直点，那么切割出来的工件将小截面在上面。

2. 轨迹仿真

（1）外轮廓轨迹仿真。

①单击主菜单“线切割”→“轨迹仿真”，根据系统提示设置步长值，如图6-2-32所示。

②系统提示“拾取加工轨迹”，点选外轮廓加工轨迹，进行外轮廓轨迹仿真，如图6-2-33所示。

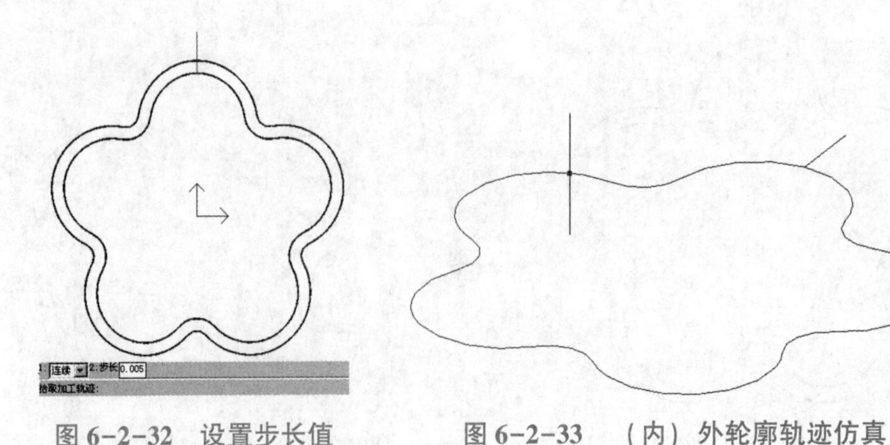

图6-2-32　设置步长值　　图6-2-33　（内）外轮廓轨迹仿真

（2）内轮廓轨迹仿真。

按照上述方法进行内轮廓轨迹仿真，内轮廓轨迹仿真亦如图6-2-33所示。

3. 切割面积查询

单击主菜单“线切割”→“查询切割面积”，根据系统提示拾取加工轨迹，输入工件厚度，按〈Enter〉键，弹出切割面积计数值，如图 6-2-34 所示。

4. 代码生成

（1）单击主菜单“线切割”→“生成 3B 代码”，弹出“生成 3B 加工代码”对话框，选择合适的加工路径，输入加工程序文件名，单击〈保存〉按钮，如图 6-2-35 所示。

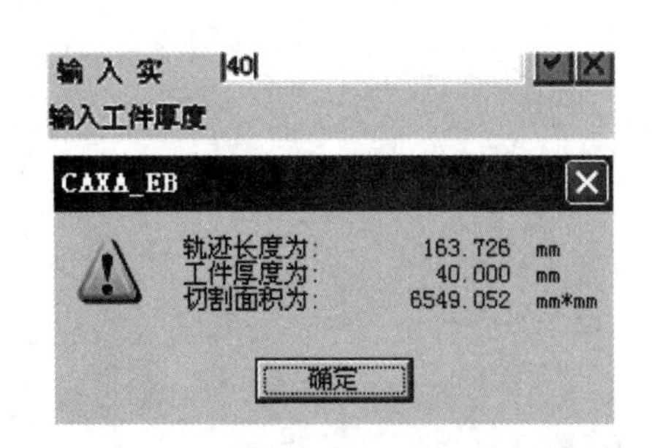

图 6-2-34　切割面积查询

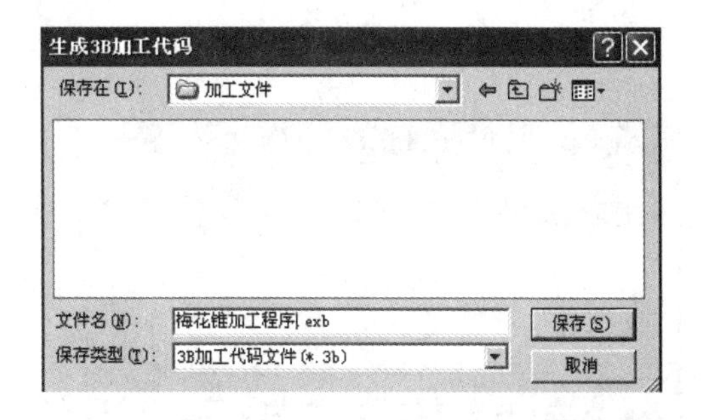

图 6-2-35　生成 3B 加工代码

（2）根据系统提示，完成立即菜单的选择：

（3）系统提示“拾取加工轨迹”，依次选取外轮廓轨迹、内轮廓轨迹，如图 6-2-36 所示。

（4）右击，生成 3B 加工代码，如图 6-2-37 所示。

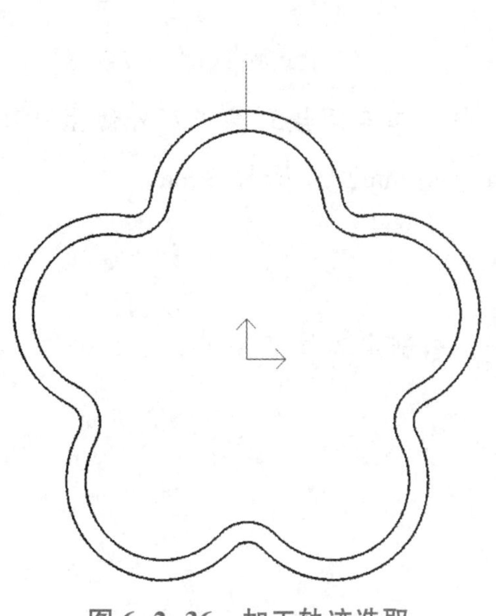

图 6-2-36　加工轨迹选取

图 6-2-37　生成 3B 加工代码

5. 代码反求（校核）

单击主菜单“线切割”→“校核 B 代码”，弹出“反读 3B/4B/R3B 加工代码”对话框，如图 6-2-38 所示；依据程序保存的路径，选择加工程序文件名，单击〈打开〉按钮，生成反求的加工轨迹，如图 6-2-39 所示。至此，可以有效保证（校核）加工轨迹的正确性。

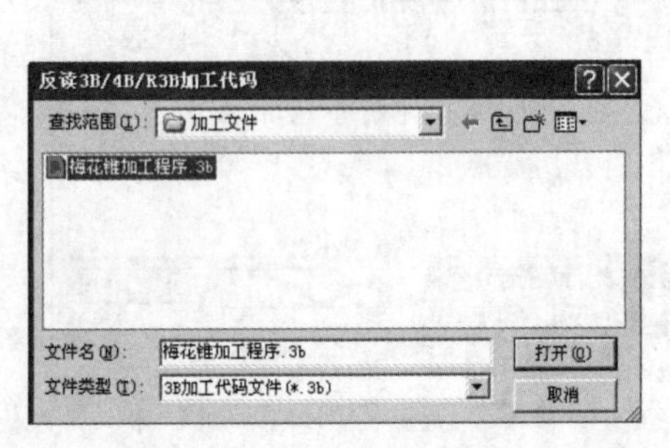

图 6-2-38　反读 3B 加工代码

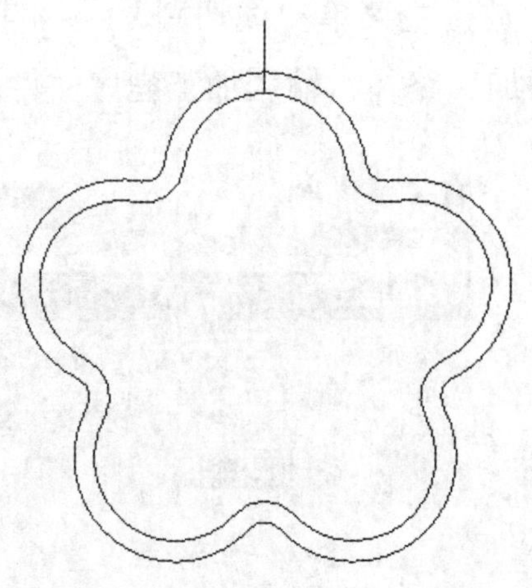

图 6-2-39　反求的加工轨迹

6. 代码传输

将程序名修改为（应为英文字母）“meihuazhui. nc”，然后存储到 U 盘；启动系统进入 Win98 平台，通过 USB 数据线将程序导入加工磁盘。

任务三　电火花线切割工件的跳步加工

任务导入

20××年 8 月初，天津现代职业技术学院特种加工车间接到某工厂外协生产任务：

1. 加工材料为 Cr12，毛坯尺寸为 200 mm×160 mm，厚度为 2 mm；
2. 加工样件如图 6-3-1 所示；
3. 加工数量 50 件，总计工时 600 h。

根据厂家要求，完成本批工件的加工任务，编制出工件任务单。

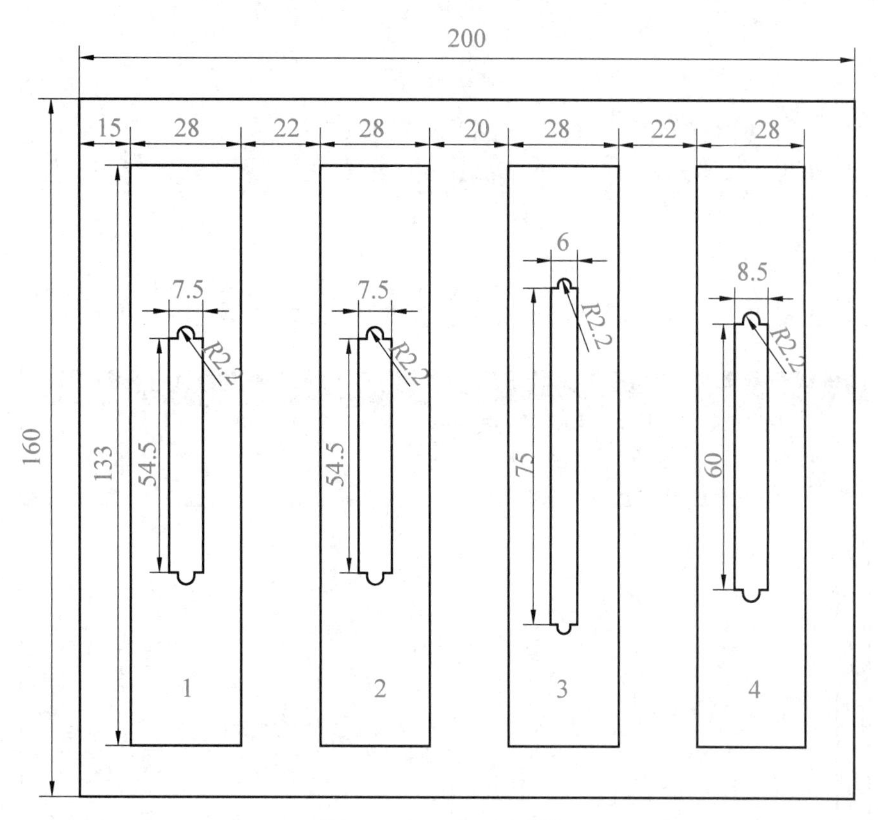

图 6-3-1　加工图样

知识要点

本任务知识要点如下：

（1）此工件为某电气控制箱插座固定板，属于薄材零件，材料为不锈钢，在一个毛坯上切割 4 片工件，每片工件的中间有一个长孔，外轮廓为矩形。

（2）电火花线切割时，在每个长孔的中心位置加工出穿丝孔，另外，在每片工件外轮廓的左侧边缘处各加工一个穿丝孔，这样可有效限制工件内应力的释放，从而提高工件的加工精度。

（3）每一片工件在加工时，需要使用跳步加工，即先将钼丝从中心位置的穿丝孔穿过，切割中间长孔，切割结束后，应使机床暂停。拆除钼丝后快速移动工作台到外轮廓的穿丝点，重新穿丝切割。其他 3 片工件的操作也如此。

（4）加工顺序应为 1—2—3—4—5—6—7—8，如图 6-3-2 所示。

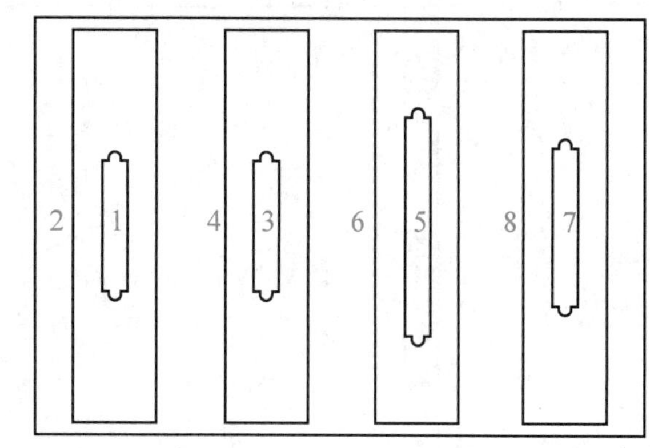

图 6-3-2　加工次序样图

任务实施

一、数控电火花线切割工件的跳步加工 CAD 图形设计

1. 图形的绘制

（1）启动 CAXA 线切割 XP 自动编程软件，工作界面如图 6-3-3 所示。

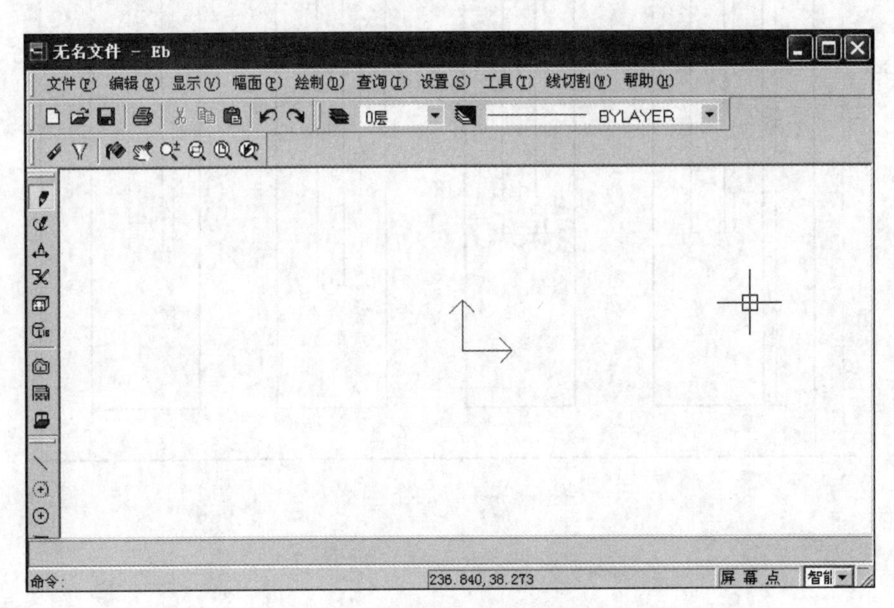

图 6-3-3　CAXA 线切割 XP 自动编程软件的工作界面

（2）绘制图形。

①单击“绘制”→“矩形”，单击确定矩形的一点，在界面左下角输入坐标点（200，-150）确定矩形的位置，如图 6-3-4 所示。

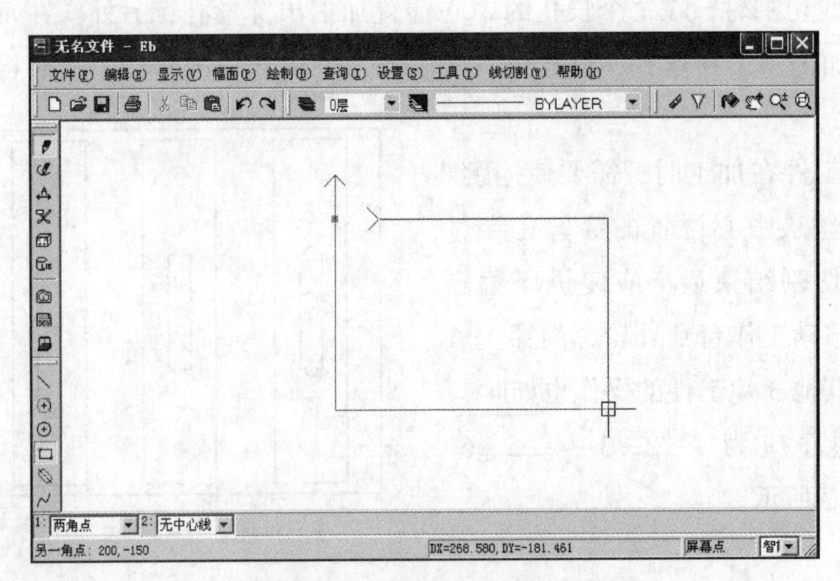

图 6-3-4　单一矩形的绘制

②同样利用“矩形”命令输入相应坐标点，确定图内各小矩形的位置或利用“直线”和“等距线（偏移）”命令画出矩形。下面具体介绍第 2 种操作方法。

单击“绘制”→“等距线”输入需要偏移的距离。

通过“等距线”命令画出矩形，如图 6-3-5 所示。

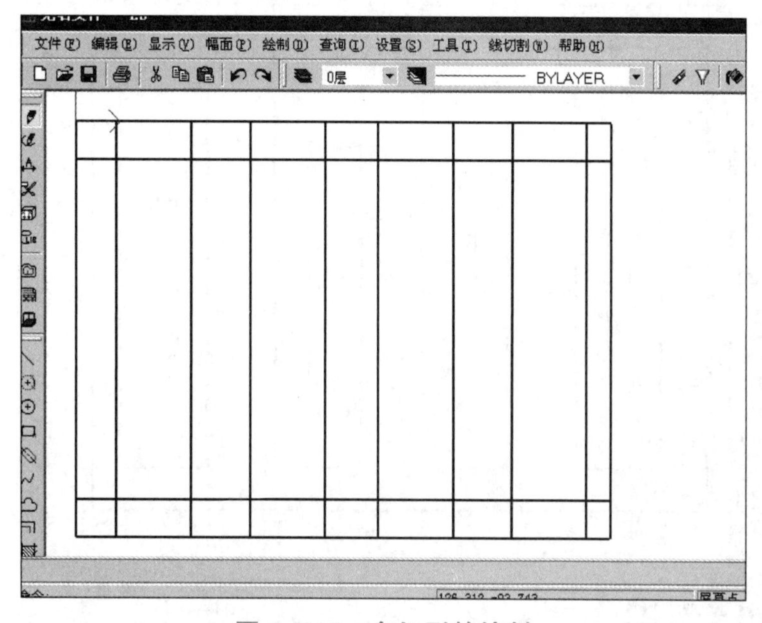

图 6-3-5　多矩形的绘制

2. 图形的编辑

（1）按照“绘制”→“曲线编辑”→“裁剪”的顺序进行编辑，如图 6-3-6 所示。

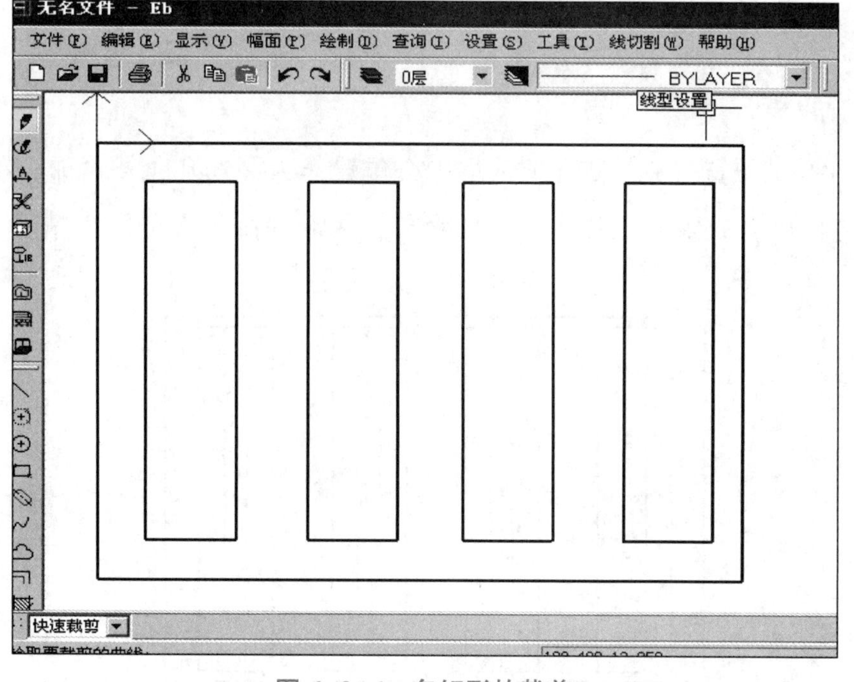

图 6-3-6　多矩形的裁剪

（2）利用“直线”“等距线”“圆”和“裁剪”命令绘制矩形中间的长孔，如图6-3-7所示。

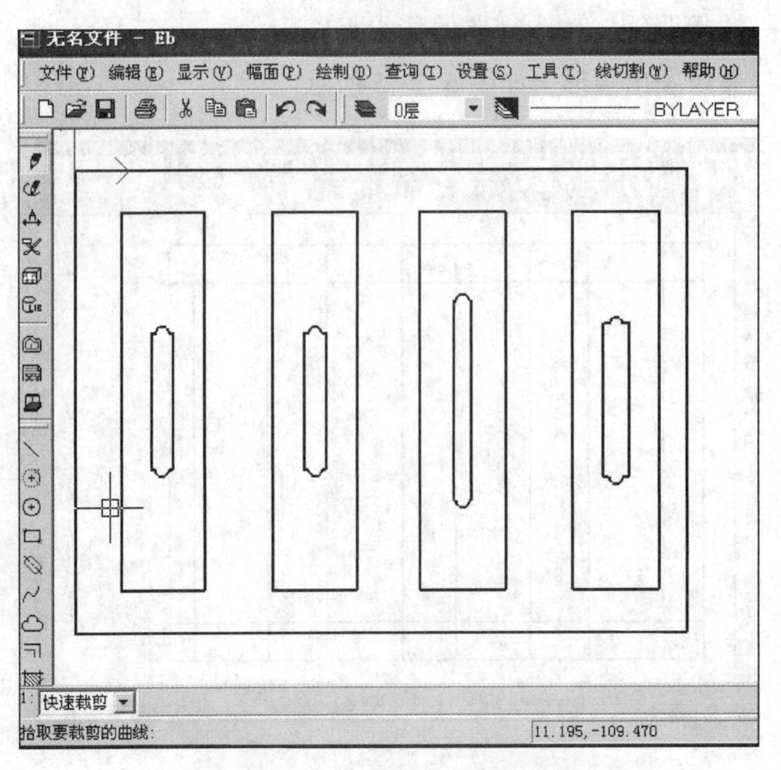

图6-3-7　绘制矩形中间的长孔

（3）在显示窗口将图形放大，保存文件为“孔板.exb”。

二、数控电火花线切割工件的跳步加工CAM程序设计

1. 轨迹的生成

（1）确定穿丝孔的位置（内孔加工时应取中心位置作为穿丝孔，外轮廓的左侧边缘处各加工一个穿丝孔，这样可有效限制工件内应力的释放，从而提高工件的加工精度），如图6-3-8所示。

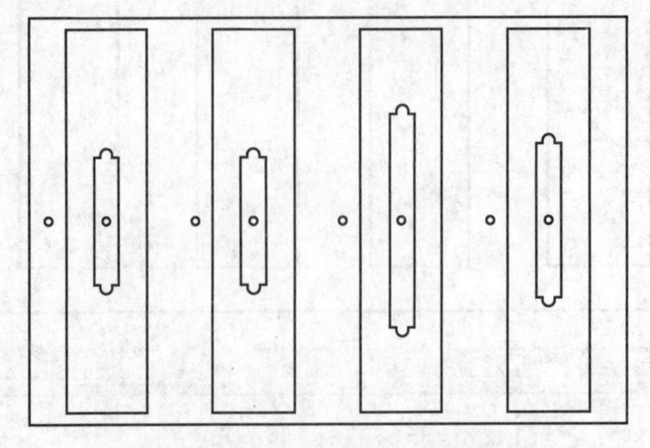

图6-3-8　穿丝孔位置的确定

（2）线切割轨迹生成参数表的定义。

①单击“线切割”→“轨迹生成”，弹出“线切割轨迹生成参数表”对话框。

②依次完成“切割参数”与“偏移量/补偿值”的定义，如图 6-3-9 所示。

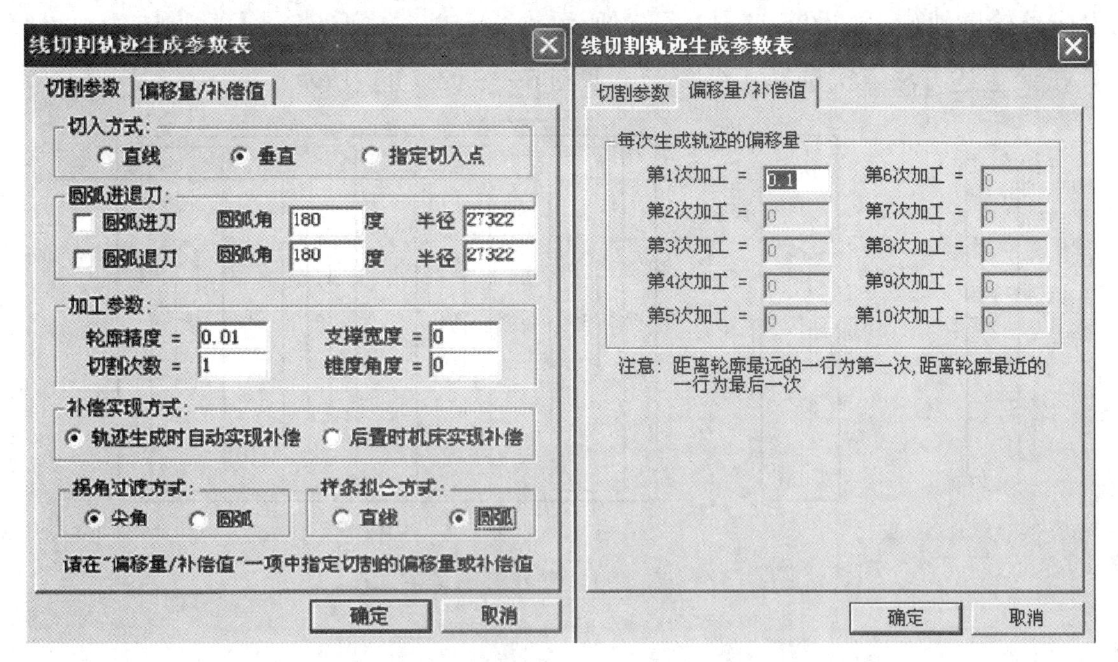

图 6-3-9　线切割轨迹生成参数表的定义

（3）加工轮廓方向及补偿方向的定义。

①系统提示“拾取轮廓”，单击外轮廓线，单击选取顺时针方向。加工内孔时，单击选取逆时针方向，如图 6-3-10 所示。

②系统提示“选择补偿方向”，本任务既有外模加工又有内孔加工，因此外模补偿方向向外，依次选取向外的方向；内模补偿方向向内，依次选取向内的方向，如图 6-3-11 所示。

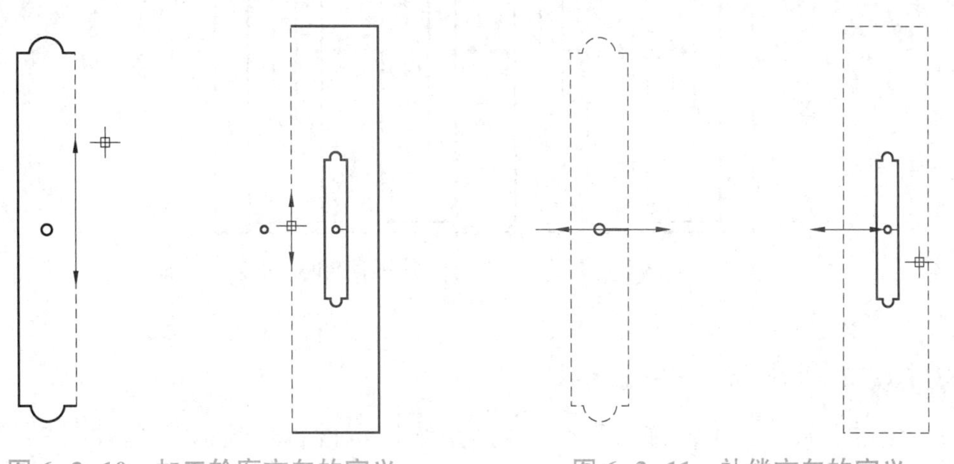

图 6-3-10　加工轮廓方向的定义　　　　图 6-3-11　补偿方向的定义

（4）穿（退）丝点位置的定义。

①将鼠标移近穿丝点后，按〈Space〉键。

②系统提示“输入退出点（回车则与穿丝点重合）”，按〈Enter〉键。

③生成外轮廓轨迹，如图 6-3-12（a）所示。

（5）按照上述方法依次选择 4 组图形，如图 6-3-12（b）所示。

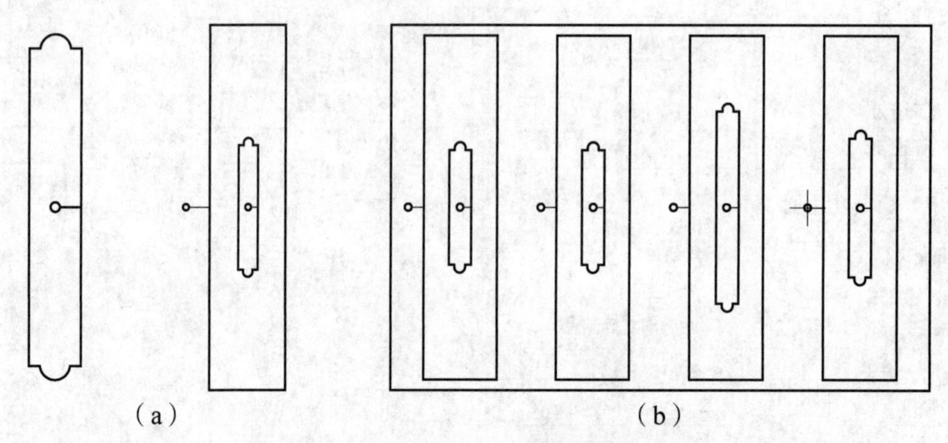

图 6-3-12 （内）外轮廓轨迹的生成

（a）单一矩形；（b）多矩形

2. 轨迹跳步

单击“线切割”→“轨迹跳步”，根据图 6-3-2 的加工顺序依次拾取加工轨迹，生成如图 6-3-13 所示的外轮廓轨迹。

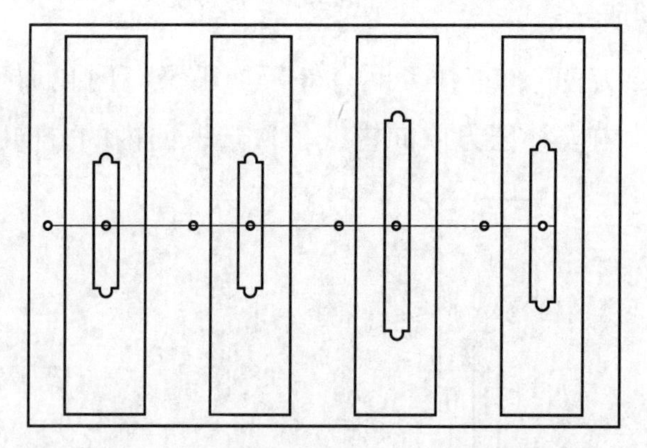

图 6-3-13 跳步后的（内）外轮廓轨迹的生成

3. 轨迹的仿真

（1）单击“线切割”→“轨迹仿真”，根据系统提示设置步长值，如图 6-3-14 所示。

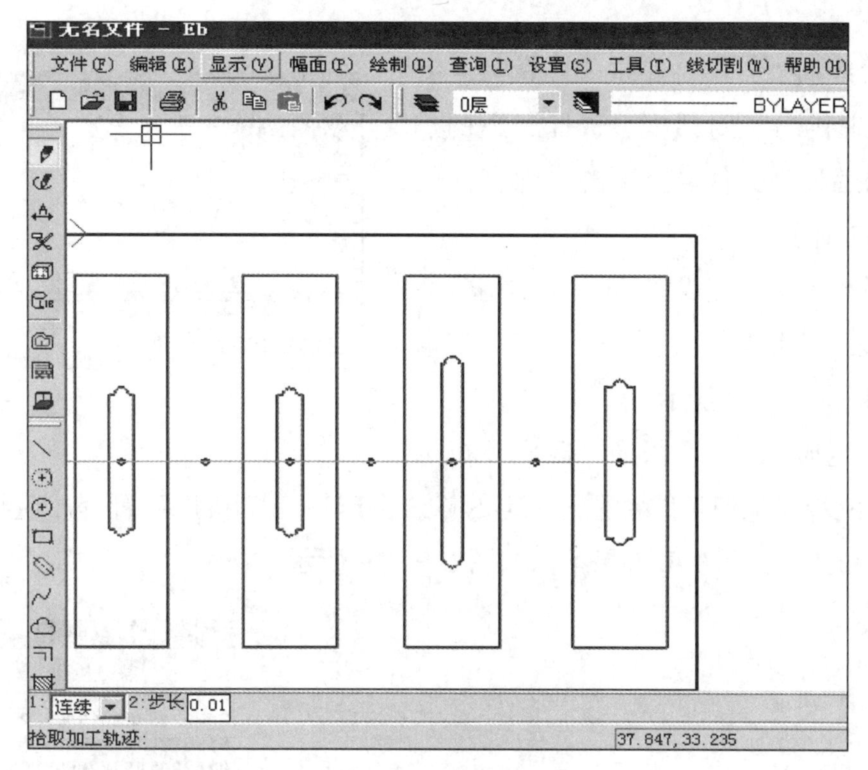

图 6-3-14　步长值的设置

（2）系统提示“拾取加工轨迹”，依次选取外轮廓轨迹，进行外轮廓轨迹的仿真，如图 6-3-15 所示。

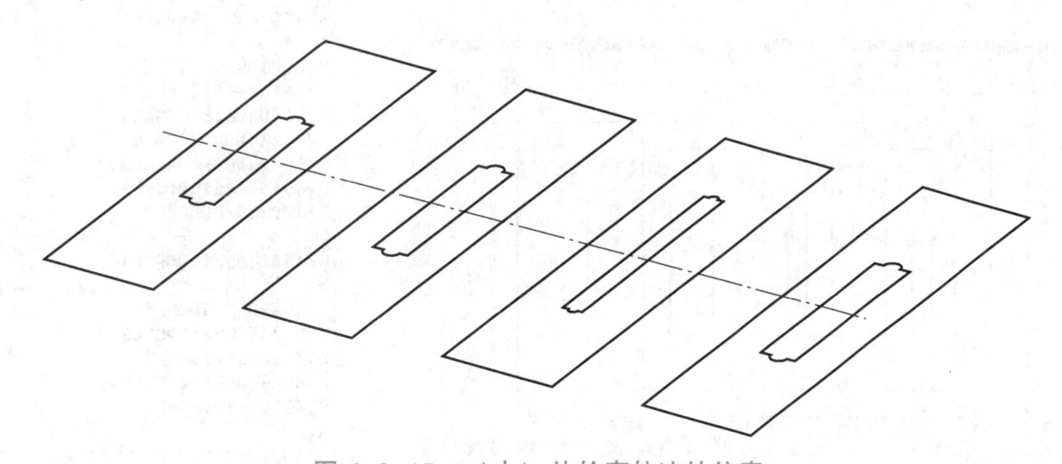

图 6-3-15　（内）外轮廓轨迹的仿真

4. 切割面积的查询

单击“线切割”→“查询切割面积”，根据系统提示拾取加工轨迹，输入工件厚度，按〈Enter〉键，弹出切割面积计数值对话框，如图 6-3-16 所示。

图 6-3-16　切割面积的查询

5. 程序的生成

（1）单击“线切割”→“生成3B代码”，弹出“生成3B加工代码”对话框，选择合适的加工路径，输入加工程序文件名，单击〈保存〉按钮，如图6-3-17所示。

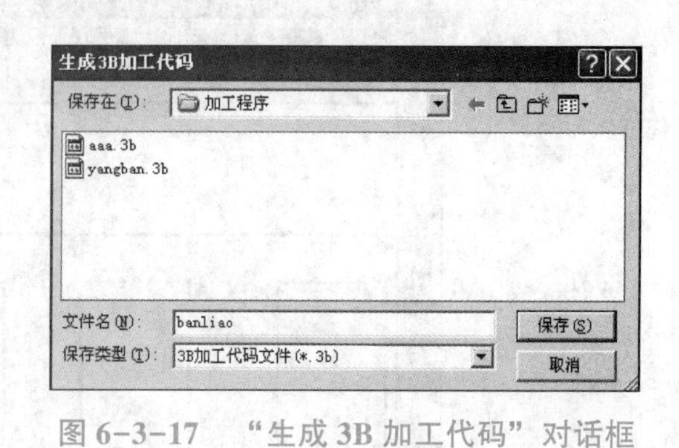

图6-3-17 “生成3B加工代码”对话框

（2）根据系统提示，完成立即菜单的选择。

（3）系统提示“拾取加工轨迹”，依次选取外轮廓轨迹，如图6-3-18所示。

（4）右击，生成3B加工程序。但由于机床型号的不同，对跳步加工的工件要进行一定的修改，DM-CUT机床后置程序应将暂停码“D”改为“A”，最后的停机码“DD”保留，如图6-3-19所示。

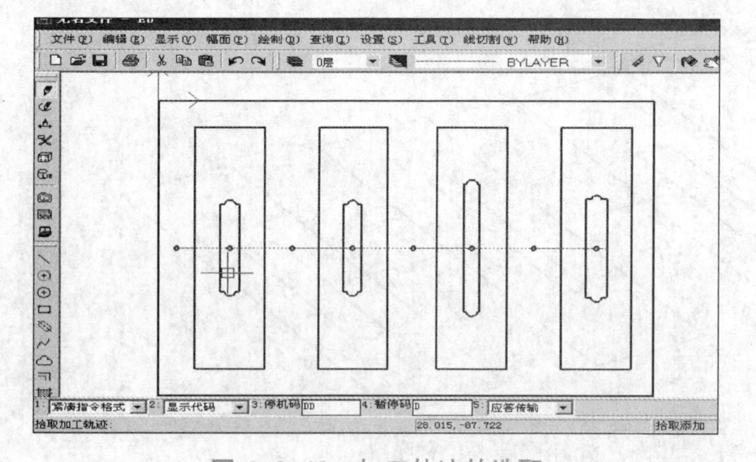

图6-3-18 加工轨迹的选取

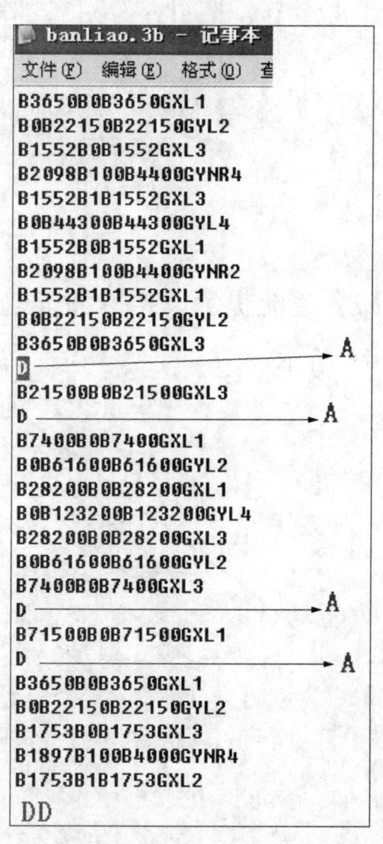

图6-3-19 生成3B加工程序

6. 程序的反求（校核）

单击“线切割”→“校核B代码”，弹出“反读3B/4B/R3B加工代码”对话框，如图6-3-20所示；依据程序保存的路径，选择加工程序文件名，单击将其打开，生成反求的加工轨迹，如图6-3-21所示。至此，可以有效保证（校核）加工轨迹的正确性。

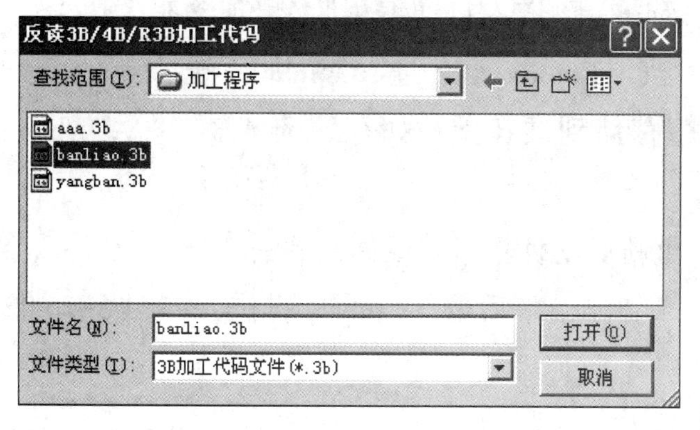

图 6-3-20　“反读 3B/4B/R3B 加工代码”对话框

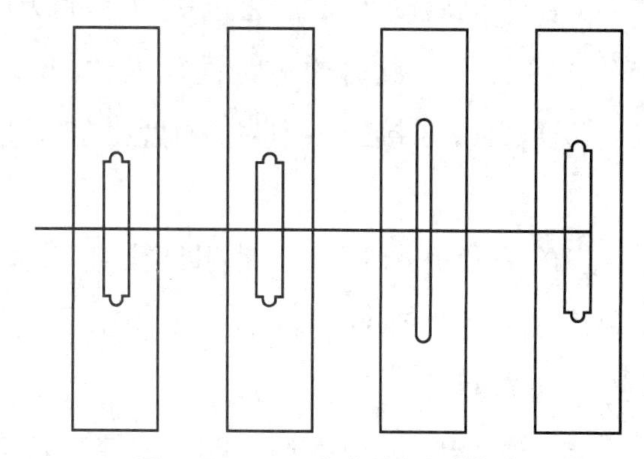

图 6-3-21　反求的加工轨迹

7. 程序的传输

将程序名修改为（应为英文字母）“banliao. nc”，然后存储到 U 盘；启动系统进入 Win98 平台，通过 USB 数据线将程序导入加工磁盘。

三、数控电火花线切割工件的跳步机床加工

数控电火花线切割工件的跳步机床加工步骤如下：

（1）数控电火花线切割工件的装夹与找正。

（2）机床的静态检查与润滑。

（3）数控电火花线切割机床的盘丝、穿丝与找正。

（4）开机。

①接通电源，完成机床与控制柜的上电。

②旋出机床床身的〈急停〉按钮。

③将控制柜下侧的电源总开关旋至“1”，然后旋开〈电源开关〉按钮，再按下〈主机开关〉按钮，系统启动进入如图 6-3-22 所示的界面。

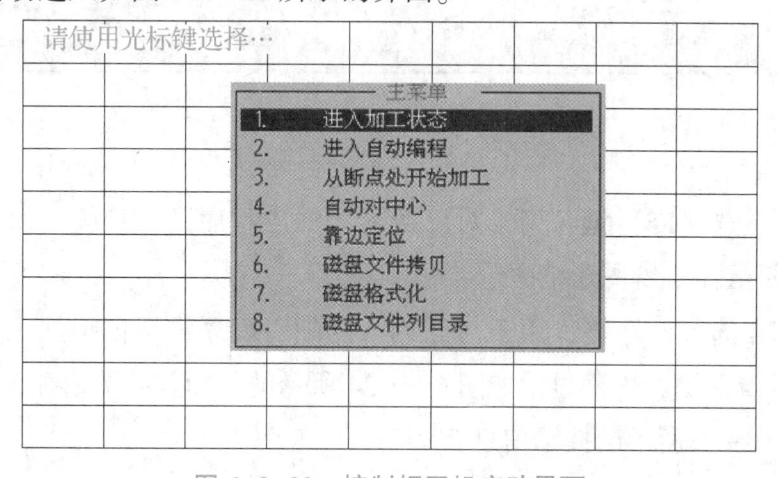

图 6-3-22　控制柜开机启动界面

④在开机启动界面，通过键盘上的方向键选择“进入自动编程”，出现含有“C:\>”内容的DOS界面，此时通过键盘输入“win”后按〈Enter〉键，进入Win98系统。

⑤通过USB接口，利用U盘将加工程序存储到硬盘上，如存储到“C:\TCAD\banliao.nc”。

⑥单击“开始”→“关闭计算机”→“重新启动计算机并返回到MS-DOS”，在出现含有“C:\>”内容的DOS界面后，用MDI键盘输入“cnc2”后按〈Enter〉键进入如图6-3-22所示的启动界面。

（5）机床空运行检查，明确机床坐标系。

（6）编写或调入程序，并检查校核。

①调入程序，根据图6-3-23所示界面下方〈F3〉键的提示，单击MDI键盘上的〈F3〉键，输入程序名字，如“C:\TCAD\banliao.nc”，将加工程序调入计算机的内存。

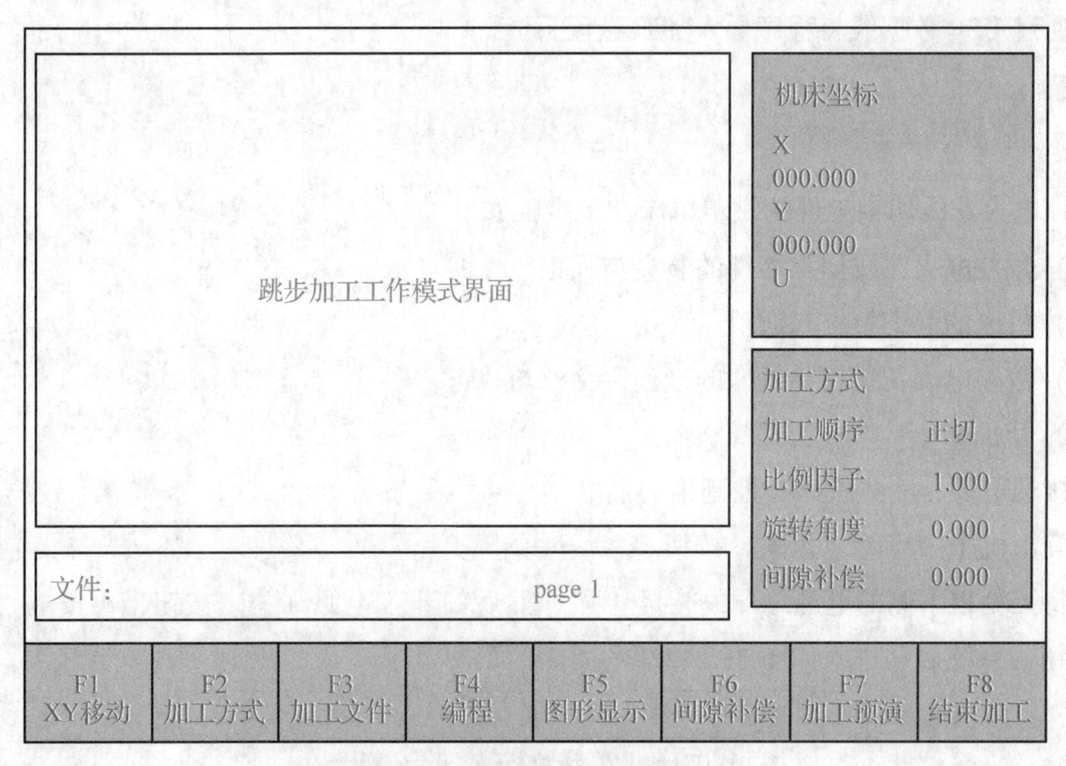

图6-3-23 跳步加工工作模式界面

②图形显示。点选〈F5〉键，用于对已调入的加工程序进行校验，以检查加工的图形是否与图纸相符。按〈Esc〉键图形消失。

③加工预演。点选〈F7〉键，用于对已调入的加工程序进行模拟加工，系统不输出任何控制信号。按下〈F7〉键，屏幕显示如图6-3-24所示的画面及其图形加工预演过程，待加工完毕后出现如图6-3-25所示的提示信息窗。

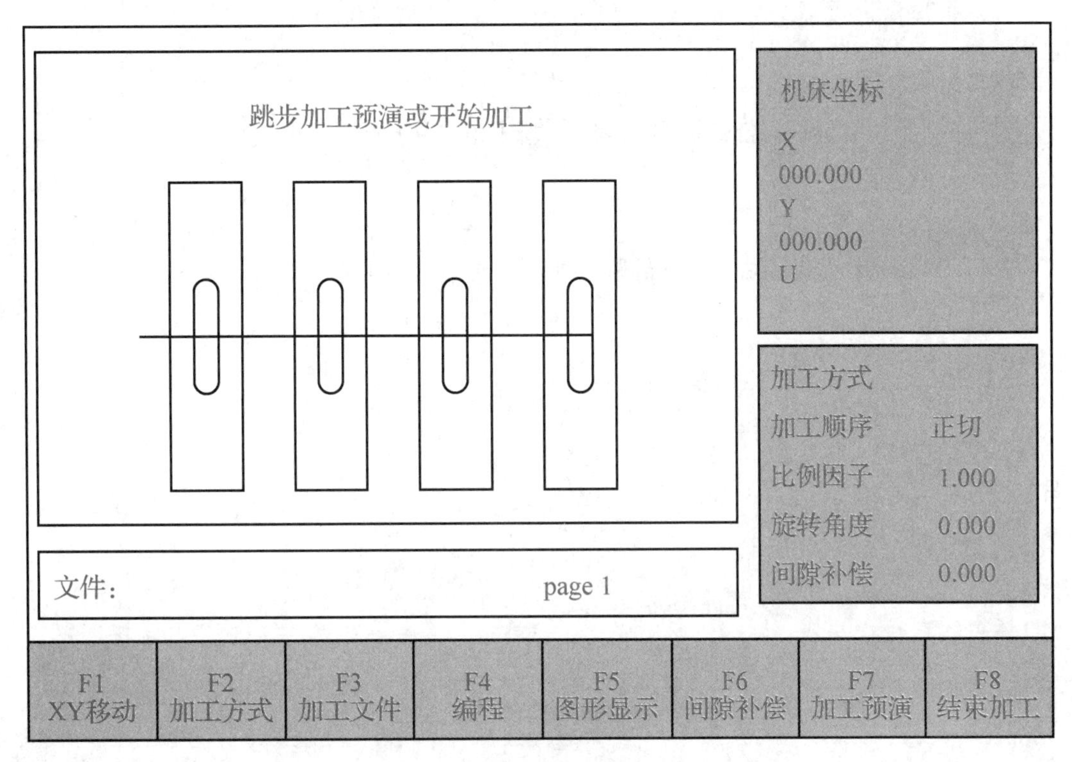

图 6-3-24　跳步加工预演或开始加工界面

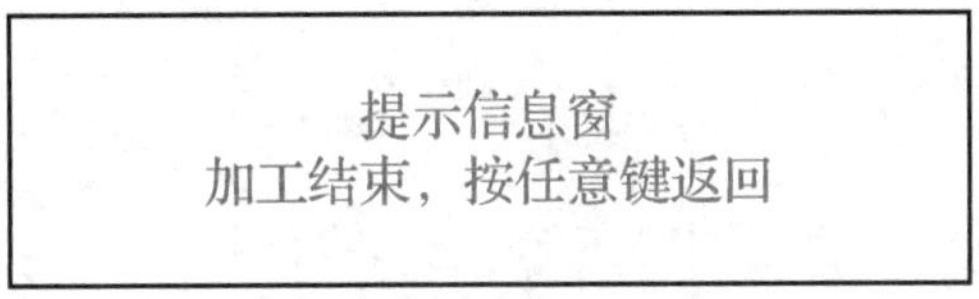

提示信息窗
加工结束，按任意键返回

图 6-3-25　提示信息窗

(7) 确定电极丝的起始切割位置。

(8) 合理选择电参数。

(9) 加工参数的设置及机床后置补偿参数的输入。

(10) 机床的加工。

(11) 加工过程中要注意观察，如有异常，按下〈F2〉键暂停加工，排除异常后再加工。

(12) 加工结束，按下〈F8〉键，取下工件，检测。

(13) 关机。

(14) 加工完毕后，取下工件，擦去上面的乳化液，清理机床。

任务评价

电火花线切割工件的跳步加工任务评价表如表 6-3-1 所示。

表 6-3-1　电火花线切割工件的跳步加工任务评价表

任务名称		电火花线切割工件的跳步加工	课时				
任务评价成绩			任课教师				
类别	序号	评价项目	结果	A	B	C	D
基础知识	1	程序编写					
	2	切入点选择					
	3	放电参数合理性					
操作	4	零件装夹					
	5	机床操作					
	6	零件尺寸精度与表面粗糙度					
总结							

知识拓展

一、电火花线切割上下异形零件的加工

图 6-3-26 所示零件的加工材料为 45 冷轧钢板，毛坯尺寸为 $\phi60$ mm 的圆钢，厚度为 40 mm。

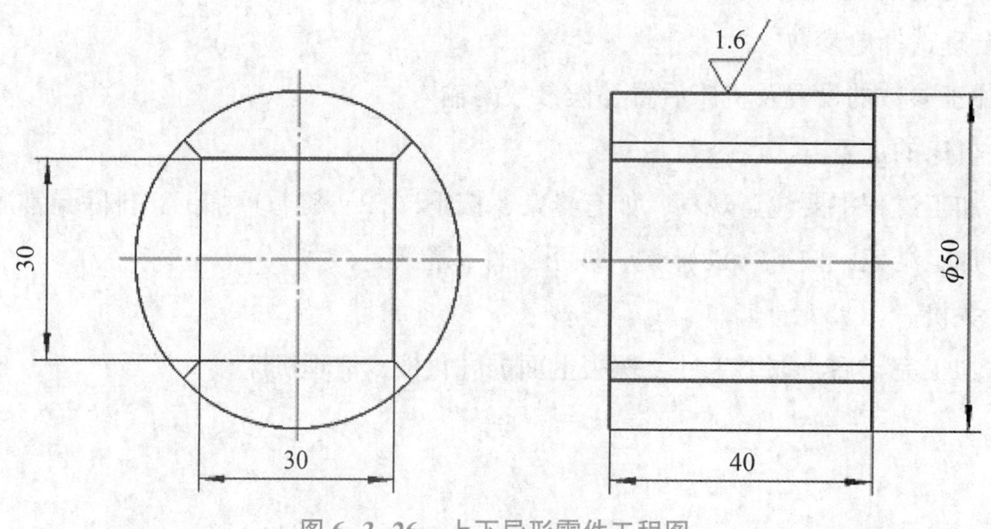

图 6-3-26　上下异形零件工程图

电火花线切割上下异形零件的加工知识解析：

（1）上下异形零件是指零件上平面和下平面为不同形状的直纹线切割零件。

（2）由于加工工件的上、下表面为不同形状，且尺寸也不同，因此线切割加工时为锥度切割。本机床可以在 0°~60°范围内进行不同锥度加工的各种工件最大切割锥度为 $60°/h=100$ mm，因此，上下异形零件的厚度必须满足要求，否则会造成钼丝张力过大而被拉断。

（3）上下异形零件加工时，钼丝的穿丝点必须是相同的，这意味着起刀点是相同的。切割工件时，应上圆下方，上面的面积大，下面的面积小，这样可使工件切割完毕下落时不会将钼丝卡住，造成断丝。

（4）上下异形零件编程的基准面非常重要，它决定了切割工件的厚度和工件的定位尺寸的确定，也就决定了切割锥度。

（5）本工件采用 DM-CUT 电火花线切割机床予以切割，轨迹生成需要遵循 DM-CUT 机床锥度加工准则，程序生成亦需要按照 DM-CUT 电火花线切割机床要求进行“.RES”文件转化。

（6）本项目案例为外模锥度工件，而内模锥度工件加工步骤、方法与外模相类似，唯一变化的是需要进行的穿丝方式演变成了内孔穿丝，仅改变穿丝点和起始切割点位置即可。

二、电火花线切割上下异形零件的 CAD 图形设计

1. 图形绘制

（1）启动 CAXA 线切割 XP 软件，工作界面如图 6-3-27 所示。

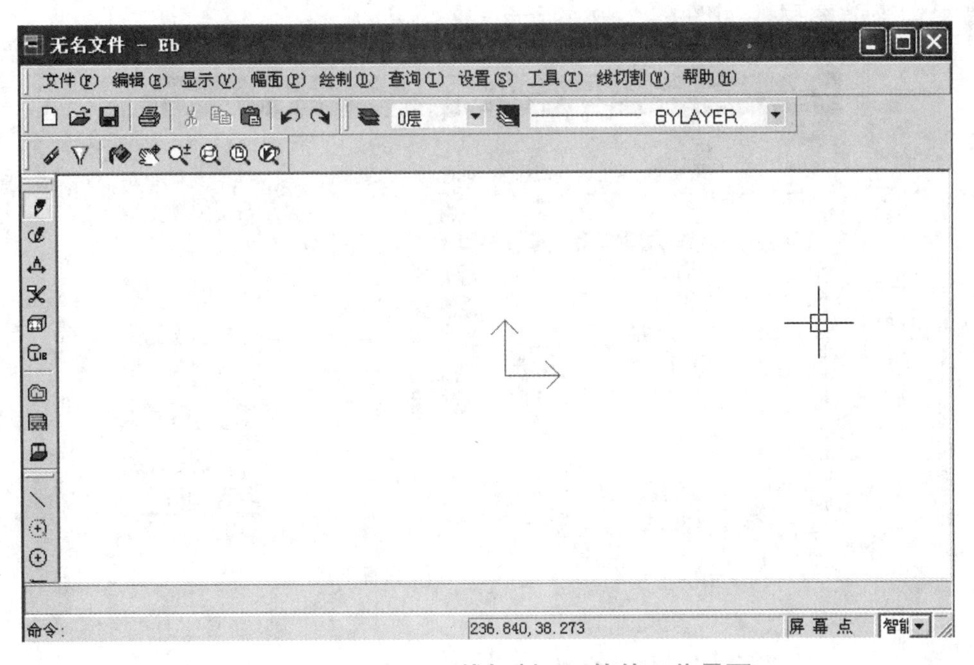

图 6-3-27　CAXA 线切割 XP 软件工作界面

（2）绘制圆。

①单击主菜单“绘制”→“基本曲线”→“圆”。

②填写“圆”立即菜单为 1: 圆心_半径 2: 半径。

③系统提示“输入圆心点”，输入圆心点坐标（0，0），按〈Enter〉键。

④系统提示“输入半径或圆上一点”，输入半径 25，按〈Enter〉键。右击，退出绘圆状态。

（3）绘制正方形。

①单击主菜单“绘制”→“基本曲线”→“矩形”。

②填写“矩形”立即菜单为 1: 长度和宽度 2: 中心定位 3: 角度 0 4: 长度 30 5: 宽度 30 6: 无中心线。

③系统提示“输入定位点”，输入圆心点坐标（0，0），按〈Enter〉键。右击，退出绘制矩形状态。

④在显示窗口将图形放大，如图 6-3-28 所示，保存文件为“上下异形件.exb”。

2. 图形编辑

因为锥度程序生成需要上下截面图形的组成图元的数目一样，即所生成的程式代码条数一样，所以在作图过程中，我们要把圆分成 4 个圆弧。

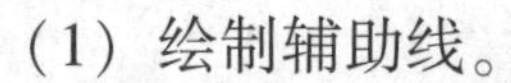

（1）绘制辅助线。

单击主菜单“设置”→“层控制”，打开层控制窗口，将中心线层设置为当前图层，如图 6-3-29 所示。

图 6-3-28　绘制异形零件图

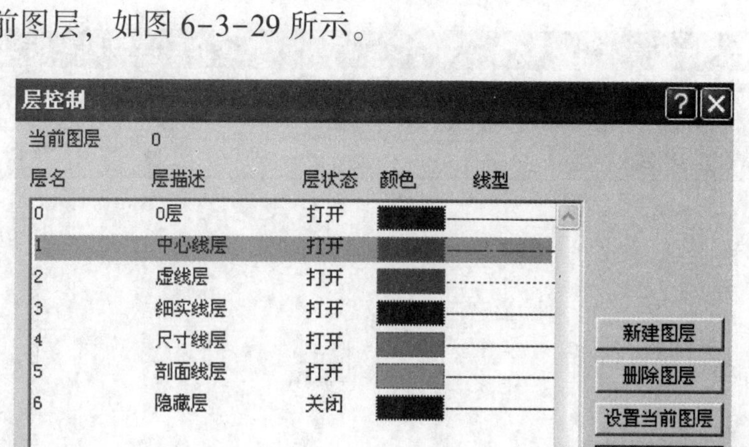

图 6-3-29　层控制窗口

单击主菜单“绘制”→“基本曲线”→“基本线”，按照系统提示绘制两条辅助线，如图 6-3-30（a）所示。

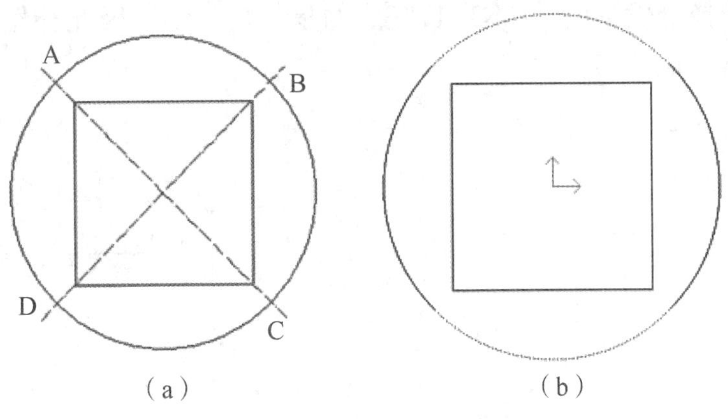

图 6-3-30　打断图形

（2）圆打断。

①单击主菜单“绘制”→“曲线编辑”→“打断”。

②按照系统提示在 A、B、C、D 这 4 个地方把圆打断，与另一截面的四边形对应如图 6-3-30（b）所示。

三、电火花线切割上下异形零件的 CAM 程序设计

1. 轨迹生成

（1）线切割轨迹生成参数表定义。

①单击主菜单“线切割”→“轨迹生成”，弹出线切割轨迹生成参数表。

②依次完成“切割参数”与“偏移量/补偿值”的定义，如图 6-3-31 所示。

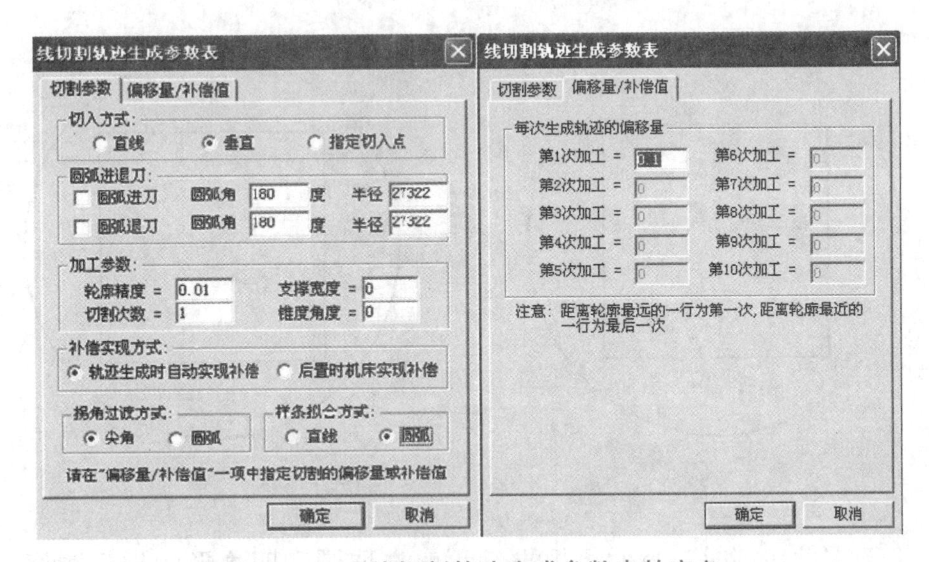

图 6-3-31　线切割轨迹生成参数表的定义

（2）加工轮廓方向及补偿方向定义。

①系统提示“拾取轮廓”，单击外轮廓线，点选顺时针方向，如图 6-3-32 所示。

②系统提示“选择补偿方向”，本项目完成的是外模加工，因此补偿方向向外，点选向外的方向，如图 6-3-33 所示。

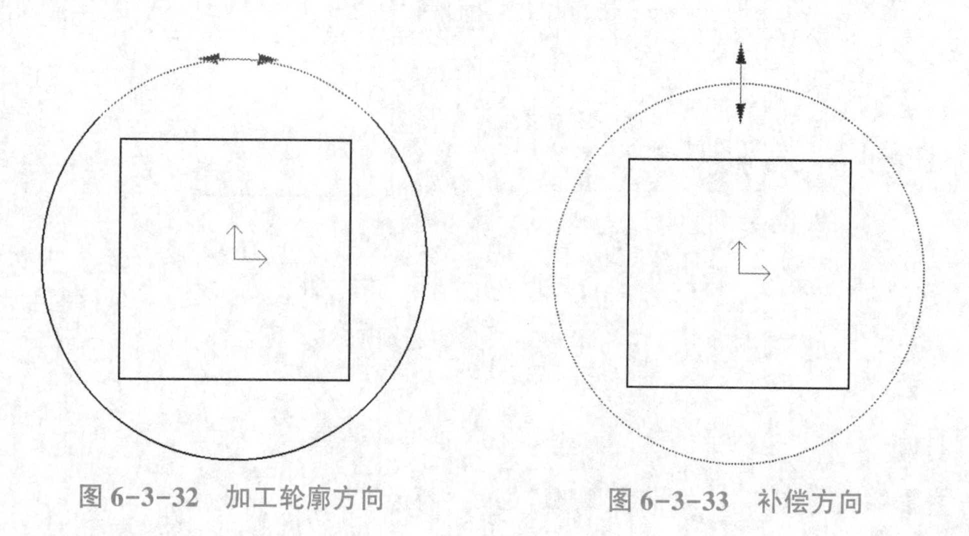

图 6-3-32　加工轮廓方向　　　图 6-3-33　补偿方向

（3）穿（退）丝点位置定义。

①右击，系统提示“输入穿丝点位置”。输入点坐标（0，30），按〈Enter〉键。

②系统提示“输入退出点（回车则与穿丝点重合）”，按〈Enter〉键。

③生成外轮廓加工轨迹，如图 6-3-34 所示。

（4）内轮廓轨迹生成。

①按照上述方法生成内轮廓轨迹，注意内外轮廓加工方向必须一致，内外轮廓补偿方向必须一致，必须选择同一个穿（退）丝点。内轮廓轨迹生成如图 6-3-35 所示。

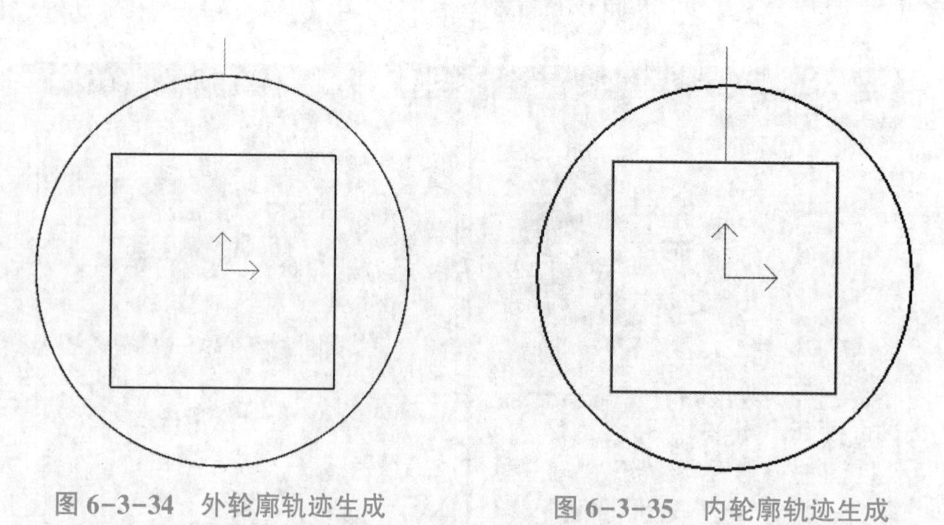

图 6-3-34　外轮廓轨迹生成　　　图 6-3-35　内轮廓轨迹生成

②说明：上下零件切割时，我们可根据编程时选取圆和四边形的先后顺序，确定实际切割时圆和四边形的上下位置。我们如果从穿丝点（0，30）入切第一个选择外轮廓的垂直点，那么切割出来的工件将大截面在上面；反之，如果我们从穿丝点（0，30）入切第一个选择内轮廓的垂直点，那么切割出来的工件将小截面在上面。

2. 轨迹仿真

（1）外轮廓轨迹仿真。

①单击主菜单“线切割”→“轨迹仿真”，根据系统提示设置步长值，如图 6-3-36 所示。

②系统提示“拾取加工轨迹”，点选外轮廓加工轨迹，进行外轮廓轨迹仿真，如图 6-3-37 所示。

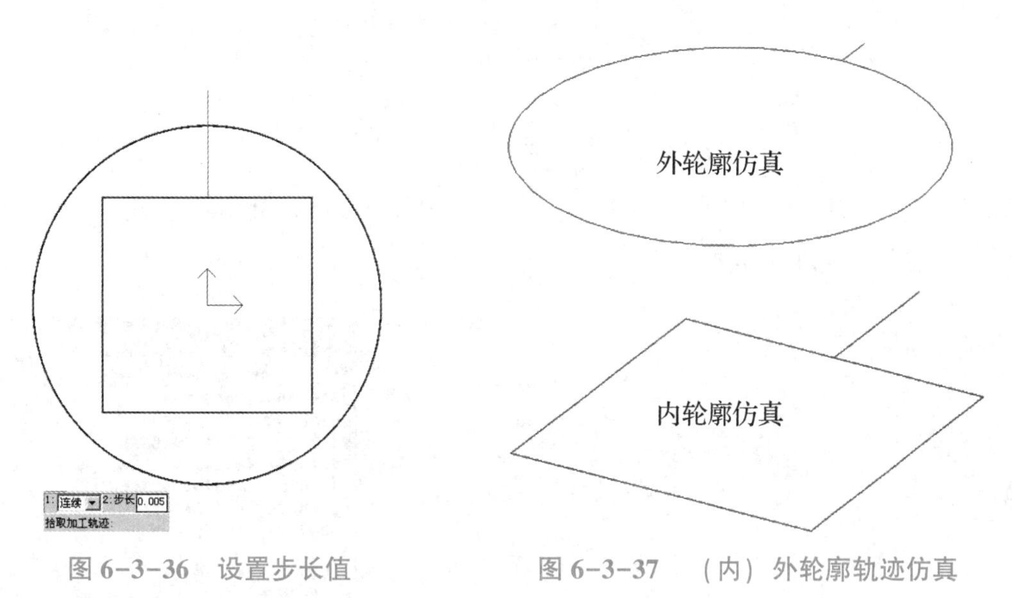

图 6-3-36　设置步长值　　图 6-3-37　（内）外轮廓轨迹仿真

（2）内轮廓轨迹仿真。

按照上述方法进行内轮廓轨迹仿真，内轮廓轨迹仿真亦如图 6-3-37 所示。

3. 切割面积查询

单击主菜单“线切割”→“查询切割面积”，根据系统提示拾取加工轨迹，输入工件厚度，按〈Enter〉键，弹出切割面积计数值，如图 6-3-38 所示。

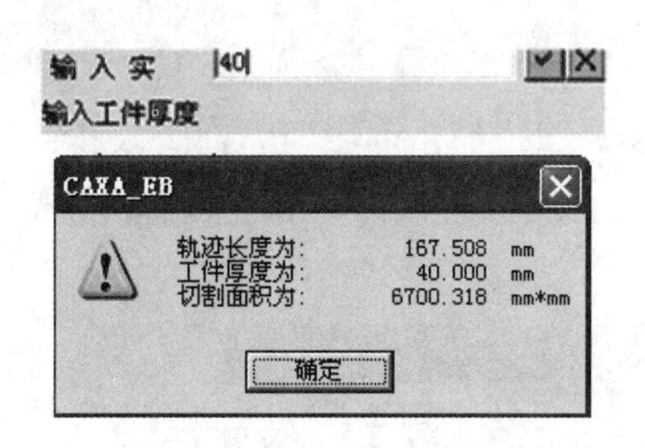

图 6-3-38　切割面积查询

4. 代码生成

（1）单击主菜单“线切割”→“生成 3B 代码”，弹出“生成 3B 加工代码”对话框，选择合适的加工路径，输入加工程序文件名，单击〈保存〉按钮，如图 6-3-39 所示。

（2）根据系统提示，完成立即菜单的选择：1:紧凑指令格式 2:显示代码 3:停机码 DD 4:暂停码 D 5:不传输代码 拾取加工轨迹:。

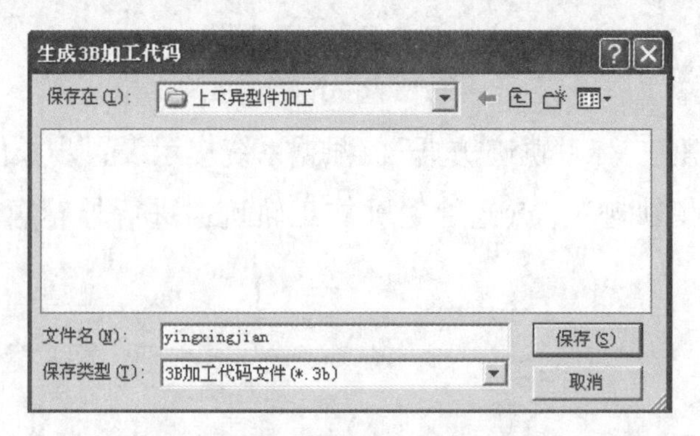

图 6-3-39　生成 3B 加工代码

（3）系统提示“拾取加工轨迹”，依次选取外轮廓轨迹、内轮廓轨迹，如图 6-3-40 所示。

（4）右击，生成 3B 加工代码，如图 6-3-41 所示。

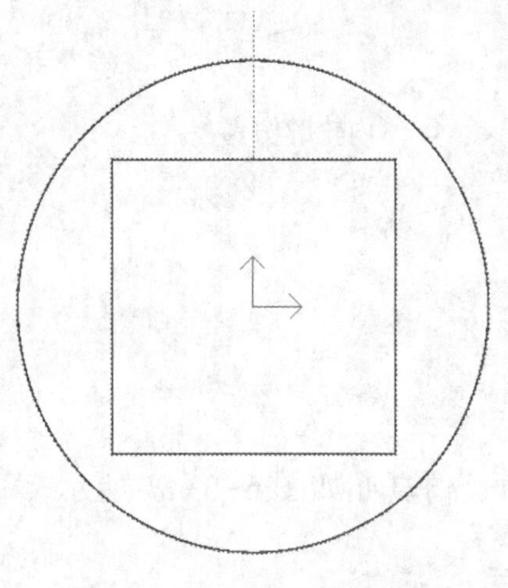

图 6-3-40　加工轨迹选取

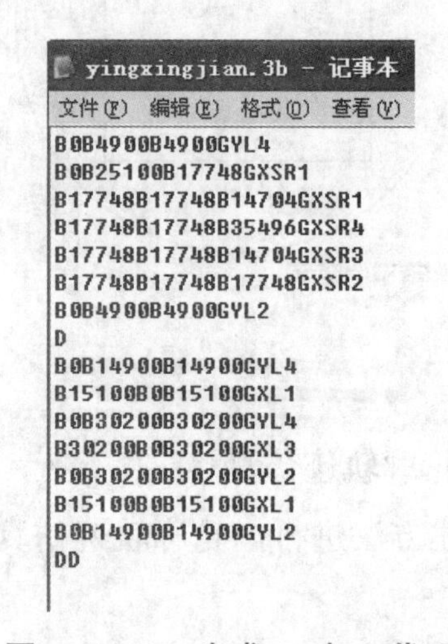

图 6-3-41　生成 3B 加工代码

5. 代码反求（校核）

单击主菜单“线切割”→“校核 B 代码”，弹出“反读 3B/4B/R3B 加工代码”对话框，如图 6-3-42 所示；依据程序保存的路径，选择加工程序文件名，单击〈打开〉按钮，生成反求的加工轨迹，如图 6-3-43 所示。至此，可以有效保证（校核）加工轨迹的正确性。

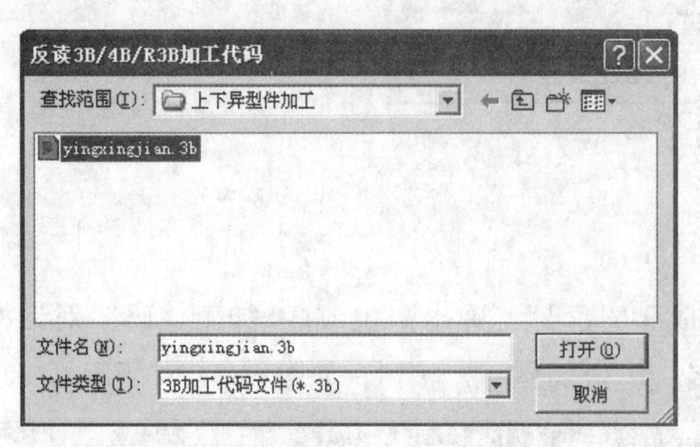

图 6-3-42　“反读 3B/4B/R3B 加工代码”对话框

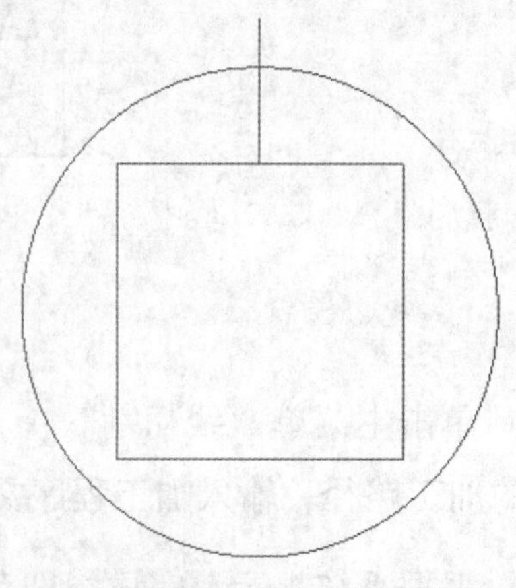

图 6-3-43　反求的加工轨迹

6. 代码传输

将程序名修改为（应为英文字母）“yixingjian. nc”，然后存储到 U 盘；启动系统进入 Win98 平台，通过 USB 数据线将程序导入加工磁盘。

拓展提升

数字孪生技术是指通过建立物理系统的数字模型，对物理系统进行实时监测、分析和仿真，以提高生产效率和质量的一种新型技术。在机械加工领域，数字孪生技术可以发挥以下作用。

设备监测和维护：通过数字孪生技术对机械加工设备进行实时监测和分析，可以预测设备故障和维护需求，及时对设备进行维护和保养，降低维修成本。

制造过程优化：通过数字孪生技术对机械加工过程进行数据采集和分析，可以发现制造过程中存在的问题，并针对性地进行优化，提高加工效率和加工质量。

生产仿真和优化：通过数字孪生技术对机械加工生产过程进行仿真和模拟，可以测试生产方案的可行性和优化方案的效果，降低制造过程的风险和成本。

产品质量控制：通过数字孪生技术对机械加工过程进行实时监测和数据分析，可以实现对加工过程中的质量控制和质量监测，确保产品质量达到要求。

智能制造和个性化生产：通过数字孪生技术对机械加工过程进行智能化控制和个性化生产，可以适应不同的加工材料和加工条件，实现更加高效和精准的加工。

总之，数字孪生技术在机械加工中的应用，可以提高加工效率和加工质量，降低加工成本，实现智能制造和个性化生产，是未来机械加工行业发展的重要趋势。

练习题

参 考 文 献

[1] 李明辉，杨晓欣. 数控电火花线切割加工工艺及应用 [M]. 北京：国防工业出版社，2010.

[2] 梁庆，丘立庆，李博. 模具数控电火花成型加工工艺分析与操作案例 [M]. 北京：化学工业出版社，2008.

[3] 康亚鹏. 数控电火花线切割编程应用技术 [M]. 北京：清华大学出版社，2008.

[4] 彭志强，胡建生. CAXA 线切割 XP 实用教程 [M]. 北京：化学工业出版社，2005.

[5] 王卫兵. CAXA 线切割应用案例教程 [M]. 北京：机械工业出版社，2008.

[6] 人力资源和社会保障部教材办公室. 数控电加工技术 [M]. 北京：中国劳动社会保障出版社，2010.

[7] 李玉青. 电加工实用技术 [M]. 长春：吉林科学技术出版社，2008.